MATLAB
智能优化算法

从写代码到算法思想

曹旺 ◎ 著

北京大学出版社

PEKING UNIVERSITY PRESS

内 容 简 介

本书以简单的组合优化问题作为MATLAB智能优化算法实战应用的切入点，逐步深入使用MATLAB编写更复杂的智能优化算法和求解更复杂的组合优化问题，让读者逐渐理解智能优化算法的实际求解过程。

本书分为10章，涵盖的主要内容有遗传算法求解0-1背包问题、变邻域搜索算法求解旅行商问题、大规模邻域搜索算法求解旅行商问题、灰狼优化算法求解多旅行商问题、蚁群算法求解容量受限的车辆路径问题、模拟退火算法求解同时取送货的车辆路径问题、遗传算法求解带时间窗的车辆路径问题、萤火虫算法求解订单分批问题、头脑风暴优化算法求解带时间窗和同时取送货的车辆路径问题、鲸鱼优化算法求解开放式车辆路径问题。

本书内容通俗易懂，案例丰富，实用性强，特别适合MATLAB语言的入门读者阅读，也适合想学习智能优化算法但无从下手的编程爱好者阅读。另外，本书也适合作为相关专业的教材使用。

图书在版编目(CIP)数据

MATLAB智能优化算法：从写代码到算法思想 / 曹旺著. — 北京：北京大学出版社，2021.8
ISBN 978-7-301-32238-3

Ⅰ.①M… Ⅱ.①曹… Ⅲ.①计算机算法－最优化算法－Matlab软件 Ⅳ.①TP301.6

中国版本图书馆CIP数据核字(2021)第110197号

书　　　　名	MATLAB智能优化算法：从写代码到算法思想
	MATLAB ZHINENG YOUHUA SUANFA: CONG XIE DAIMA DAO SUANFA SIXIANG
著作责任者	曹　旺　著
责 任 编 辑	王继伟　吴秀川
标 准 书 号	ISBN 978-7-301-32238-3
出 版 发 行	北京大学出版社
地　　　　址	北京市海淀区成府路205号　100871
网　　　　址	http://www.pup.cn　　新浪微博：@北京大学出版社
电 子 邮 箱	编辑部 pup7@pup.cn　总编室 zpup@pup.cn
电　　　　话	邮购部 010-62752015　发行部 010-62750672　编辑部 010-62570390
印 刷 者	天津中印联印务有限公司
经 销 者	新华书店
	787毫米×1092毫米　16开本　20印张　481千字
	2021年8月第1版　2023年11月第3次印刷
印　　　　数	6001-8000册
定　　　　价	89.00元

前言

INTRODUCTION

为什么要写这本书?

笔者在刚开始学习智能优化算法时,每天都在网上搜索和智能优化算法相关的MATLAB代码,每次都抱着将每一行代码都琢磨明白的心态去学习,但几乎每次都只读了小部分代码后就难以进行下去。主要有两方面原因:一是自己不了解代码所实现算法的具体步骤;二是代码中缺少详细的注释。为了克服这一困难,笔者从基本的组合优化问题开始研究,然后研究解决对应问题的智能优化算法,最后在理解问题及算法实现的步骤后亲自动手编写MATLAB代码。经过较长时间的积累,笔者终于熟悉了智能优化算法。

目前图书市场上关于智能优化算法的图书很多,但大部分书籍讲解的智能优化算法时间较为久远,近10年内讲解较为热门的智能优化算法,以及给出使用热门智能优化算法求解实际问题代码的书籍几乎没有。本书便以实战和快速教会智能优化算法初学者为主旨,通过9个常见的组合优化问题、5个经典的智能优化算法及4个新颖的智能优化算法,让读者全面、深入、透彻地理解智能优化算法求解问题时的算法设计思路及代码编写思路,进一步提高使用智能优化算法求解实际问题的实战能力。

本书有何特色?

1. 附赠各个章节MATLAB源代码,提高学习效率

为了便于读者理解本书内容,提高学习效率,作者专门把本书每一章节所涉及的MATLAB源代码都进行了详细注释,并将这些源代码一起收录于附赠资源中。

2. 章节安排由易到难,适合初学者逐步学习

本书涉及的组合优化问题依次为0-1背包问题、基本旅行商问题、多旅行商问题、容量受限的车

辆路径问题、同时取送货的车辆路径问题、带时间窗的车辆路径问题、订单分批问题、带时间窗和同时取送货的车辆路径问题、开放式车辆路径问题,问题难度逐步提高,适合初学者逐步学习。

3. 对智能优化算法的设计思路进行详细讲解,帮助读者快速理解

本书在每一个章节都详细讲解智能优化算法求解问题时的算法设计思路,并给出实例验证其实现过程,帮助读者快速理解算法设计的核心思想。

4. 论文驱动,扩展性强

本书讲解了9个经典的组合优化问题,这些经典的组合优化问题是现在大量论文中研究问题的基础。同时,本书详细设计的5种经典智能优化算法及4种新颖的智能优化算法都可以扩展到读者将来研究的问题中,各个章节的MATLAB源代码扩展性强,适合读者深入研究及完善扩展。

5. 提供完善的技术支持和售后服务

本书提供了专门的技术支持邮箱:suixin390@126.com,读者在阅读本书过程中有任何疑问都可以通过该邮箱获得帮助。

 赠送资源

本书附赠书中案例源代码及相关学习资料,读者可通过微信扫一扫下方二维码关注公众号,输入代码"67951",即可获取下载资源。

 作者简介

曹旺,现就职于中国船舶集团有限公司系统工程研究院,精通MATLAB算法开发。个人公众号为"优化算法交流地"。擅长使用MATLAB编写元启发式算法解决组合优化问题,尤其对车辆路径问题和订单分批问题有深入的研究。

适合阅读本书的读者

- 想快速学习智能优化算法的本科生及研究生；
- 广大MATLAB爱好者；
- MATLAB开发工程师；
- 希望提高数学建模能力的学生。

阅读本书的建议

- 没有智能优化算法基础的读者,建议从第1章顺次阅读并演练每一个实例。
- 有一定智能优化算法基础的读者,可以根据实际情况选择阅读4种新颖的智能优化算法。
- 对于每一章的实例验证,读者首先思考实现的思路,然后阅读,学习效果会更好。
- 可以先阅读一遍书中每一章节的算法设计思路,然后结合附赠资源中提供的MATLAB源代码理解一遍算法的设计思路,这样学习起来更容易,印象也会更加深刻。

CONTENTS

第7章 遗传算法求解带时间窗的车辆路径问题   152

第8章 萤火虫算法求解订单分批问题 194

第9章　头脑风暴优化算法求解带时间窗和同时取送货的车辆路径问题　232

第10章　鲸鱼优化算法求解开放式车辆路径问题　　280

第1章

遗传算法求解0-1背包问题

0-1背包问题是易于理解且较为容易的组合优化问题。假设现有若干个物品,它们的质量和价值都已知。此外,还有一个有承重质量限制的背包,则0-1背包问题可以简单地描述为:如何把这些物品放入这个有承重质量限制的背包中,在不超出背包最大承重限制的前提下,使得放入背包中的物品总价值最大。

遗传算法(Genetic Algorithm,GA)作为一种经典的智能优化算法,已被广泛应用于组合优化问题中。因此,本章使用GA求解0-1背包问题。

本章主要涉及的知识点

♦ 0-1背包问题概述

♦ 算法简介

♦ 使用遗传算法求解0-1背包问题的算法求解策略

♦ MATLAB程序实现

♦ 实例验证

1.1 问题描述

已知 l 个物品的质量及其价值分别为 $w_i(i = 1, 2, \cdots, l)$ 和 $v_i(i = 1, 2, \cdots, l)$，背包的最大载重量为 C，则 0-1 背包问题可被描述为：选择哪些物品装入背包，使在背包在最大载重量限制之内所装物品的总价值最大？

因此，0-1 背包问题的数学模型如下：

$$\max \sum_{i=1}^{l} v_i x_i \tag{1.1}$$

$$\sum_{i=1}^{l} w_i x_i \leqslant C \tag{1.2}$$

$$x_i \in \{0, 1\}, i = 1, 2, \cdots, l \tag{1.3}$$

式中，x_i 为 0-1 决策变量，表示物品 i 是否被装包，如果是，则 $x_i = 1$，否则 $x_i = 0$。

目标函数(1.1)表示最大化背包中物品的总价值；约束(1.2)限制装入背包物品的总质量不大于背包的最大载重量。

接下来以一个实例讲解上述 0-1 背包问题模型。假设现有 1 个背包和 5 个物品，背包的最大载重量为 6kg，这 5 个物品的质量和价值数据如表 1.1 所示。那么如何选择物品放入该背包中，在放入背包中物品的总质量小于等于 6kg 的前提下，使得放入背包中的物品总价值最大？

表1.1　5个物品的质量和价值数据

物品序号	质量/kg	价值/元
1	5	12
2	2	8
3	1	4
4	4	15
5	3	6

首先枚举所有可行的装包方案，如表 1.2 所示。

表1.2　装包方案

装包方案序号	装包物品编号集合	装包物品总质量/kg	装包物品总价值/元
1	1	5	12
2	2	2	8
3	3	1	4
4	4	4	15
5	5	3	6
6	1、3	6	16
7	2、3	3	12
8	2、4	6	23

续表

装包方案序号	装包物品编号集合	装包物品总质量/kg	装包物品总价值/元
9	2、5	5	14
10	2、3、5	6	18
11	3、4	5	19
12	3、5	4	10

从表1.2可以看出一共有12种装包方案,其中方案8的装包物品总价值是最大的。就刚才提出的问题进一步思考,0-1背包问题中的0和1究竟表示什么含义?

0和1其实表示的是物品的装包状态,如果一个物品的装包状态为0,则表示该物品没有被装进包中;如果一个物品的装包状态为1,则表示将该物品装进包中。

因此,可以将上述12种装包方案用5个0-1数字进行表示。以方案10为例,物品2、3、5装进包中,而物品1、4没有装进包中,如图1.1所示。

因此,方案10可以用01101表示,第1个0表示物品1没有装进包中,第2个1表示物品2装进包中,第3个1表示物品3装进包中,第4个0表示物品4没有装进包中,第5个1表示物品5装进包中。

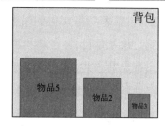

图1.1 方案10

按照这种方式,将表1.2的12种方案全部转换为这种形式,如表1.3所示。

表1.3 装包方案形式转换

装包方案序号	装包物品编号集合	形式转换后的装包方案	装包物品总质量/kg	装包物品总价值/元
1	1	10000	5	12
2	2	01000	2	8
3	3	00100	1	4
4	4	00010	4	15
5	5	00001	3	6
6	1、3	10100	6	16
7	2、3	01100	3	12
8	2、4	01010	6	23
9	2、5	01001	5	14
10	2、3、5	01101	6	18
11	3、4	00110	5	19
12	3、5	00101	4	10

介绍这种装包方案形式转换方式的目的是为遗传算法的编码方式打下基础。

1.2 算法简介

在介绍本节之前,需要各位读者理解的一点是,并不是所有的问题都需要使用智能优化算法进行求解。以1.1节中的问题为例,一共有5个物品,假设不考虑背包的最大载重量,各位读者可以粗略计算一下,一共有多少种装包方案。

当没有物品装进背包时,有C_5^0种装包方案。

当只把1个物品装进背包时,有C_5^1种装包方案。

当把5个物品中的2个物品装进背包时,有C_5^2种装包方案。

当把5个物品中的3个物品装进背包时,有C_5^3种装包方案。

当把5个物品中的4个物品装进背包时,有C_5^4种装包方案。

当把5个物品中的5个物品装进背包时,有C_5^5种装包方案。

因此,在不考虑背包的最大载重量的情况下,一共有$C_5^0 + C_5^1 + C_5^2 + C_5^3 + C_5^4 + C_5^5 = 2^5 = 32$种装包方案。也就是说,在最坏的情况下,需要枚举出32种装包方案。

当物品数目较少时,可以采用枚举方法枚举出所有装包方案,然后找到最优的装包方案。但是,当物品数目n逐渐增大时,最多需要枚举出的方案数目为2^n,即枚举方案的数目随物品数目呈指数级增长。当$n = 20$时,枚举方案的数目为$2^{20} = 1048576$,很显然此时不适合采用枚举方法求解该问题。那么此时是否有合适的方法能够求解该问题呢?

针对这类问题,智能优化算法应运而生,本章使用智能优化算法中的GA求解0-1背包问题。首先需要各位读者明确的一点是,使用GA求解0-1背包问题并不能够保证找到最优的装包方案。因为当物品数目很大时,使用GA也不能保证搜索全部的2^n个装包方案。既然如此,也就不能保证使用GA获得的装包方案是全部装包方案中最优的那个方案。

那究竟什么是GA?在开始讲解本小节之前,各位读者如果是第一次接触GA,大概率会被这个问题所困扰,但是在读完本节后,各位读者一定会对GA有宏观上的认识。

GA是一种仿生学群体智能算法,那么什么是仿生学群体智能算法呢?可以将这个定义拆成两部分:仿生学和群体智能。

仿生学比较容易理解,在介绍仿生学之前,不妨先思考两个问题:孩子是如何出生的呢?为什么大部分孩子和自己的父母长得很像呢?

在高中时,各位读者应该已经学习过染色体的相关知识,孩子是父母双方孕育的结晶。因此,孩子一定是继承父母双方的部分基因的,这也就是大部分孩子和自己的父母长得很像的原因。

仿生学和这两个问题有什么关联吗?既然是仿生学,那GA就是仿照人繁衍后代的一种方法。那么GA究竟仿照了什么特性呢?其实GA仿照的是后代继承父母基因的这一特性。

介绍完仿生学之后,还需要理解为什么GA是群体智能方法,这一点其实也比较好理解。假设现在整个地球上只有一对夫妇,那么即便这对夫妇孕育再多的孩子,当孩子数达到一定数目时,这些孩子的基因会逐渐趋于相同,因此会导致人的同质化,进而导致物种消失。

这时,如果地球上有10 000对夫妇,那么他们会繁衍后代,后代也会繁衍后代,这种情况下的基因是多样性的。

因此,GA也继承了群体这一思想,很明显仅有少数个体很难维持基因的多样性,一旦不能维持基因多样性,这个种群就很难维持下去。

1.3 求解策略

使用GA求解0-1背包问题有以下5个难点:

(1)如何将背包方案编码成染色体?

(2)如何处理违反背包载重量限制的染色体?

(3)如何从种群中选择若干个个体?

(4)如何对选择出的子代种群进行交叉操作?

(5)如何对交叉后的子代种群进行变异操作?

针对上述5个难点,本节将设计GA求解0-1背包问题的求解策略。

1.3.1 编码

编码是GA最为重要的一个步骤,编码最重要的是需要体现待解决问题的特点,只有编码合理,才可以开展后续操作。以本章提出的0-1背包问题为例,这个问题的特点就是0和1,假设物品数目为n,那么一条染色体可以用n个数字(每个数字或是0或是1)表示一个装包方案,其中每个数字被称为"基因"。因为当物品数目为n时,装包方案数目最多为2^n,所以最多有2^n条不同的染色体。

这里涉及染色体的概念,GA中的染色体可以理解为问题的解的另外一种表现形式。接下来举一个例子来帮助读者理解染色体的含义。假设物品数目$n=5$,此时的装包方案为物品1和物品3装进包中,而物品2、物品4和物品5都没有装包。此时的装包方案实际上就是0-1背包问题的一个解,而这个解对应另一种表现形式实际上就是10100,即10100就是这个解对应的一条染色体。装包方案编码为染色体如图1.2所示。

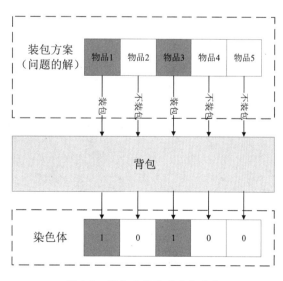

图1.2 装包方案编码为染色体

上述例子是为了让各位读者更好地理解染色体的概念,但在编码过程中,一般情况下不会提前知晓问题的解。因为使用GA的目的是求得问题的解,所以染色体会根据的物品数目n随机生成。表1.4列出了当物品数目为3时8条可能的染色体。

表1.4　物品数目为3时8条可能的染色体

染色体序号	染色体
1	000
2	100
3	010
4	001
5	110
6	101
7	011
8	111

1.3.2　解码

编码是将装包方案转换为染色体,而解码是将染色体转换为装包方案,即解码和编码实际上是两个相反的过程。

接下来通过一个例子详细讲解解码过程。假设物品数目$n = 5$,当前的一个染色体为01010,将该染色体解码为装包方案的过程,如图1.3所示。

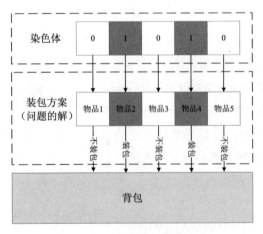

图1.3　染色体解码为装包方案

因此,染色体01010的含义为:第1个0表示物品1未装包,第2个1表示物品2已装包,第3个0表示物品3未装包,第4个1表示物品4已装包,第5个0表示物品5未装包。

1.3.3 约束处理

继续以1个背包和5个物品为例,假设背包的最大载重量为6kg,这5个物品的质量和价值分别如下。

物品1:5kg,12元。

物品2:2kg,8元。

物品3:1kg,4元。

物品4:4kg,15元。

物品5:3kg,6元。

因为在生成染色体时染色体在各个位置上是随机取0或取1的,即一个染色体可能为11001,此时装进包中的物品总质量计算公式如下:

物品总质量 = 物品1质量 + 物品2质量 + 物品5质量 = 5kg + 2kg + 3kg = 10kg>6kg,即此装包方案违反了背包的载重量约束。

既然11001染色体违反了背包的载重量约束,那么需要对其进行处理,使处理后的染色体可以满足背包的载重量约束。

处理该约束的步骤如下:

(1)将已经装进包中的物品按照性价比(性价比 = 价值/质量)由低到高进行排序。

(2)按照第(1)步排序结果,取走排在第1位的物品后,检验此时是否满足背包的载重量约束。如果满足约束,则将染色体中基因位上的数字1改为数字0,此时染色体初步修复完毕;如果可以不满足约束,则先将染色体中基因位上的数字1改为数字0,然后继续取走排在第2位的物品,并再次检验此时的染色体是否满足背包的载重量约束。循环往复,一直到满足背包的载重量约束为止,染色体初步修复完毕。

(3)在第(2)步已经得到满足背包载重量约束的染色体,但此时背包可能还有剩余空间。因此,将此时未装包的物品按照性价比从高到低排序,然后按照该顺序依次将物品装进包中。在装包过程中,将不满足约束的物品不装包,将满足约束的物品装包,并将染色体中基因位上的数字0改为数字1。一直遍历到最后一个未装包的物品为止,染色体最终修复完毕。

1.3.4 适应度函数

只有对一条染色体进行合适的评价,才能保证GA在搜索过程中方向不"跑偏"。装包的目的是在不违反背包载重量约束的前提下使背包中物品总价值最大化,因此也可以用这个评价指标来评价一个染色体的优劣。在遗传算法中,评价指标的学名是适应度函数。假设有n个物品,物品i的价值为p_i,那么适应度函数Fitness的计算公式如下:

$$\text{Fitness} = \sum_{i=1}^{n} p_i$$

从公式可以看出,适应度值越大,表明染色体越优,即染色体所对应的装包方案中背包中物品总价值越大。

1.3.5 种群初始化

假设种群数目为NIND,那么需要初始化NIND个个体(染色体)。因此,只需要理解如何初始化一个个体,以此类推,就可以理解如何初始化NIND个个体。

究竟如何初始化一个个体?

假设有n个物品,那么一个染色体的长度为n,即这个染色体由n个数字组成(每个数字或是0或是1)。初始化一个个体的步骤如下:

(1)随机生成n个数字(每个数字或是0或是1),将此时的个体命名为Individual。

(2)检验Individual是否满足背包的载重量约束。如果满足约束,则个体Individual初始化完毕;如果不满足约束,则对个体Individual进行约束处理,约束处理结束后,个体Individual初始化完毕。

按照对一个个体初始化的方法,对NIND个个体全部进行初始化,初始化结束后,即完成对父代种群Chrom的初始化。

1.3.6 选择操作

在初始化种群后,父代种群中这NIND个个体的适应度值会存在差异。常规的思维是挑选出适应度值大的个体,然后进行后续操作。但如果只挑选出适应度值大的个体,则很容易使整个种群在后续的进化操作中停滞不前,即陷入局部最优。

因此,在选择个体时,不能仅注意适应度值大的个体,还需兼顾适应度值小的个体。具体的方法就是轮盘赌选择策略,每次选择一个个体就转动一次轮盘赌转盘,指针指向的那个区域就是被选中的个体。

在自然界中,动物在繁衍后代时并不是可以百分百孕育出后代。因此,虽然种群中一共有NIND个个体,但并不意味着需要选择出NIND个个体,可能选择出 Nsel = NIND × GGAP 个个体(GGAP称为"代沟",是一个大于0小于等于1的随机数)。综上所述,需要转动Nsel次转盘,选择出Nsel个个体,这些被选出的个体组成了子代种群SelCh。

在轮盘赌转盘上,每个个体对应一个被选中的概率。假设第i个个体的适应度值为 Fitness_i,那么其被选中概率的计算公式如下:

$$\text{Select}_i = \frac{\text{Fitness}_i}{\sum_{i=1}^{\text{NIND}} \text{Fitness}_i}$$

选择操作选择出的Nsel个个体会有重复,这是因为有些适应度值大的个体被选中的概率大而被选中多次。

假设有4个个体,每个个体被选中的概率分别为25%、40%、21%和14%。轮盘赌转盘如图1.4所示,指针指在个体1所在的区域,因此本次选出的个体是个体1。

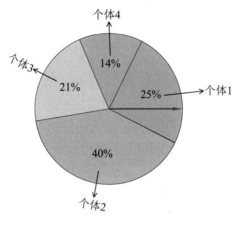

图1.4　轮盘赌转盘

1.3.7　交叉操作

在选择操作后,选择出的个体组成了新的种群,即子代种群。但是子代种群的每一个个体上的基因并没有发生变化。此时为使种群向着适应度值增大的方向进化,需要改变个体上的基因,只有基因发生改变,才可能会向着适应度值增大的方向前进。

改变个体上基因的第一个操作是交叉操作,顾名思义,交叉操作的对象一定不是一个个体,而是两个个体。下面用实例演示交叉操作,如随机选出图1.5所示的两个个体。

个体1 | 1 | 0 | 0 | 1 | 1 | 0 | 1 | 1

个体2 | 0 | 1 | 0 | 0 | 0 | 1 | 0 | 1

图1.5　待交叉的个体

这时随机选择一个交叉位置a,如$a = 4$,那么交叉的片段如下。

个体1:**1 0 0 1** | 1 0 1 1

个体2:**0 1 0 0** | 0 1 0 1

然后将个体1的前4个基因与个体2的前4个基因进行交换,则交叉后的两个个体如图1.6所示。因为在自然界中两个染色体发生交叉是概率性事件,所以交叉操作是概率性事件。在对两个个体进行交叉操作之前,先对是否发生交叉操作进行判断,判断的标准是交叉概率,交叉概率越大,两个个体进行交叉操作的概率越大。因为在自然界中发生交叉的概率较大,所以在编写代码时交叉概率的取值就较大。

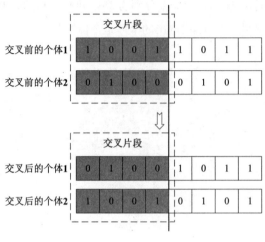

图1.6　交叉后的个体

当子代种群中的Nsel个个体都需要进行交叉操作时,因为一次交叉操作需要两个个体,所以按照顺序将这Nsel个个体分成Nsel/2组(如果Nsel为奇数,则在分组时不考虑第Nsel个个体,而是将前Nsel − 1个个体分成(Nsel − 1)/2组),然后对每组的两个个体进行交叉操作。

1.3.8　变异操作

改变个体上基因的第二个操作是变异操作。在自然界中发生变异的概率比较小,因此在种群进化过程中,变异操作起到的是辅助作用。下面用实例演示变异操作,如随机选出如下一个个体。

个体1:$1\,0\,1\,0\,1\,0\,1\,1$

这时随机选择两个变异位置a和b,如$a = 2, b = 5$,则变异操作就是将从a至b的基因进行逆序排列,那么变异后的个体如图1.7所示。

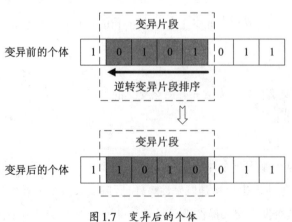

图1.7　变异后的个体

因为在自然界中一个染色体发生变异是概率性事件,所以变异操作也是概率性事件。在对一个个体进行变异操作之前,先对是否发生变异操作进行判断,判断标准是变异概率,变异概率越大,一个个体进行变异操作的概率就越大。因为在自然界中发生变异的概率比较小,所以在编写代码时变异概率一般取值较小。

按照上述对一个个体进行变异操作的方法,对子代种群中的Nsel个个体都进行变异操作。

1.3.9 重组操作

经过上述选择操作、交叉操作和变异操作得到Nsel个个体,因为父代种群数目为NIND,所以需NIND − Nsel个个体才可以对父代种群Chrom进行更新。这NIND − Nsel个个体就从父代种群Chrom中找出适应度值排在前NIND − Nsel位的NIND − Nsel个个体,然后添加到子代种群SelCh中。至此,新的父代种群Chrom已经更新完毕,作为下一次选择操作时的种群。假设NIND = 5,Nsel = 3,则重组操作如图1.8所示。

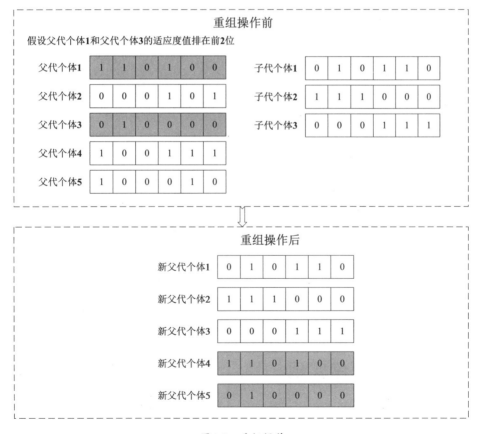

图1.8 重组操作

1.3.10 遗传算法求解0-1背包问题流程

综上所述，GA求解0-1背包问题的流程如图1.9所示。

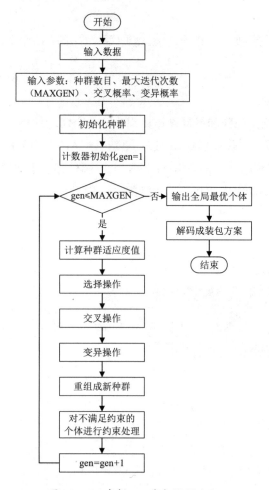

图1.9　GA求解0-1背包问题流程

1.4　**MATLAB程序实现**

1.4.1 判断函数

判断函数的作用是，判断一个个体解码出的装包方案是否能够满足背包的载重量约束，进而判断该个体是否合理。具体的操作是计算出装包物品的总质量,然后与背包的载重量进行比较。如果装包物品的总质量小于等于背包的载重量,则个体满足约束,即判断该个体合理;否则,即判断该个体不合理。

判断函数judge_individual的代码如下,该函数的输入为个体Individual、各个物品的质量w和背包的载重量cap,输出为标记flag。

```
%%  判断一个个体是否满足背包的载重量约束,1表示满足,0表示不满足
%输入Individual:          个体
%输入w:                   各个物品的质量
%输入cap:                 背包的载重量
%输出flag:                表示一个个体是否满足背包的载重量约束,1表示满足,0表示不满足
function flag=judge_individual(Individual,w,cap)
pack_item= Individual==1;%判断第i个位置上的物品是否装包,1表示装包,0表示未装包
w_pack=w(pack_item);        %找出装进背包中物品的质量
total_w=sum(w_pack);        %计算装包物品的总质量
flag= total_w<=cap;         %如果装包物品的总质量小于等于背包的载重量约束则为1,否则为0
end
```

1.4.2　约束处理函数

假设物品数目为n,那么一条染色体就可以表现为n个数字(每个数字或是0或是1)。因为在实际生成一条染色体的过程中,这n个位置上的0或1是随机生成的,所以会出现生成的这条染色体违反背包的载重量约束。

假设有1个背包和5个物品,背包的最大载重量为6kg,这5个物品的质量和价值分别如下。

物品1:5kg,12元。

物品2:2kg,8元。

物品3:1kg,4元。

物品4:4kg,15元。

物品5:3kg,6元。

假设现在随机生成的染色体为11001,因为此时装包物品包含物品1、物品2和物品5,即此时背包中物品总质量 = 物品1质量 + 物品2质量 + 物品5质量 = 5kg + 2kg + 3kg = 10kg>6kg,所以需要对该条染色体进行约束处理。约束处理的步骤如下。

(1)将已经装包的物品1、物品2和物品5按照性价比从低到高进行排序,如下。

$$物品1性价比 = 12/5 = 2.4(元/kg)$$

$$物品2性价比 = 8/2 = 4(元/kg)$$

$$物品5性价比 = 6/3 = 2(元/kg)$$

排序结果为物品5、物品1、物品2。

(2)先将性价比最低的物品5从背包移除,此时背包中 物品总质量 = 物品1质量 + 物品2质量 =

5kg + 2kg = 7kg＞6kg,依然不满足约束,但此时也需要将染色体上的第5个1改为0,此时染色体为11000。因为此时染色体依然不满足约束,所以继续将物品1从背包中移除,此时背包中物品总质量 = 物品2质量 = 2kg ≤ 6kg,满足约束,但也需要将染色体上的第1个1改为0,此时染色体为01000。到此为止,染色体初步修复完毕,此时染色体为01000。

(3)由第(2)步得到的01000染色体可知,此时物品1、物品3、物品4和物品5未装包,首先计算这4个物品的性价比,如下所示。

$$物品1性价比 = 12/5 = 2.4(元/kg)$$
$$物品3性价比 = 4/1 = 4(元/kg)$$
$$物品4性价比 = 15/4 = 3.75(元/kg)$$
$$物品5性价比 = 6/3 = 2(元/kg)$$

其次,将这4个物品按照性价比从高到低进行排序,排序结果为物品3、物品4、物品1、物品5。

然后尝试将物品3装包,此时背包中物品总质量 = 物品2质量 + 物品3质量 = 2kg + 1kg = 3kg,满足约束,则将物品3装包,并将染色体上第3个0改为1,即染色体更新为01100。

继续尝试将物品4装包,此时背包中物品总质量 = 物品2质量 + 物品3质量 + 物品4质量 = 2kg + 1kg + 4kg = 7kg,不满足约束,则物品4不装包。

继续尝试将物品1装包,此时背包中物品总质量 = 物品2质量 + 物品3质量 + 物品1质量 = 2kg + 1kg + 5kg = 8kg,不满足约束,则物品1不装包。

继续尝试将物品5装包,此时背包中物品总质量 = 物品2质量 + 物品3质量 + 物品5质量 = 2kg + 1kg + 3kg = 6kg,满足约束,则将物品5装包,并将染色体上第5个0改为1,即染色体更新为01101。

至此,染色体最终修复完毕,此时染色体为01101。

约束处理函数repair_individual的代码如下,该函数的输入为个体Individual、各个物品的质量w、各个物品的价值p和背包的载重量cap,输出为修复后的个体Individual。

```
%% 对违反约束的个体进行修复
%输入Individual:          个体
%输入w:                  各个物品的质量
%输入p:                  各个物品的价值
%输入cap:                背包的载重量
%输出Individual:          修复后的个体
function Individual=repair_individual(Individual,w,p,cap)
%% 判断一个个体是否满足背包的载重量约束,1表示满足,0表示不满足
flag=judge_individual(Individual,w,cap);
%% 只有不满足约束的个体才进行修复
if flag==0
    %% 初步修复
    pack_item=find(Individual==1);          %确认装进背包中物品的序号
    num_pack=numel(pack_item);              %装进背包中物品的总数目
    w_pack=w(pack_item);                    %确认装进背包中物品的质量
    total_w=sum(w_pack);                    %计算装包物品的总质量
```

```
    p_pack=p(pack_item);                    %确认装进背包中物品的价值
ratio_pack=p_pack./w_pack;                  %计算装进背包中物品的性价比=价值/质量
%将已经装进包中的物品按照性价比(性价比=价值/质量)由低到高进行排序
    [~,rps_index]=sort(ratio_pack);
    %% 按照rps_index顺序,依次将物品从背包中移除
    for i=1:num_pack
        remove_item=pack_item(rps_index(i));    %被移除的物品的序号
        %如果移除该物品后满足背包的载重量约束
        %则将该物品对应的基因位改为0,然后终止循环
        if (total_w-w_pack(rps_index(i)))<=cap
            total_w=total_w-w_pack(rps_index(i));   %装包中物品总质量减少
            Individual(remove_item)=0;              %将该物品对应的基因位改为0
            break;
        else
            %如果移除该物品后依然不满足背包的载重量约束
            %则也要将该物品对应的基因位改为0,然后继续移除其他物品
            total_w=total_w-w_pack(rps_index(i));   %装包中物品总质量减少
            Individual(remove_item)=0;              %将该物品对应的基因位改为0
        end
    end
    %% 进一步修复
    unpack_item=find(Individual==0);        %确认此时未装进背包中物品的序号
    num_unpack=numel(unpack_item);          %此时未装进背包中物品的总数目
    w_unpack=w(unpack_item);                %确认此时未装进背包中物品的质量
    p_unpack=p(unpack_item);                %确认此时未装进背包中物品的价值
ratio_unpack=p_unpack./w_unpack;            %计算此时未装进背包中物品的性价比=价值/质量
%将此时未装进包中的物品按照性价比(性价比=价值/质量)由高到低进行排序
    [~,rups_index]=sort(ratio_unpack,'descend');
    %% 按照rups_index顺序,依次将物品装包
    for i=1:num_unpack
        pack_wait=unpack_item(rups_index(i));       %待装包物品编号
        %如果装包该物品后满足背包的载重量约束
        %则将该物品对应的基因位改为1,然后继续装包其他物品
        if (total_w+w_unpack(rups_index(i)))<=cap
            total_w=total_w+w_unpack(rups_index(i)); %装包中物品总质量增加
            Individual(pack_wait)=1;                 %将该物品对应的基因位改为1
        end
    end
end
end
```

1.4.3　编码函数

约束处理函数的输入为一个个体,该个体由编码函数随机生成,以便作为约束处理函数的输入

参数。

编码函数 encode 的代码如下,该函数的输入为物品数目 n、各个物品的质量 w、各个物品的价值 p 和背包的载重量 cap,输出为满足背包载重量约束的个体 Individual。

```
%% 编码,生成满足约束的个体
%输入n:                    物品数目
%输入w:                    各个物品的质量
%输入p:                    各个物品的价值
%输入cap:                  背包的载重量
%输出Individual:           满足背包载重量约束的个体
function Individual=encode(n,w,p,cap)
Individual=round(rand(1,n));                        %随机生成n个数字(每个数字是0或1)
%判断Individual是否满足背包的载重量约束,1表示满足,0表示不满足
flag=judge_individual(Individual,w,cap);
%% 如果flag为0,则需要修复个体Individual,否则不需要修复
if flag==0
    Individual=repair_individual(Individual,w,p,cap);   %修复个体Individual
end
end
```

1.4.4 种群初始化函数

使用编码函数只是生成一个满足约束的个体,因为种群数目为 NIND,所以需要循环使用编码函数 NIND 次,最终生成 NIND 个满足约束的个体,形成初始种群。

种群初始化函数 InitPop 的代码如下,该函数的输入为种群大小 NIND、物品数目 n、各个物品的质量 w、各个物品的价值 p 和背包的载重量 cap,输出为初始种群 Chrom。

```
%% 初始化种群
%输入NIND:                 种群大小
%输入n:                    物品数目
%输入w:                    各个物品的质量
%输入p:                    各个物品的价值
%输入cap:                  背包的载重量
%输出Chrom:                初始种群
function Chrom=InitPop(NIND,N,w,p,cap)
Chrom=zeros(NIND,N);                     %用于存储种群
for i=1:NIND
    Chrom(i,:)=encode(N,w,p,cap);        %编码,生成满足约束的个体
end
```

1.4.5 目标函数

在生成一个个体后,还需对该个体进行评价,因此使用 Individual_P_W 函数计算一个个体所对应

装包物品总价值和总质量。该函数的输入为物品数目n、个体Individual、各个物品的价值p和各个物品的质量w,输出为该个体的装包物品总价值sumP和该个体的装包物品总质量sumW。

```
%% 计算单个染色体的装包物品总价值和总质量
%输入n:                       物品数目
%输入Individual:             个体
%输入p:                       各个物品价值
%输入w:                       各个物品质量
%输出sumP:                    该个体的装包物品总价值
%输出sumW:                    该个体的装包物品总质量
function [sumP,sumW]=Individual_P_W(n,Individual,p,w)
sumP=0;
sumW=0;
for i=1:n
    %如果为1,则表示物品被装包
    if Individual(i)==1
        sumP=sumP+p(i);
        sumW=sumW+w(i);
    end
end
end
```

Individual_P_W函数仅计算一个个体的物品总价值,而种群数目为NIND,因此需要使用Obj_Fun函数计算一个种群中所有个体的物品总价值(目标函数值)。此外,在本代码中适应度值就是目标函数值。该函数的输入为种群Chrom、各个物品的价值p和各个物品的质量w,输出为种群中每个个体的物品总价值Obj。

```
%% 计算种群中每个染色体的物品总价值
%输入Chrom:                  种群
%输入p:                       各个物品的价值
%输入w:                       各个物品的质量
%输出Obj:                     种群中每个个体的物品总价值
function Obj=Obj_Fun(Chrom,p,w)
NIND=size(Chrom,1);          %种群大小
n=size(Chrom,2);             %物品数目
Obj=zeros(NIND,1);
for i=1:NIND
    Obj(i,1)=Individual_P_W(n,Chrom(i,:),p,w);
end
end
```

1.4.6 轮盘赌选择操作函数

前文已经介绍过使用轮盘赌选择操作从种群Chrom选择出若干个个体,以组成子代种群SelCh。在轮盘赌转盘上每个个体都有对应的一个区域,该区域是根据适应度值计算的该个体被选中的概率。

因此,每选择一个个体就转动一次轮盘赌转盘,直至选择出指定数目的个体。

轮盘赌选择操作函数Select的输入为种群Chrom、适应度值FitnV和代沟GGAP,输出为被选择的个体SelCh。

```
%% 选择操作
%输入 Chrom:                     种群
%输入 FitnV:                     适应度值
%输入 GGAP:                      代沟
%输出 SelCh:                     被选择的个体
function SelCh=Select(Chrom,FitnV,GGAP)
NIND=size(Chrom,1);              %种群数目
Nsel=NIND*GGAP;
total_FitnV=sum(FitnV);         %所有个体的适应度之和
select_p=FitnV./total_FitnV;    %计算每个个体被选中的概率
select_index=zeros(Nsel,1);     %储存被选中的个体序号
%对select_p进行累加操作,c(i)=sum(select_p(1:i))
%如果select_p=[0.1,0.2,0.3,0.4],则c=[0.1,0.3,0.6,1]
c=cumsum(select_p);
%% 循环NIND次,选出NIND个个体
for i=1:Nsel
    r=rand;                     %0~1的随机数
    index=find(r<=c,1,'first'); %每次被选择出的个体序号
    select_index(i,1)=index;
end
SelCh=Chrom(select_index,:);    %被选中的个体
```

1.4.7 交叉操作函数

在选择出若干个体后,首先对这些子代种群中的个体进行交叉操作,改变每个个体的基因组成,目的是使种群向适应度值大的方向进化。

交叉操作函数Crossover的输入为子代种群SelCh和交叉概率P_c,输出为交叉后的个体SelCh。

```
%% 交叉操作
%输入 SelCh:            被选择的个体
%输入 Pc:               交叉概率
%输出 SelCh:            交叉后的个体
function SelCh=Crossover(SelCh,Pc)
[NSel,n]=size(SelCh);                          %n为染色体长度
for i=1:2:NSel-mod(NSel,2)
    if Pc>=rand %交叉概率Pc
        cross_pos=unidrnd(n);                  %随机生成一个1~n的交叉位置
        cross_Selch1=SelCh(i,:);               %第i个进行交叉操作的个体
        cross_Selch2=SelCh(i+1,:);             %第i+1个进行交叉操作的个体

        cross_part1=cross_Selch1(1:cross_pos); %第i个进行交叉操作个体的交叉片段
        cross_part2=cross_Selch2(1:cross_pos); %第i+1个进行交叉操作个体的交叉片段
```

```
        %用第i+1个个体的交叉片段替换第i个个体交叉片段
        cross_Selch1(1:cross_pos)=cross_part2;
%用第i个个体的交叉片段替换第i+1个个体交叉片段
        cross_Selch2(1:cross_pos)=cross_part1;

        SelCh(i,:)=cross_Selch1;            %更新第i个个体
        SelCh(i+1,:)=cross_Selch2;          %更新第i+1个个体
    end
end
```

1.4.8　变异操作函数

子代种群SelCh在进行交叉操作后,接下来需要进行变异操作,变异操作的目的同样是使种群向适应度值大的方向进化。

变异操作函数Mutate的输入为子代种群SelCh和变异概率P_m,输出为变异后的个体SelCh。

```
%% 变异操作
%输入SelCh:               被选择的个体
%输入Pm:                  变异概率
%输出SelCh:               变异后的个体
function SelCh=Mutate(SelCh,Pm)
[NSel,n]=size(SelCh);                       %n为染色体长度
for i=1:NSel
    if Pm >= rand
        R=randperm(n);                      %随机生成1~n的随机排列
        pos1=R(1);                          %第1个变异位置
        pos2=R(2);                          %第2个变异位置

        left=min([pos1,pos2]);              %更小的那个值作为变异起点
        right=max([pos1,pos2]);             %更大的那个值作为变异终点

        mutate_Selch=SelCh(i,:);            %第i个进行变异操作的个体
        mutate_part=mutate_Selch(right:-1:left);  %进行变异操作后的变异片段
%将mutate_Selch上的第left至right位上的片段进行替换
        mutate_Selch(left:right)=mutate_part;

        SelCh(i,:)=mutate_Selch;            %更新第i个进行变异操作的个体
    end
end
```

1.4.9　重组操作函数

在经过交叉操作和变异操作后,得到全新的子代种群SelCh,但是因为子代种群数目Nsel小于父代种群数目NIND,因此需要使用重组函数Reins从父代种群Chrom选择出适应度值排在前NIND~Nsel

的个体,并添加到子代种群 SelCh 中,最终重组成新的父代种群 Chrom。

重组函数 Reins 的输入为父代种群 Chrom、子代种群 SelCh 和父代种群适应度值 Obj,输出为重组后得到的新种群 Chrom。

```
%% 重插入子代的新种群
%输入 Chrom:                父代种群
%输入 SelCh:                子代种群
%输入 Obj:                  父代适应度
%输出 Chrom:                重组后得到的新种群
function Chrom=Reins(Chrom,SelCh,Obj)
NIND=size(Chrom,1);
NSel=size(SelCh,1);
[~,index]=sort(Obj,'descend');
Chrom=[Chrom(index(1:NIND-NSel),:);SelCh];
```

1.4.10　主函数

主函数的第一部分是输入数据,即各个物品的质量、价值及背包的最大载重量;第二部分是初始化各个参数;第三部分是主循环,通过选择操作、交叉操作、变异操作、重组操作及约束处理操作对种群进行更新,直至达到终止条件结束搜索;第四部分是将求解过程中适应度值随迭代次数的变化情况进行可视化,并且输出为最优装包方案,即装进包中物品序号的集合,以及所对应的物品总价值和总质量。

主函数的代码如下:

```
tic
clear
clc
%% 创建数据
%   各个物品的质量,单位是kg
w=[80,82,85,70,72,70,82,75,78,45,49,76,45,35,94,49,76,79,84,74,76,63,...,
   35,26,52,12,56,78,16,52, 16,42,18,46,39,80,41,41,16,35,70,72,70,66,50,55,25, 50,
55,40];
%各个物品的价值,单位是元
p=[200,208,198,192,180,180,168,176,182,168,187,138,184,154,168,175,198,...,
   184,158,148,174,135, 126,156,123,145,164,145,134,164,134,174,102,149,134,...,
   156,172,164,101,154,192,180,180,165,162,160,158,155, 130,125];
cap=1000;                          %每个背包的载重量为1000kg
n=numel(p);                        %物品个数
%% 参数设置
NIND=500;                          %种群大小
MAXGEN=500;                        %迭代次数
Pc=0.9;                            %交叉概率
Pm=0.08;                           %变异概率
GGAP=0.9;                          %代沟
%% 初始化种群
```

```
Chrom=InitPop(NIND,n,w,p,cap);
%% 优化
gen=1;
bestIndividual=Chrom(1,:);                        %将初始种群中一个个体赋值给全局最优个体
bestObj=Individual_P_W(n,bestIndividual,p,w);     %计算初始bestIndividual的物品总价值
BestObj=zeros(MAXGEN,1);                           %记录每次迭代过程中的最优适应度值
while gen <=MAXGEN
    %% 计算适应度
    Obj=Obj_Fun(Chrom,p,w);                        %计算每个染色体的物品总价值
    FitnV=Obj;                                     %适应度值=目标函数值=物品总价值
    %% 选择
    SelCh=Select(Chrom,FitnV,GGAP);
    %% 交叉操作
    SelCh=Crossover(SelCh,Pc);
    %% 变异
    SelCh=Mutate(SelCh,Pm);
    %% 重插入子代的新种群
    Chrom=Reins(Chrom,SelCh,Obj);
    %% 将种群中不满足载重量约束的个体进行约束处理
    Chrom=adjustChrom(Chrom,w,p,cap);
    %% 记录每次迭代过程中最优目标函数值
    [cur_bestObj,cur_bestIndex]=max(Obj);     %在当前迭代中最优目标函数值及对应个体的编号
    cur_bestIndividual=Chrom(cur_bestIndex,:);        %当前迭代中最优个体
    %如果当前迭代中最优目标函数值大于等于全局最优目标函数值,则进行更新
    if cur_bestObj >=bestObj
        bestObj=cur_bestObj;
        bestIndividual=cur_bestIndividual;
    end
    BestObj(gen,1)=bestObj;                           %记录每次迭代过程中最优目标函数值
    %% 输出每次迭代过程中的全局最优解
    disp(['第',num2str(gen),'次迭代的全局最优解为:',num2str(bestObj)]);
    %% 更新迭代次数
    gen=gen+1 ;
end
%% 绘制迭代过程图
figure;
plot(BestObj,'LineWidth',1);
xlabel('迭代次数');
ylabel('目标函数值(物品总价值)');
%% 最终装进包中的物品序号
pack_item=find(bestIndividual==1);
%% 计算最优装包方案的物品总价值和总质量
[bestP,bestW]=Individual_P_W(n,bestIndividual,p,w);
toc
```

1.5　实例验证

1.5.1　输入数据

输入数据的对象为1个背包和50个物品,背包的最大载重量为1000kg,各个物品的质量和价值数据如表1.5所示。

表1.5　50个物品的质量和价值数据

序号	质量/kg	价值/元	序号	质量/kg	价值/元	序号	质量/kg	价值/元
1	80	200	18	79	184	35	39	134
2	82	208	19	84	158	36	80	156
3	85	198	20	74	148	37	41	172
4	70	192	21	76	174	38	41	164
5	72	180	22	63	135	39	16	101
6	70	180	23	35	126	40	35	154
7	82	168	24	26	156	41	70	192
8	75	176	25	52	123	42	72	180
9	78	182	26	12	145	43	70	180
10	45	168	27	56	164	44	66	165
11	49	187	28	78	145	45	50	162
12	76	138	29	16	134	46	55	160
13	45	184	30	52	164	47	25	158
14	35	154	31	16	134	48	50	155
15	94	168	32	42	174	49	55	130
16	49	175	33	18	102	50	40	125
17	76	198	34	46	149	—	—	—

1.5.2　遗传算法参数设置

在运行GA之前,需要对GA的参数进行设置,如表1.6所示。

表1.6　GA参数设置

参数名称	取值
种群大小	500
最大迭代次数	500
交叉概率	0.9
变异概率	0.08
代沟	0.9

1.5.3 实验结果展示

GA算法求解0-1背包问题优化过程如图1.10所示,最终装包的物品序号如表1.7所示。

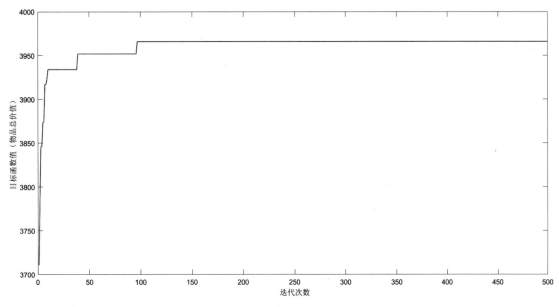

图 1.10　GA 求解0-1背包问题优化过程

表1.7　最终装包的物品序号

装包物品集合	10,11,13,14,16,23,24,26,27,29,30,31,32,33,34,35,37,38,39,40,44,45,46,47,48,50

最终装包的物品总质量为1000 kg,总价值为3966元。

第 2 章
变邻域搜索算法求解旅行商问题

旅行商问题（Traveling Salesman Problem，TSP）是经典的组合优化问题。现在假设有若干个城市，任意两个城市之间的距离已知，则TSP可以简单地描述为：一个旅行商人从任意一个城市出发，在访问完其余城市后（每个城市只被访问一次，不允许多次访问），最后返回出发城市，找到旅行商人所行走的最短路线。

变邻域搜索（Variable Neighborhood Search，VNS）算法通过搜索若干个不同邻域以求得问题最终的解，其已经被广泛应用于求解组合优化问题。因此，本章使用VNS求解TSP。

本章主要涉及的知识点

- TSP概述
- 算法简介
- 使用VNS求解TSP的算法求解策略
- MATLAB程序实现
- 实例验证

2.1 问题描述

假设现有一个旅行商人前往4个城市做生意,这4个城市的横纵坐标如表2.1所示,那么如何为旅行商人设计一条路线,在满足一个城市只能被访问一次的前提下,使得旅行商人从某一个城市出发,访问完其余3个城市,最后返回至出发城市的总距离最小。

表2.1　4个城市的横纵坐标

城市序号	横坐标/m	纵坐标/m
1	10	5
2	5	3
3	0	0
4	9	12

因为一共需要访问4个城市,所以全部的行走路线方案的数目为 $A_4^4 = 24$。因为数据规模较小,所以把所有行走路线方案全部列出来,如表2.2所示,其中深颜色的方案表示行走距离最短的行走路线方案。

表2.2　旅行商人可能的行走路线方案

路线方案序号	依次访问的城市编号					总距离/m
1	4	3	2	1	4	33.3
2	4	3	1	2	4	41.4
3	4	2	3	1	4	33.9
4	4	2	1	3	4	41.4
5	4	1	3	2	4	33.9
6	4	1	2	3	4	33.3
7	3	4	2	1	3	41.4
8	3	4	1	2	3	33.3
9	3	2	4	1	3	33.9
10	3	2	1	4	3	33.3
11	3	1	4	2	3	33.9
12	3	1	2	4	3	41.4
13	2	4	3	1	2	41.4
14	2	4	1	3	2	33.9
15	2	3	4	1	2	33.3
16	2	3	1	4	2	33.9
17	2	1	4	3	2	33.3

续表

路线方案序号	依次访问的城市编号					总距离/m
18	2	1	3	4	2	41.4
19	1	4	3	2	1	33.3
20	1	4	2	3	1	33.9
21	1	3	4	2	1	41.4
22	1	3	2	4	1	33.9
23	1	2	4	3	1	41.4
24	1	2	3	4	1	33.3

从表2.2可以得出8个最短行走路线方案,分别是方案1、6、8、10、15、17、19和24。进一步观察可发现,方案1、10、17和19其实是一种方案,方案6、8、15和24其实也是同一种方案。虽然看似方案的起点和终点不同,但是旅行商人的行走路线实际上是一条闭环回路。

以12341这条行走路线为例(图2.1),假设旅行商人继续按照这个访问顺序行走下去,那么路线为123412341……。因此,12341、23412、34123和41234这4条行走路线其实指的是同一个行走路线方案。根据这个思想可以推出,一条给定的行走路线,无论哪个城市是起(终)点,都可以通过变换,变换为指定的城市作为起(终)点。

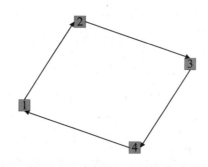

图2.1　13241行走路线

因为一条行走路线的起点和终点是同一个城市,所以在表示该路线时为了表现得更加简洁,将终点城市从行走路线中省略。以12341这条行走路线为例,在省略终点城市1后,该条行走路线变为1234。这里需要强调的一点是,本章剩余部分所有关于路线的表现形式全部省略终点城市。

算法简介

就TSP而言,最终的目的是为旅行商人找到一条最短路线。因为一开始最短路线是未知的,所以只能先尝试随便为旅行商人设计出一条一个城市只能访问一次的行走路线。假设这条路线不是最短的那条路线,那么这条路线一定还可以通过调整旅行商人访问城市的顺序,从而达到缩短行走总距离的目的。因此,调整旅行商人访问城市顺序的方法就显得尤为重要,不同的调整方法对于缩短行走总距离的效果是不同的。

以2.1节中1243这条路线为例,由表2.2可知,这条路线的行走总距离为41.4km。因为在2.1节已知最短总距离为33.3km,所以1243这条路线一定还有调整的空间。那究竟如何调整1243路线呢?一个容易想到的策略是对调相邻城市的访问顺序。因此,采用该策略对1243路线调整后的路线分别如下。

调整路线1:2143(将1和2对调),此时总距离为33.3km。

调整路线2:1423(将2和4对调),此时总距离为33.9km。

调整路线3:1234(将4和3对调),此时总距离为33.3km。

调整路线4:3241(将3和1对调),此时总距离为33.9km。

这里需要注意的一点是,3和1其实也是相邻城市,因此也可以进行对调。接下来从上述4条路线中选择最短的一条路线,因为调整路线1和调整路线3总距离是相等的,这里在经过随机选择后,假设选择的是调整路线3。

因为此时不知道1234这条路线是否为最短路线,所以还会继续对这条路线进行调整。此时用一种新的策略调整1234这条路线,即对调中间间隔一个城市的两个城市的访问顺序。采用该策略对1234路线调整后的路线分别如下。

调整路线5:3214(将1和3对调),此时总距离为33.3km。

调整路线6:1432(将2和4对调),此时总距离为33.3km。

虽然这2条路线总距离都为33.3km,但是此时依然不确定是否找到最短路线。因此,还会从调整路线5和调整路线6这2条路线中随机选择一条路线,然后继续对该路线进行调整,一直达到初始设定的条件为止,才会停止继续调整与寻找更短的路线。假设最初设定只允许调整路线3次,那么在调整3次路线后,就会自动停止寻找更短路线,此时所找到的最短路线就记为最短路线。

综上所述,对调相邻城市的访问顺序的策略称为一个规则,记为规则1;对调中间间隔一个城市的两个城市的访问顺序也是一个规则,记为规则2。第1、2、3、4条调整路线实际上表示一个集合,记为集合1;第5、6条调整路线实际上也表示一个集合,记为集合2。只有按照规则对原始路线进行操作后才能形成集合,形成集合的目的是从集合中找出比原始路线更短的路线。

至此,引出"变邻域搜索"的概念。规则对应邻域动作,集合对应邻域,不同的集合体现出变邻域中的变,从集合中找出比原始路线更短的路线对应搜索。变邻域搜索就是在不同的领域中不断地搜索更优的解。VNS算法求解组合优化问题(以求最小化问题为例)的常规流程如图2.2所示。

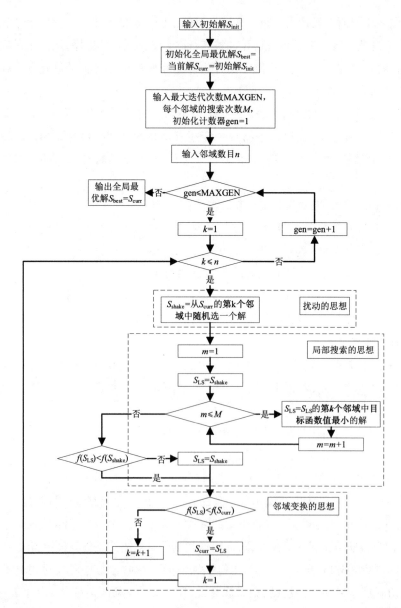

图2.2　VNS算法求解组合优化问题(以求最小化问题为例)的常规流程

2.3　求解策略

从VNS算法求解组合优化问题(以求最小化问题为例)的常规流程可以看出,其核心在于邻域的设计。因此,本节针对TSP设计出3种不同的邻域操作:交换操作、逆转操作和插入操作。

2.3.1 构造初始路线

就 TSP 而言,一条好的初始路线能够节省 VNS 的求解时间。本节采用常规且应用较为广泛的构造 TSP 初始路线的方法——贪婪算法。

假设 TSP 中城市数目为 N,贪婪算法构造 TSP 初始路线的步骤如下。

STEP1:初始化已被访问的城市集合 visited 为空,初始化未被访问的城市集合 unvisited = $\{1, 2, \cdots, N\}$。

STEP2:将 N 行 N 列距离矩阵 dist 的主对角线上的 0 全部赋值为无穷大。

STEP3:从距离矩阵 dist 中找出最小距离对应的行序号 row 和列序号 col,如果存在多个最小距离,则选择行序号 row 中的第一个数 row(1)作为初始路线的起点 first。

STEP4:更新 visited=[visited, first],即将 first 添加到 visited 中,同时也更新 unvisited(unvisited==first)= [ ],即将 first 从 unvisited 中删除,然后将起点 first 赋值给紧前点 pre_point。

STEP5:首先在距离矩阵 dist 中找到紧前点 pre_point 对应的那一行距离 pre_dist,即紧前点 pre_point 与其他城市之间的距离;其次将已被访问的城市排除在外,即在 pre_dist 中将 visited 对应的列全设为无穷大;然后找出 pre_dist 中最小值对应的列序号作为下一个紧前点 pre_point。

STEP6:更新 visited = [visited, pre_point],unvisited(unvisited == pre_point) = [ ]。

STEP7:若 unvisited 非空,则转至 STEP5,否则转至 STEP8。

STEP8:将 visited 赋值给初始路线 init_route,初始路线构造完毕。

2.3.2 交换操作

假设 TSP 中城市数目为 N,那么当前路线可表示为

$$R = \left[R(1), R(2), \cdots R(i), \cdots, R(j), \cdots R(N-1), R(N) \right]$$

若选择的交换位置为 i 和 $j\left(i \neq j, 1 \leqslant i, j \leqslant N\right)$,那么交换第 i 个和第 j 个位置上的城市后的路线可表示为

$$R = \left[R(1), R(2), \cdots R(j), \cdots R(i), \cdots R(N-1), R(N) \right]$$

以 6 个城市为例,假设当前路线为 123456,若交换的位置为 $i = 2$ 和 $j = 5$,那么交换第 i 个和第 j 个位置上的城市后的路线为 153426。交换操作如图 2.3 所示。

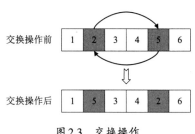

图 2.3　交换操作

2.3.3 逆转操作

交换操作是交换两个位置上的城市,而逆转操作则是逆转两个位置之间所有城市的排序。假设 TSP 中城市数目为 N,那么当前路线可表示为

$$R = \left[R(1), R(2), \cdots R(i), R(i+1), \cdots, R(j-1), R(j), \cdots R(N-1), R(N) \right]$$

若选择的逆转位置为 i 和 $j(i \ne j, 1 \le i, j \le N)$，那么逆转第 i 个和第 j 个位置之间所有城市的排序后的路线可表示为

$$R = \left[R(1), R(2), \cdots R(j), R(j-1), \cdots, R(i+1), R(i), \cdots R(N-1), R(N) \right]$$

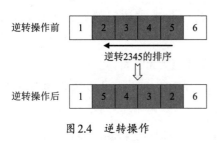

图 2.4　逆转操作

以 6 个城市为例，假设当前路线为 123456，若逆转的位置为 $i = 2$ 和 $j = 5$，那么逆转第 i 个和第 j 个位置之间所有城市的排序后的路线为 154326；若逆转的位置为 $i = 5$ 和 $j = 2$，那么逆转第 i 个和第 j 个位置之间所有城市的排序后的路线依然为 154326。逆转操作如图 2.4 所示。

2.3.4　插入操作

插入操作与交换操作、逆转操作类似，相似之处是也选择两个位置，不同之处为插入操作将在第一个位置上选择的城市插入第二个位置上选择的城市后面。假设 TSP 中城市数目为 N，那么当前路线依然表示为

$$R = \left[R(1), R(2), \cdots R(i-1), R(i), R(i+1), \cdots, R(j-1), R(j), R(j+1), \cdots R(N-1), R(N) \right]$$

若选择的插入位置为 i 和 $j(i \ne j, 1 \le i, j \le N)$，那么将第 i 个位置上的城市插入第 j 个位置上的城市后的路线可表示为

$$R = \left[R(1), R(2), \cdots R(i-1), R(i+1), \cdots, R(j-1), R(j), R(i), R(j+1), \cdots R(N-1), R(N) \right]$$

以 6 个城市为例，假设当前路线为 123456，若选择的插入位置为 $i = 2$ 和 $j = 5$，那么将第 i 个位置上的城市插入第 j 个位置上的城市后的路线可表示为 134526；若选择的插入位置为 $i = 5$ 和 $j = 2$，那么将第 i 个位置上的城市插入第 j 个位置上的城市后的路线可表示为 125346。插入操作如图 2.5 所示。

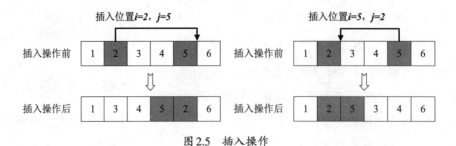

图 2.5　插入操作

2.3.5　扰动操作

2.3.2~2.3.4 小节已经介绍了交换操作、逆转操作和插入操作这 3 个邻域操作，并且通过前面的学

习,相信各位读者也已经了解使用这3个邻域操作可以得到3个不同的邻域集合。

但是在使用邻域操作得到一条路线的邻域集合之前,还有一个步骤,即扰动操作。扰动操作的目的是进一步扩大搜索范围,搜索到更多的解。

扰动操作就是对当前解进行"适当的调整",具体的"调整"方式为:当在使用某个邻域操作前,就先对当前使用该邻域操作以获得一个"扰动解",然后继续使用该邻域操作获得这个"扰动解"的邻域集合,从而进行后续的一系列操作。

假设当前解为123456,如果现在正准备使用交换操作,那么对当前解的扰动操作即为随机生成1~6中的两个不相同的数字(假设为2和5),然后交换2和5两个位置上的城市,则得到的"扰动解"为153426。

如果现在正准备使用逆转操作,那么对当前解的扰动操作即为随机生成1~6中的两个不相同的数字(假设为2和5),然后逆转2和5两个位置之间所有城市的排序,则得到的"扰动解"为154326。

如果现在正准备使用插入操作,那么对当前解的扰动操作即为随机生成1~6中的两个不相同的数字(假设为2和5),然后将第2个位置上的城市插入第5个位置上的城市后面,则得到的"扰动解"为134526。

2.3.6　邻域搜索策略

在对一个当前解 S_{curr} 使用某个邻域操作得到 S_{curr} 的邻域集合后,如何对所得到的邻域集合进行处理才能使 S_{curr} 向"更好"的方向变换?

既然已得到 S_{curr} 的邻域集合,那么就可以首先求出这个邻域集合中所有解的总距离;其次找到总距离最短的那个解 S_{min},并替换当前解 S_{curr},即令 $S_{curr} = S_{min}$;然后求出 S_{curr} 的邻域集合,以及这个邻域集合中所有解的总距离,同样再找到总距离最短的那个解 S_{min},并替换当前解 S_{curr}。

一直按照上述方式迭代,直至迭代 M 次后,停止对 S_{curr} 在当前邻域的搜索。

2.3.7　邻域变换策略

邻域搜索策略详细介绍了如何针对一个当前解 S_{curr} 在一个邻域中进行搜索,因为本节介绍了3个邻域动作,所以会有3个不同结构的邻域。现在将这3个邻域分别编号为 $k = 1$、$k = 2$ 和 $k = 3$,即第1个邻域为交换操作得到的邻域,第2个邻域为逆转操作得到的邻域,第3个邻域为插入操作得到的邻域。

那么在对一个邻域搜索结束后,如何能够在下一个邻域中继续搜索呢?假设此时当前解为 S_{curr},S_{curr} 的总距离为 L_{curr},令最优路线 $S_{best} = S_{curr}$,最优路线总距离 $L_{best} = L_{curr}$。

具体步骤如下。

STEP1:设 $k = 1$。

STEP2:如果 $k = 1$,转至STEP3;如果 $k = 2$,转至STEP4;如果 $k = 3$,转至STEP5;否则,转至STEP7。

STEP3:对 S_{curr} 进行扰动操作得到 S_{swap},S_{swap} 的总距离为 L_{swap},令 $L_{curr} = L_{swap}$。 如果 $L_{curr} < L_{best}$,则 $S_{best} = S_{curr} = S_{swap}$,$L_{best} = L_{curr}$,$k = 0$,转至STEP6。

STEP4：对 S_{curr} 进行扰动操作得到 $S_{reversion}$，$S_{reversion}$ 的总距离为 $L_{reversion}$，令 $L_{curr} = L_{reversion}$。如果 $L_{curr} < L_{best}$，则 $S_{best} = S_{curr} = S_{reversion}$，$L_{best} = L_{curr}$，$k = 0$，转至STEP6。

STEP5：对 S_{curr} 进行扰动操作得到 $S_{insertion}$，$S_{insertion}$ 的总距离为 $L_{insertion}$，令 $L_{curr} = L_{insertion}$。如果 $L_{curr} < L_{best}$，则 $S_{best} = S_{curr} = S_{insertion}$，$L_{best} = L_{curr}$，$k = 0$，转至STEP6。

STEP6：$k = k + 1$，转至STEP2。

STEP7：终止循环，输出 S_{curr}、S_{best}、L_{curr} 和 L_{best}。

2.3.8 变邻域搜索算法求解旅行商问题流程

综上所述，VNS求解TSP的流程如图2.6所示。

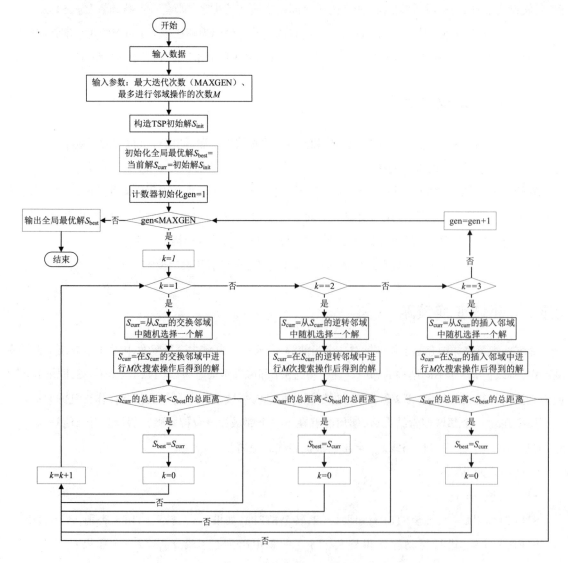

图2.6 VNS求解TSP流程

2.4   MATLAB 程序实现

2.4.1   构造初始路线函数

假设城市数目 $n = 4$，各个城市的横纵坐标数据采用2.1节的数据，即各个城市的横纵坐标数据如下：城市 $1(10, 5)$、城市 $2(5, 3)$、城市 $3(0, 0)$、城市 $4(9, 12)$，经计算这4个城市之间的距离矩阵为 dist =

$$\begin{bmatrix} 0 & 5.39 & 11.18 & 7.07 \\ 5.39 & 0 & 5.83 & 9.85 \\ 11.18 & 5.83 & 0 & 15 \\ 7.07 & 9.85 & 15 & 0 \end{bmatrix}$$。按照2.3.1小节的方法构造一条经过这4个城市的初始路线。

STEP1：初始化已被访问的城市集合 visited 为空，初始化未被访问的城市集合 unvisited = $\{1, 2, 3, 4\}$。

STEP2：将 4 行 4 列距离矩阵 dist 的主对角线上的 0 全部赋值为无穷大，此时 dist =

$$\begin{bmatrix} inf & 5.39 & 11.18 & 7.07 \\ 5.39 & inf & 5.83 & 9.85 \\ 11.18 & 5.83 & inf & 15 \\ 7.07 & 9.85 & 15 & inf \end{bmatrix}$$。

STEP3：从距离矩阵 dist 中找出最小距离对应的行序号 row 和列序号 col，此时 dist 中的最小值为5.39，所以 row = [2；1]，col = [1；2]。因为存在多个最小距离，所以选择行 row(1) 作为初始路线的起点 first，即 first = 2。

STEP4：更新 visited = [visited, first] = [2]，unvisited(unvisited == first) = [ ]，即 unvisited = [1, 3, 4]。将起点 first 赋值给紧前点 pre_point，即 pre_point = 2。

STEP5：在距离矩阵 dist 中找到紧前点 pre_point = 2 对应的那一行距离 pre_dist，即 pre_dist = [5.39, inf, 5.83, 9.85]。将已被访问的城市排除在外，即在 pre_dist 中将 visited 对应的列全设为无穷大，此时 pre_dist = [5.39, inf, 5.83, 9.85]。找出 pre_dist 中最小值对应的列序号作为下一个紧前点 pre_point，此时 pre_dist 中的最小值为5.39，因此 pre_point = 1。

STEP6：更新 visited = [2, 1]，unvisited(unvisited == pre_point) = [ ]，即 unvisited = [3, 4]。

STEP7：在距离矩阵 dist 中找到紧前点 pre_point = 1 对应的那一行距离 pre_dist，即 pre_dist = [inf, 5.39, 11.18, 7.07]。将已被访问的城市排除在外，即在 pre_dist 中将 visited 对应的列全设为无穷大，此时 pre_dist = [inf, inf, 11.18, 7.07]。找出 pre_dist 中最小值应的列序号作为下一个紧前点 pre_point，此时 pre_dist 中的最小值为7.07，因此 pre_point = 4。

STEP8:更新 visited = $[2, 1, 4]$,unvisited$($unvisited == pre_point$) = [$ $]$,即 unvisited = $[3]$。

STEP9:在距离矩阵 dist 中找到紧前点 pre_point = 4 对应的那一行距离 pre_dist,即 pre_dist = $[7.07, 9.85, 15, \text{inf}]$。将已被访问的城市排除在外,即在 pre_dist 中将 visited 对应的列全设为无穷大,此时 pre_dist = $[\text{inf}, \text{inf}, 15, \text{inf}]$。找出 pre_dist 中最小值对应的列序号作为下一个紧前点 pre_point,此时 pre_dist 中的最小值为 15,因此 pre_point = 3。

STEP10:更新 visited = $[2, 1, 4, 3]$,unvisited$($unvisited == pre_point$) = [$ $]$,即 unvisited = $[$ $]$。

STEP11:因为此时 unvisited 为空集,所以将 visited 赋值给初始路线 init_route,初始路线构造完毕,即 init_route = $[2, 1, 4, 3]$。

初始路线构造函数采用贪婪算法构造 TSP 的初始解。构造函数 construct_route 的代码如下,该函数的输入为距离矩阵 dist,输出为贪婪算法构造的初始路线 init_route 以及 init_route 的总距离 init_len。

```matlab
%% 贪婪算法构造TSP的初始解
%输入dist:                    距离矩阵
%输出init_route:              贪婪算法构造的初始路线
%输出init_len:                init_route的总距离
function [init_route,init_len]=construct_route(dist)
N=size(dist,1);                    %城市数目
%先将距离矩阵主对角线上的0赋值为无穷大
for i=1:N
    for j=1:N
        if i==j
            dist(i,j)=inf;
        end
    end
end

unvisited=1:N;                     %初始未被安排的城市集合
visited=[];                        %初始已被安排的城市集合

min_dist=min(min(dist));           %找出距离矩阵中的最小值
[row,col]=find(dist==min_dist);    %在dist中找出min_dist对应的行和列
first=row(1);                      %将min_dist在dist中对应的行序号作为起点

unvisited(unvisited==first)=[];    %将first从unvisited中删除
visited=[visited,first];           %把first添加到visited中
pre_point=first;                   %将fisrt赋值给pre_point
while ~isempty(unvisited)
    pre_dist=dist(pre_point,:);    %pre_point与其他城市的距离
    pre_dist(visited)=inf;         %将pre_point与已经添加进来的城市之间的距离设为无穷大
    [~,pre_point]=min(pre_dist);   %找出pre_dist中的最小值
    unvisited(unvisited==pre_point)=[];    %将pre_point从unvisited中删除
    visited=[visited,pre_point];           %把pre_point添加到visited中
end
init_route=visited;
```

```
init_len=route_length(init_route,dist); %计算 init_route 的总距离
end
```

2.4.2　路线总距离计算函数

假设 TSP 中城市数目为 N，则当前路线可表示为

$$R = \left[R(1), R(2), \cdots R(i), \cdots, R(j), \cdots R(N-1), R(N) \right]$$

在计算该条路线总距离时，先将 $R(1)$ 复制添加到 R 的末尾，此时路线可表示为

$$R = \left[R(1), R(2), \cdots R(i), \cdots, R(j), \cdots R(N-1), R(N), R(1) \right]$$

此时 R 中共有 $N+1$ 个点，因此 R 的总距离为相邻两个城市的距离之和，即 N 条线段的距离之和。

假设已知 4 个城市之间的距离矩阵为 $\text{dist} = \begin{bmatrix} 0 & 5.39 & 11.18 & 7.07 \\ 5.39 & 0 & 5.83 & 9.85 \\ 11.18 & 5.83 & 0 & 15 \\ 7.07 & 9.85 & 15 & 0 \end{bmatrix}$，并且当前路线

$R = [1, 2, 3, 4]$，则计算当前路线 route 距离的步骤如下。

STEP1：将 $R(1)$ 复制添加到 R 的末尾，此时 $R = [1, 2, 3, 4, 1]$。

STEP2：计算 R 中两个相邻城市的距离之和，即总距离 $L = \text{dist}\left[R(1), R(2) \right] + \text{dist}\left[R(2), R(3) \right] + \text{dist}\left[R(3), R(4) \right] + \text{dist}\left[R(4), R(1) \right] = \text{dist}(1, 2) + \text{dist}(2, 3) + \text{dist}(3, 4) + \text{dist}(4, 1) = 5.39 + 5.83 + 15 + 7.07 = 33.29$。

路线总距离计算函数 route_length 的代码如下，该函数的输入为一条路线 route 和距离矩阵 dist，输出为该条路线总距离 len。

```
%% 计算一条路线总距离
%输入 route:          一条路线
%输入 dist:           距离矩阵
%输出 len:            该条路线总距离
function len=route_length(route,dist)
    n=numel(route);
    route=[route route(1)];
    len=0;
    for k=1:n
        i=route(k);
        j=route(k+1);
        len=len+dist(i,j);
    end
end
```

2.4.3　交换操作函数

交换操作即交换两个位置上的城市，交换操作函数 swap 的代码如下，该函数的输入为一条路线

route1和两个交换点i、j,输出为经过交换操作变换后的路线route2。

```
%% 交换操作
%例如,有6个城市,当前解为123456,随机选择两个位置,然后将这两个位置上的元素进行交换
%例如,交换2和5两个位置上的元素,则交换后的解为153426
%输入route1:          路线1
%输入i、j:            两个交换点
%输出route2:          经过交换操作变换后的路线2
function route2=swap(route1,i,j)
route2=route1;
route2([i j])=route1([j i]);
end
```

2.4.4 逆转操作函数

逆转操作即逆转两个位置之间所有城市的排列,逆转操作函数reversion的代码如下,该函数的输入为一条路线route1和逆转点i、j,输出为经过逆转操作变换后的路线route2。

```
%% 逆转操作
%有6个城市,当前解为123456,随机选择两个位置,然后将这两个位置之间的元素进行逆序排列
%例如,逆转2和5之间的所有元素,则逆转后的解为154326
%输入route1:          路线1
%输入i、j:            逆转点i、j
%输出route2:          经过逆转操作变换后的路线2
function route2=reversion(route1,i,j)
i1=min([i,j]);
i2=max([i,j]);
route2=route1;
route2(i1:i2)=route1(i2:-1:i1);
end
```

2.4.5 插入操作函数

插入操作即将选择的第一个位置上的城市插入第二个位置上的城市后,插入操作函数insertion的代码如下,该函数的输入为一条路线route1和插入点i、j,输出为经过插入操作变换后的路线route2。

```
%% 插入操作
%有6个城市,当前解为123456,随机选择两个位置,然后将第一个位置上的元素插入第二个元素后面
%例如,第一个选择5这个位置,第二个选择2这个位置,则插入后的解为125346
%输入route1:          路线1
%输入i、j:            插入点i、j
%输出route2:          经过插入操作变换后的路线2
function route2=insertion(route1,i,j)
if i<j
```

```
    route2=route1([1:i-1 i+1:j i j+1:end]);
else
    route2=route1([1:j i j+1:i-1 i+1:end]);
end
end
```

2.4.6 计算距离差值函数

在对一条路线使用交换操作、逆转操作和插入操作后会得到一条新的路线,分别使用计算路线总距离函数 route_length 求出两条路线的距离,进而求出这条新的路线与原路线总距离的差值。但是当城市数目增多时,如果每次计算距离差值都调用 route_length 函数,会导致算法运行时间变长。因此,为了缩短算法运行时间,需要进一步编写求解距离差值的函数。

假设当前解为 $R = 123456$,距离矩阵为 dist,当使用交换操作时,分别计算以下 7 种情况的距离差值。

(1)当 $i = 1, j = 6$ 时,交换后的解为 623451,因此距离差值如下:

$$delta1 = -\{dist(1, 2) + dist(5, 6)\} + \{dist(6, 2) + dist(5, 1)\}$$

(2)当 $i = 1, j = 2$ 时,交换后的解为 213456,因此距离差值如下:

$$delta1 = -\{dist(6, 1) + dist(2, 3)\} + \{dist(6, 2) + dist(1, 3)\}$$

(3)当 $i = 1, j = 5$ 时,交换后的解为 523416,因此距离差值如下:

$$delta1 = -\{dist(6, 1) + dist(1, 2) + dist(4, 5) + dist(5, 6)\} + \{dist(6, 5) + dist(5, 2) + dist(4, 1) + dist(1, 6)\}$$

(4)当 $i = 5, j = 6$ 时,交换后的解为 123465,因此距离差值如下:

$$delta1 = -\{dist(4, 5) + dist(6, 1)\} + \{dist(4, 6) + dist(5, 1)\}$$

(5)当 $i = 2, j = 6$ 时,交换后的解为 163452,因此距离差值如下:

$$delta1 = -\{dist(1, 2) + dist(2, 3) + dist(5, 6) + dist(6, 1)\} + \{dist(1, 6) + dist(6, 2) + dist(5, 2) + dist(2, 1)\}$$

(6)当 $i = 3, j = 4$ 时,交换后的解为 124356,因此距离差值如下:

$$delta1 = -\{dist(2, 3) + dist(4, 5)\} + \{dist(2, 4) + dist(3, 5)\}$$

(7)当 $i = 2, j = 5$ 时,交换后的解为 153426,因此距离差值如下:

$$delta1 = -\{dist(1, 2) + dist(2, 3) + dist(4, 5) + dist(5, 6)\} + \{dist(1, 5) + dist(5, 3) + dist(4, 2) + dist(2, 6)\}$$

通过计算上述 7 种情况的距离差值,可以发现在计算交换操作的距离差值时需要分 7 种情况考虑。计算交换操作距离差值的函数 cal_delta1 代码如下,该函数的输入为一条路线 route、距离矩阵 dist 和交换点 i、j,输出为交换操作后的距离差值 delta1。

```
%% 计算swap操作后与操作前路线的总距离的差值
%输入route:          一条路线
%输入dist:           距离矩阵
%输入i,j:            交换点i、j
```

```
%输出delta1:          交换后路线的总距离-交换前路线的总距离
function delta1=cal_delta1(route,dist,i,j)
N=numel(route);          %城市数目
if (i==1)&&(j==N)
    delta1=-(dist(route(i),route(i+1))+dist(route(j-1),route(j)))+...
        (dist(route(j),route(i+1))+dist(route(j-1),route(i)));
elseif (i==1)&&(j==2)
    delta1=-(dist(route(N),route(i))+dist(route(j),route(j+1)))+...
        (dist(route(N),route(j))+dist(route(i),route(j+1)));
elseif i==1
    delta1=-(dist(route(N),route(i))+dist(route(i),route(i+1))+...
        dist(route(j-1),route(j))+dist(route(j),route(j+1)))+...
        (dist(route(N),route(j))+dist(route(j),route(i+1))+...
        dist(route(j-1),route(i))+dist(route(i),route(j+1)));
elseif (i==N-1)&&(j==N)
    delta1=-(dist(route(i-1),route(i))+dist(route(j),route(1)))+...
        (dist(route(i-1),route(j))+dist(route(i),route(1)));
elseif j==N
    delta1=-(dist(route(i-1),route(i))+dist(route(i),route(i+1))+...
        dist(route(j-1),route(j))+dist(route(j),route(1)))+...
        (dist(route(i-1),route(j))+dist(route(j),route(i+1))+...
        dist(route(j-1),route(i))+dist(route(i),route(1)));
elseif abs(i-j)==1
    delta1=-(dist(route(i-1),route(i))+dist(route(j),route(j+1)))+...
        (dist(route(i-1),route(j))+dist(route(i),route(j+1)));
else
    delta1=-(dist(route(i-1),route(i))+dist(route(i),route(i+1))+...
        dist(route(j-1),route(j))+dist(route(j),route(j+1)))+...
        (dist(route(i-1),route(j))+dist(route(j),route(i+1))+...
        dist(route(j-1),route(i))+dist(route(i),route(j+1)));
end
end
```

上述函数是计算交换操作后的距离差值,那么逆转操作后的距离差值如何计算呢?

假设当前解为 $R = 123456$,距离矩阵为 dist,当使用逆转操作时,分别计算以下4种情况的距离差值。

(1)当 $i = 1, j = 6$ 时,逆转后的解为654321,因此距离差值如下:

$$delta2 = 0$$

(2)当 $i = 1, j = 3$ 时,逆转后的解为321456,因此距离差值如下:

$$delta2 = -\{dist(3, 4) + dist(6, 1)\} + \{dist(1, 4) + dist(6, 3)\}$$

(3)当 $i = 3, j = 6$ 时,逆转后的解为126543,因此距离差值如下:

$$delta2 = -\{dist(2, 3) + dist(1, 6)\} + \{dist(2, 6) + dist(3, 1)\}$$

(4)当 $i = 2, j = 5$ 时,逆转后的解为154326,因此距离差值如下:

$$delta2 = -\{dist(1, 2) + dist(5, 6)\} + \{dist(1, 5) + dist(2, 6)\}$$

计算逆转操作的距离差值时需要考虑上述4种情况,其所对应的函数cal_delta2代码如下,该函数的输入为一条路线route、距离矩阵dist和逆转点i、j,输出为逆转操作后的距离差值delta2。

```
%% 将给定的route序列在i和j位置之间进行逆序排列,然后计算转换序列前和转换序列后的路径距离的差值
%输入route:              一条路线
%输入dist:              距离矩阵
%输入i、j:              逆转点i、j
%输出delta2:            逆转后路线的总距离-逆转前路线的总距离
function delta2=cal_delta2(route,dist,i,j)
N=numel(route);          %城市个数
if i==1
    if j==N
        delta2=0;
    else
        delta2=-dist(route(j),route(j+1))-dist(route(N),route(i))+...
            dist(route(i),route(j+1))+dist(route(N),route(j));
    end
else
    if j==N
        delta2=-dist(route(i-1),route(i))-dist(route(1),route(j))+...
            dist(route(i-1),route(j))+dist(route(i),route(1));
    else
        delta2=-dist(route(i-1),route(i))-dist(route(j),route(j+1))+...
            dist(route(i-1),route(j))+dist(route(i),route(j+1));
    end
end
end
```

在介绍完交换操作和逆转操作距离差值的函数后,虽然插入操作的距离差值计算较为复杂,但依然是必不可少的。

假设当前解为 $R = 123456$,距离矩阵为dist,当使用插入操作时,分别计算以下11种情况的距离差值。

(1)当 $i = 1, j = 6$ 时,插入后的解为234561,因此距离差值如下:
$$delta3 = 0$$

(2)当 $i = 1, j = 2$ 时,插入后的解为213456,因此距离差值如下:
$$delta3 = -\{dist(6,1) + dist(2,3)\} + \{dist(6,2) + dist(1,3)\}$$

(3)当 $i = 1, j = 4$ 时,插入后的解为234156,因此距离差值如下:
$$delta3 = -\{dist(6,1) + dist(1,2) + dist(4,5)\} + \{dist(6,2) + dist(4,1) + dist(1,5)\}$$

(4)当 $i = 5, j = 6$ 时,插入后的解为123465,因此距离差值如下:
$$delta3 = -\{dist(4,5) + dist(6,1)\} + \{dist(4,6) + dist(5,1)\}$$

(5)当 $i = 2, j = 6$ 时,插入后的解为134562,因此距离差值如下:
$$delta3 = -\{dist(1,2) + dist(2,3) + dist(6,1)\} + \{dist(1,3) + dist(6,2) + dist(2,1)\}$$

（6）当 $i=3, j=4$ 时，插入后的解为124356，因此距离差值如下：

$$delta3 = -\{\text{dist}(2,3) + \text{dist}(4,5)\} + \{\text{dist}(2,4) + \text{dist}(3,5)\}$$

（7）当 $i=2, j=5$ 时，插入后的解为134526，因此距离差值如下：

$$delta3 = -\{\text{dist}(1,2) + \text{dist}(2,3) + \text{dist}(5,6)\} + \{\text{dist}(1,3) + \text{dist}(5,2) + \text{dist}(2,6)\}$$

（8）当 $i=6, j=1$ 时，插入后的解为162345，因此距离差值如下：

$$delta3 = -\{\text{dist}(5,6) + \text{dist}(1,2)\} + \{\text{dist}(5,1) + \text{dist}(6,2)\}$$

（9）当 $i=5, j=4$ 时，插入后的解为123456，因此距离差值如下：

$$delta3 = 0$$

（10）当 $i=6, j=3$ 时，插入后的解为123645，因此距离差值如下：

$$delta3 = -\{\text{dist}(5,6) + \text{dist}(6,1) + \text{dist}(3,4)\} + \{\text{dist}(5,1) + \text{dist}(3,6) + \text{dist}(6,4)\}$$

（11）当 $i=5, j=2$ 时，插入后的解为125346，因此距离差值如下：

$$delta3 = -\{\text{dist}(4,5) + \text{dist}(5,6) + \text{dist}(2,3)\} + \{\text{dist}(4,6) + \text{dist}(2,5) + \text{dist}(5,3)\}$$

计算插入操作的距离差值时需要考虑上述11种情况，其所对应的函数cal_delta3代码如下，该函数的输入为一条路线route、距离矩阵dist和插入点i、j，输出为插入操作后的距离差值delta3。

```
%% 计算插入操作后与操作前路线的总距离的差值
%输入route:              一条路线
%输入dist:               距离矩阵
%输入i、j:               逆转点i、j
%输出delta3:             插入后路线的总距离-插入前路线的总距离
function delta3=cal_delta3(route,dist,i,j)
N=numel(route);          %城市数目
if i<j
    if (i==1) && (j==N)
        delta3=0;
    elseif (i==1) && (j==2)
        delta3=-(dist(route(N),route(i))+dist(route(j),route(j+1)))+...
            (dist(route(N),route(j))+dist(route(i),route(j+1)));
    elseif i==1
        delta3=-(dist(route(N),route(i))+dist(route(i),route(i+1))+dist(route(j),route
(j+1)))+...
            (dist(route(N),route(i+1))+dist(route(j),route(i))+dist(route(i),route
(j+1)));
    elseif (i==N-1)&&(j==N)
        delta3=-(dist(route(i-1),route(i))+dist(route(j),route(1)))+...
            (dist(route(i-1),route(j))+dist(route(i),route(1)));
    elseif j==N
        delta3=-(dist(route(i-1),route(i))+dist(route(i),route(i+1))+dist(route(j),
route(1)))+...
            (dist(route(i-1),route(i+1))+dist(route(j),route(i))+dist(route(i),
route(1)));
```

```
    elseif (j-i)==1
        delta3=-(dist(route(i-1),route(i))+dist(route(j),route(j+1)))+...
            (dist(route(i-1),route(j))+dist(route(i),route(j+1)));
    else
        delta3=-(dist(route(i-1),route(i))+dist(route(i),route(i+1))+dist(route(j),
route(j+1)))+...
            (dist(route(i-1),route(i+1))+dist(route(j),route(i))+dist(route(i),route
(j+1)));
    end
else
    if (i==N) && (j==1)
        delta3=-(dist(route(i-1),route(i))+dist(route(j),route(j+1)))+...
            (dist(route(i-1),route(j))+dist(route(i),route(j+1)));
    elseif (i-j)==1
        delta3=0;
    elseif i==N
        delta3=-(dist(route(i-1),route(i))+dist(route(i),route(1))+dist(route(j),route
(j+1)))+...
            (dist(route(i-1),route(1))+dist(route(j),route(i))+dist(route(i),route
(j+1)));
    else
        delta3=-(dist(route(i-1),route(i))+dist(route(i),route(i+1))+dist(route(j),
route(j+1)))+...
            (dist(route(i-1),route(i+1))+dist(route(j),route(i))+dist(route(i),route
(j+1)));
    end
end
end
```

2.4.7 更新距离差值函数

使用计算距离差值的函数仅能得到一个距离差值。假设城市数目为N,如果想得到对任意两个点进行邻域操作后的距离差值,即N行N列的距离差值矩阵,则需要外层循环N次,里层循环N次。

如果对当前解进行邻域操作,那么这个解对应的距离差值矩阵也会发生变化。

更新交换操作距离差值的函数Update1的代码如下,该函数的输入为一条路线route、距离矩阵dist和交换点i、j,输出为交换操作后的距离差值Delta1。

```
%% 交换操作后生成新的距离差矩阵Delta
%输入route:              一条路线
%输入dist:              距离矩阵
%输入i、j:              交换点i、j
%输出Delta1:           交换操作后的距离差值的矩阵
function Delta1=Update1(route,dist,i,j)
N=numel(route);             %城市个数
route2=swap(route,i,j);     %交换route上i和j两个位置上的城市
```

```
Delta1=zeros(N,N);                      %N行N列的Delta初始化,每个位置上的元素是距离差值
for i=1:N-1
    for j=i+1:N
        Delta1(i,j)=cal_delta1(route2,dist,i,j);
    end
end
```

更新逆转操作距离差值的函数Update2的代码如下,该函数的输入为一条路线route、距离矩阵dist和逆转点i、j,输出为逆转操作后的距离差值Delta2。

```
%% 逆转操作后生成新的距离差矩阵Delta
%输入route:          一条路线
%输入dist:           距离矩阵
%输入i、j:           逆转点i、j
%输出Delta2:         逆转操作后的距离差值的矩阵
function Delta2=Update2(route,dist,i,j)
N=numel(route);                         %城市个数
route2=reversion(route,i,j);            %逆转route上i和j两个位置上的城市
Delta2=zeros(N,N);                      %N行N列的Delta初始化,每个位置上的元素是距离差值
for i=1:N-1
    for j=i+1:N
        Delta2(i,j)=cal_delta2(route2,dist,i,j);
    end
end
```

更新插入操作距离差值的函数Update3的代码如下,该函数的输入为一条路线route、距离矩阵dist和插入点i、j,输出为插入操作后的距离差值Delta3。

```
%% 插入操作后生成新的距离差矩阵Delta
%输入route:          一条路线
%输入dist:           距离矩阵
%输入i、j:           插入点i、j
%输出Delta3:         插入操作后的距离差值的矩阵
function Delta3=Update3(route,dist,i,j)
N=numel(route);                         %城市个数
route2=insertion(route,i,j);            %插入route上i和j两个位置上的城市
Delta3=zeros(N,N);                      %N行N列的Delta初始化,每个位置上的元素是距离差值
for i=1:N
    for j=1:N
        if i~=j
            Delta3(i,j)=cal_delta3(route2,dist,i,j);
        end
    end
end
```

2.4.8　扰动操作函数

扰动操作实际上是根据当前使用的邻域而选择所对应的邻域操作,即或是交换操作,或是逆转操作,或是插入操作。

扰动操作函数shaking的具体代码如下,该函数的输入为一条路线route、距离矩阵dist和当前邻域序号k,输出为扰动操作后得到的路线route_shake和该条路线的距离len_shake。

```
%% 扰动,随机选择当前邻域中的一个解更新当前解
%输入route:          一条路线
%输入dist:           距离矩阵
%输入k:              当前邻域序号
%输出route_shake:    扰动操作后得到的路线
%输出len_shake:      该条路线的距离
function [route_shake,len_shake]=shaking(route,dist,k)
N=numel(route);                        %城市数目
select_no=randi([1,N],1,2);            %随机选择进行操作的两个点的序号
i=select_no(1);
j=select_no(2);
if k==1
    route_shake=swap(route,i,j);
elseif k==2
    route_shake=reversion(route,i,j);
else
    route_shake=insertion(route,i,j);
end
len_shake=route_length(route_shake,dist);
end
```

2.4.9　交换邻域搜索函数

交换邻域搜索就是对当前解不断使用交换操作进行更新,直到达到预先设置的M次迭代为止。

交换邻域搜索函数swap_neighbor的具体代码如下,该函数的输入为一条路线route、距离矩阵dist和最多进行邻域操作的次数M,输出为对route不断进行交换操作后得到的路线swap_route和对应的总距离swap_len。

```
%% 对route不断进行交换操作后得到的路线及对应的总距离
%输入route:          一条路线
%输入dist:           距离矩阵
%输入M:              最多进行邻域操作的次数
%输出swap_route:     对route不断进行交换操作后得到的路线
%输出swap_len:       swap_route的总距离
function [swap_route,swap_len]=swap_neighbor(route,dist,M)
N=numel(route);         %城市数目
Delta1=zeros(N,N);      %交换任意两个位置之间序列的元素产生的距离差的矩阵
```

```
for i=1:N-1
    for j=i+1:N
        Delta1(i,j)=cal_delta1(route,dist,i,j);
    end
end
cur_route=route;                                    %初始化当前路线
m=1;                                                %初始化计数器
while m<=M
    min_value=min(min(Delta1));                     %找出距离差值矩阵中最小的距离差值
    %如果min_value小于0,才能更新当前路线和距离矩阵,否则终止循环
if min_value<0
%找出距离差值矩阵中最小的距离差值对应的行和列
        [min_row,min_col]=find(Delta1==min_value);
        Delta1=Update1(cur_route,dist,min_row(1),min_col(1));    %更新距离差值矩阵
        cur_route=swap(cur_route,min_row(1),min_col(1));         %更新当前路线
    else
        break
    end
    m=m+1;
end
swap_route=cur_route;                               %将当前路线cur_route赋值给swap_route
swap_len=route_length(swap_route,dist);             %swap_route的总距离
end
```

2.4.10　逆转邻域搜索函数

逆转邻域搜索就是对当前解不断使用逆转操作进行更新,直到达到预先设置的 *M* 次迭代为止。

逆转邻域搜索函数 reversion_neighbor 的具体代码如下,该函数的输入为一条路线 route、距离矩阵 dist 和最多进行邻域操作的次数 *M*,输出为对 route 不断进行逆转操作后得到的路线 reversion_route 和对应的总距离 reversion_len。

```
%% 对route不断进行逆转操作后得到的路线及对应的总距离
%输入route:            一条路线
%输入dist:            距离矩阵
%输入M:               最多进行邻域操作的次数
%输出reversion_route: 对route不断进行逆转操作后得到的路线
%输出reversion_len:   reversion_route的总距离
function [reversion_route,reversion_len]=reversion_neighbor(route,dist,M)
N=numel(route);          %城市数目
Delta2=zeros(N,N);       %逆转任意两个位置之间序列的元素产生的距离差的矩阵
for i=1:N-1
    for j=i+1:N
        Delta2(i,j)=cal_delta2(route,dist,i,j);
    end
end
cur_route=route;         %初始化当前路线
```

```
m=1;                                    %初始化计数器
while m <=M
    min_value=min(min(Delta2));         %找出距离差值矩阵中最小的距离差值
    %如果min_value小于0,才能更新当前路线和距离矩阵,否则终止循环
if min_value<0
%找出距离差值矩阵中最小的距离差值对应的行和列
        [min_row,min_col]=find(Delta2==min_value);
        Delta2=Update2(cur_route,dist,min_row(1),min_col(1));    %更新距离差值矩阵
        cur_route=reversion(cur_route,min_row(1),min_col(1));    %更新当前路线
    else
        break
    end
    m=m+1;
end
reversion_route=cur_route;              %将当前路线cur_route赋值给reversion_route
reversion_len=route_length(reversion_route,dist);  %reversion_route的总距离
end
```

2.4.11 插入邻域搜索函数

插入邻域搜索就是对当前解不断使用插入操作进行更新,直到达到预先设置的 M 次迭代为止。

插入邻域搜索函数 insertion_neighbor 的具体代码如下,该函数的输入为一条路线 route、距离矩阵 dist 和最多进行邻域操作的次数 M,输出为对 route 不断进行插入操作后得到的路线 insertion_route 和对应的总距离 insertion_len。

```
%% 对route不断进行插入操作后得到的路线及对应的总距离
%输入route:            一条路线
%输入dist:             距离矩阵
%输入M:                最多进行邻域操作的次数
%输出insertion_route:  对route不断进行插入操作后得到的路线
%输出insertion_len:    insertion_route的总距离
function [insertion_route,insertion_len]=insertion_neighbor(route,dist,M)
N=numel(route);        %城市数目
Delta3=zeros(N,N);     %插入任意两个位置之间序列的元素产生的距离差的矩阵
for i=1:N-1
    for j=i+1:N
        Delta3(i,j)=cal_delta3(route,dist,i,j);
    end
end
cur_route=route;                        %初始化当前路线
m=1;                                    %初始化计数器
while m <=M
    min_value=min(min(Delta3));         %找出距离差值矩阵中最小的距离差值
    %如果min_value小于0,才能更新当前路线和距离矩阵,否则终止循环
if min_value<0
%找出距离差值矩阵中最小的距离差值对应的行和列
```

```
        [min_row,min_col]=find(Delta3==min_value);
        Delta3=Update3(cur_route,dist,min_row(1),min_col(1));      %更新距离差值矩阵
        cur_route=insertion(cur_route,min_row(1),min_col(1));      %更新当前路线
    else
        break
    end
    m=m+1;
end
insertion_route=cur_route;                       %将当前路线 cur_route 赋值给 insertion_route
insertion_len=route_length(insertion_route,dist);    %insertion_route 的总距离
end
```

2.4.12　旅行商问题路线图函数

在求出 TSP 的最优路线后,为了能使所得结果直观地显示,将最优路线进行可视化。

TSP 路线可视化函数 plot_route 的具体代码如下,该函数的输入为一条路线 route、x 坐标 x 和 y 坐标 y。

```
%% TSP 路线可视化
%输入 route:              一条路线
%输入 x、y:               x、y 坐标
function plot_route(route,x,y)
figure
route=[route route(1)];
plot(x(route),y(route),'k-o','MarkerSize',10,'MarkerFaceColor','w','LineWidth',1.5);
xlabel('x');
ylabel('y');
end
```

2.4.13　主函数

主函数的第一部分是从 txt 文件中导入数据,并且根据原始数据计算出距离矩阵;第二部分是初始化各个参数;第三部分是构造初始路线;第四部分是主循环,即在 3 个邻域中不断地进行搜索,直至达到终止条件结束搜索;第五部分为将求解过程和所得的最优路线可视化。

主函数代码如下:

```
tic
clear
clc
%% 输入数据
dataset=importdata('input.txt');       %数据中,每一列的含义分别为[序号,x坐标,y坐标]
x=dataset(:,2);                        %x 坐标
y=dataset(:,3);                        %y 坐标
```

```
vertexes=dataset(:,2:3);              %提取各个城市的x、y坐标
N=size(dataset,1);                    %城市数目
h=pdist(vertexes);                    %计算各个城市之间的距离,一共有1+2+…+(n-1)=n(n-1)/2个
dist=squareform(h);                   %将各个城市之间的距离转换为n行n列的距离矩阵
%% 参数初始化
MAXGEN=50;                            %外层最大迭代次数
M=50;                                 %最多进行M次邻域操作
n=3;                                  %邻域数目
%% 构造初始解
[init_route,init_len]=construct_route(dist);    %贪婪构造初始解
disp(['初始路线总距离为',num2str(init_len)]);
cur_route=init_route;
best_route=cur_route;
best_len=route_length(cur_route,dist);
BestL=zeros(MAXGEN,1);                %记录每次迭代过程中全局最优个体的总距离
%% 主循环
gen=1;                                %外层计数器
while gen <=MAXGEN
    k=1;
    while(1)
        switch k
            case 1
                cur_route=shaking(cur_route,dist,k);
                [swap_route,swap_len]=swap_neighbor(cur_route,dist,M);
                cur_len=swap_len;
                if cur_len < best_len
                    cur_route=swap_route;
                    best_len=cur_len;
                    best_route=swap_route;
                    k=0;
                end
            case 2
                cur_route=shaking(cur_route,dist,k);
                [reversion_route,reversion_len]=reversion_neighbor(cur_route,dist,M);
                cur_len=reversion_len;
                if cur_len < best_len
                    cur_route=reversion_route;
                    best_len=cur_len;
                    best_route=reversion_route;
                    k=0;
                end
            case 3
                cur_route=shaking(cur_route,dist,k);
                [insertion_route,insertion_len]=insertion_neighbor(cur_route,dist,M);
                cur_len=insertion_len;
                if cur_len < best_len
                    cur_route=insertion_route;
                    best_len=cur_len;
```

```
                    best_route=insertion_route;
                    k=0;
                end
            otherwise
                break;
        end
        k=k+1;
    end
    disp(['第',num2str(gen),'代最优路线总距离为',num2str(best_len)]);
    BestL(gen,1)=best_len;
    %% 计数器加1
    gen=gen+1;
end
%% 绘制优化过程图
figure;
plot(BestL,'LineWidth',1);
title('优化过程')
xlabel('迭代次数');
ylabel('总距离');
%% 绘制全局最优路线图
plot_route(best_route,x,y);
toc
```

2.5 实例验证

2.5.1 输入数据

输入数据为52个城市的 x 坐标和 y 坐标,如表2.3所示。

表2.3   52个城市的 x 坐标和 y 坐标

序号	x坐标/m	y坐标/m	序号	x坐标/m	y坐标/m
1	565	575	27	1320	315
2	25	185	28	1250	400
3	345	750	29	660	180
4	945	685	30	410	250
5	845	655	31	420	555
6	880	660	32	575	665

续表

序号	x坐标/m	y坐标/m	序号	x坐标/m	y坐标/m
7	25	230	33	1150	1160
8	525	1000	34	700	580
9	580	1175	35	685	595
10	650	1130	36	685	610
11	1605	620	37	770	610
12	1220	580	38	795	645
13	1465	200	39	720	635
14	1530	5	40	760	650
15	845	680	41	475	960
16	725	370	42	95	260
17	145	665	43	875	920
18	415	635	44	700	500
19	510	875	45	555	815
20	560	365	46	830	485
21	300	465	47	1170	65
22	520	585	48	830	610
23	480	415	49	605	625
24	835	625	50	595	360
25	975	580	51	1340	725
26	1215	245	52	1740	245

2.5.2　变邻域搜索算法参数设置

在运行VNS之前,需要对VNS的参数进行设置,各个参数如表2.4所示。

表2.4　VNS参数设置

参数名称	取值
最大迭代次数	50
最多进行邻域操作的次数	50

2.5.4　实验结果展示

VNS求解TSP优化过程如图2.7所示,最优路线如图2.8和表2.5所示。

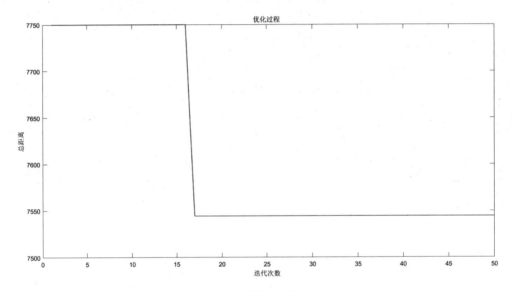

图 2.7　VNS求解TSP优化过程

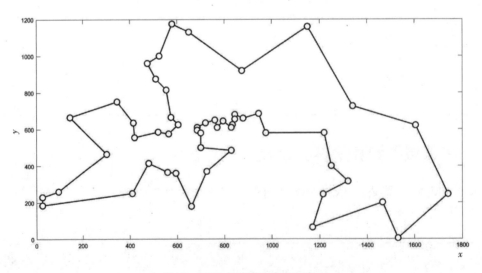

图 2.8　VNS求得TSP最优路线

表 2.5　VNS求得的TSP最优路线

城市访问顺序
4, 6, 15, 5, 24, 48, 38, 37, 40, 39, 36, 35, 34, 44, 46, 16, 29, 50, 20, 23, 30, 2, 7, 42, 21, 17, 3, 18, 31, 22, 1, 49, 32, 45, 19, 41, 8, 9, 10, 43, 33, 51, 11, 52, 14, 14, 13, 47, 26, 27, 28, 12, 25

这条最优路线的总距离为7544.4m。

第 3 章

大规模邻域搜索算法求解
旅行商问题

第2章介绍了如何使用VNS求解TSP。变邻域搜索算法指的是在若干个不同的邻域中进行搜索,最终得到问题的解。变邻域搜索中的每个邻域规则都是提前设计好的,即在给定一个解的条件下,使用某个邻域规则得到的邻域结构是确定的。以求解TSP为例,虽然VNS在搜索过程中使用若干个不同的邻域以扩大搜索范围,但是当TSP中城市数目增多时,VNS搜索范围有限这一缺点就会暴露出来。为了能够进一步扩大搜索范围,本章使用大规模邻域搜索算法(Large Neighborhood Search,LNS)求解TSP。LNS的思想是先"破坏"解,然后将破坏后的解进行"修复",最终获得更高质量的解。

本章主要涉及的知识点

♦ **TSP概述**
♦ **算法简介**
♦ **使用LNS求解TSP的算法求解策略**
♦ **MATLAB程序实现**
♦ **实例验证**

3.1 问题描述

TSP是基本的路线规划问题,即一个旅行商人要前往若干个城市推销商品,要求该商人从任意一个城市出发,需要在到达其余城市后,最后返回至起始城市。应如何为旅行商人规划一条满足上述要求的闭环路线,使得旅行商人行走总距离最小?

3.2 算法简介

在介绍LNS前,先回顾一下第2章所讲的3种邻域操作,即交换操作、逆转操作和插入操作,然后通过一个例子来阐述LNS的"破坏"和"修复"操作与VNS中的邻域操作存在的差异。

假设TSP中的城市数目为4,初始路线为1234,现在分别使用交换操作、逆转操作和插入操作求出初始解1234对应的邻域。

首先来回顾这3个操作:

(1)交换操作为交换当前解两个位置上的城市。

(2)逆转操作为逆转当前解两个位置之间的城市序列。

(3)插入操作为将当前解一个位置上的城市插入另一个位置上的城市后面。

现在对初始解1234使用交换操作,得到表3.1所示的邻域。

表3.1 对初始解1234使用交换操作后得到的邻域

序号	交换点1	交换点2	邻域解
1	1	2	2134
2	1	3	3214
3	1	4	4231
4	2	3	1324
5	2	4	1432
6	3	4	1243

对初始解1234使用逆转操作,得到表3.2所示的邻域。

表3.2 对初始解1234使用逆转操作后得到的邻域

序号	逆转点1	逆转点2	邻域解
1	1	2	2134
2	1	3	3214

序号	逆转点1	逆转点2	邻域解
3	1	4	4321
4	2	3	1324
5	2	4	1432
6	3	4	1243

对初始解1234使用插入操作,得到表3.3所示的邻域。

表3.3　对初始解1234使用插入操作后得到的邻域

序号	插入点1	插入点2	邻域解
1	1	2	2134
2	1	3	2314
3	1	4	2341
4	2	1	1234
5	2	3	1324
6	2	4	1342
7	3	1	1324
8	3	2	1234
9	3	4	1243

上述三个操作得到的邻域解中含有重复解,现将初始解与重复解删除,共有10种不同的邻域解,如表3.4所示。

表3.4　对初始解1234使用3种操作后得到的不同的邻域

序号	邻域解	对应3种操作中邻域解的序号		
		交换操作	逆转操作	插入操作
1	1243	6	6	9
2	1432	5	5	无
3	1342	无	无	6
4	1324	4	4	5、7
5	2134	1	1	1
6	2314	无	无	2
7	2341	无	无	3
8	3214	2	2	无
9	4231	3	无	无
10	4321	无	3	无

因为城市数目为4,所以一共有 $A_4^4 = 24$ 种排序方式,如表3.5所示。

表3.5 城市数目为4时所有可能的解

序号	可能解	序号	可能解
1	1234	13	3124
2	1243	14	3142
3	1324	15	3214
4	1342	16	3241
5	1423	17	3412
6	1432	18	3421
7	2134	19	4123
8	2143	20	4132
9	2314	21	4213
10	2341	22	4231
11	2413	23	4312
12	2431	24	4321

从表3.4可以看出,使用3种操作一共得到10种不同邻域解。因此,除去初始解1234外,还有13种可能解并没有通过上述3种操作获得。由此可见,VNS在使用这3种邻域操作时搜索范围的局限性。

在回顾完第2章所讲的3种操作后,接下来详细阐述LNS的"破坏"和"修复"操作与这3种操作的区别。在本章开头已经介绍过LNS的核心是先"破坏"再"修复"。但是,只看这短短的一句话,读者难免会产生以下两个问题:

(1)在LNS求解的问题过程中,如何"破坏"解,以及如何"修复"解?

(2)LNS中的大规模是如何体现的呢?

首先来看第一个问题,就TSP而言,"破坏"解的含义就是将若干个城市从当前城市移除,"修复"的含义就是将被移除的城市再重新插回到"破坏"的解,最终目的是获得更高质量的解。

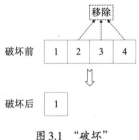

图3.1 "破坏"

现假设移除初始解1234中的城市2、城市3和城市4,移除2、3和4的过程就是"破坏"的过程,此时"破坏"后的解为1,被移除的城市为2、3和4。在对解进行"破坏"后,还需对"破坏"后的解进行"修复",即将被移除的城市2、3和4重新插回到"破坏"后的解1。"破坏"如图3.1所示。

如果先将城市3插回到当前解,一共有2个可能插入位置,插回后分别是31和13,假设将3插回到1的后面,则此时解为31;然后假设此时再将4插回到31中,此时有3个可能插入位置,插回后分别是431、341和314,假设将4插回到1的后面,则此时解为341;最后将2插回到314中,此时有4个可能插入位置,插回后分别是2341、3241、3421和3412,假设将2插到3和1之间,则最终"修复"后的解为3214。"修复"如图3.2所示。

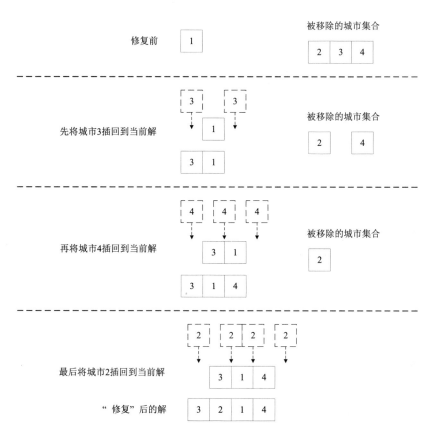

图 3.2　"修复"示意图

接下来回答第二个问题,大规模体现在何处? 上述"修复"解的顺序为先将3插回,然后将4插回,最后将2插回,即插回顺序为342。实际上也可以按照234、243、324、423和432这5种插回顺序"修复"解。表3.6列出了按照234这种插回顺序得到的24个不同的"修复"解,按照其他插回顺序同样也能得到这24个不同的"修复解"。因为当TSP中城市数目为4时,一共有$A_4^4 = 24$种排序方式,所以采用任何一种插回顺序都能得到全部排序方式,这其实就体现了大规模的思想,即能搜索到更多不同类型的解。

表3.6　按照234插回顺序可能得到的"修复"解

序号	插回第1个城市	插回第2个城市	插回第3个城市	"修复"解
1			4321	4321
2		321	3421	3421
3			3241	3241
4			3214	3214
5	21		4231	4231
6		231	2431	2431
7			2341	2341
8			2314	2314
9		213	4213	4213

续表

序号	插回第1个城市	插回第2个城市	插回第3个城市	"修复"解
10			2413	2413
11			2143	2143
12			2134	2134
13			4312	4312
14		312	3412	3412
15			3142	3142
16			3124	3124
17			4132	4132
18	12	132	1432	1432
19			1342	1342
20			1324	1324
21			4123	4123
22		123	1423	1423
23			1243	1243
24			1234	1234

上述"破坏"解的过程和"修复"解的过程显得"很随意"。但在实际使用中,LNS的"破坏"和"修复"都是有一定规则的,具体的规则会在3.3节详细阐述。

综上所述,LNS求解TSP的流程如图3.3所示,其中$f(S)$表示解S的行走总距离。

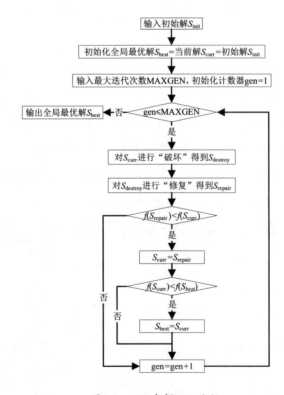

图3.3　LNS求解TSP流程

3.3 求解策略

使用 LNS 求解 TSP 有以下 2 个难点：

(1)如何"破坏"解？

(2)如何"修复"解？

针对上述 2 个难点，本节将设计 LNS 求解 TSP 的求解策略。

3.3.1 构造初始解

本章构造 TSP 初始解的方法与第 2 章构造 TSP 初始解的方法相同，即用贪婪算法构造 TSP 的初始解。

假设 TSP 中城市数目为 N，贪婪算法构造 TSP 初始路线的步骤如下。

STEP1：初始化已被访问的城市集合 visited 为空，初始化未被访问的城市集合 unvisited = $\{1, 2, \cdots, N\}$。

STEP2：将 N 行 N 列距离矩阵 dist 的主对角线上的 0 全部赋值为无穷大。

STEP3：从距离矩阵 dist 中找出最小距离对应的行序号 row 和列序号 col，如果存在多个最小距离，则选择行序号 row 中的第一个数 row(1) 作为初始路线的起点 first。

STEP4：更新 $visited = [visited, first]$，$unvisited(unvisited == first) = [\ ]$，将起点 first 赋值给紧前点 pre_point。

STEP5：在距离矩阵 $dist$ 中找到紧前点 pre_point 对应的那一行 pre_dist，即紧前点 pre_point 与其他城市之间的距离。将已被访问的城市排除在外，即在 pre_dist 中将 visited 对应的列全设为无穷大。找出 pre_dist 中最小值对应的列序号作为下一个紧前点 pre_point。

STEP6：更新 $visited = [visited, pre\_point]$，$unvisited(unvisited == pre\_point) = [\ ]$。

STEP7：若 unvisited 非空，则转至 STEP5，否则转至 STEP8。

STEP8：将 visited 赋值给初始路线 init_route，初始路线构造完毕。

接下来用一个实例来演示上述构造初始解的过程，假设 TSP 中城市数目为 4，城市之间的距离矩

阵为 $dist = \begin{bmatrix} 0 & 667 & 282 & 396 \\ 667 & 0 & 650 & 1048 \\ 282 & 650 & 0 & 604 \\ 396 & 1048 & 604 & 0 \end{bmatrix}$。

STEP1：初始化已被访问的城市集合 visited 为空，初始化未被访问的城市集合 unvisited = $[1, 2, 3, 4]$。

STEP2：将 4 行 4 列距离矩阵 dist 的主对角线上的 0 全部赋值为无穷大，此时 dist =

$$\begin{bmatrix} \text{inf} & 667 & 282 & 396 \\ 667 & \text{inf} & 650 & 1048 \\ 282 & 650 & \text{inf} & 604 \\ 396 & 1048 & 604 & \text{inf} \end{bmatrix}。$$

STEP3：dist 中最小值 282 对应的行序号 row = [3；1]，列序号 col = [1；3]，则初始路线的起点 first = row(1) = 3。

STEP4：更新 visited = [3]和 unvisited = [1, 2, 4]，令 pre_point = first = 3。

STEP5：pre_dist = dist(pre_point, :) = dist(3, :) = [282, 650, inf, 604]，在 pre_dist 中将 visited 对应的列全设为无穷大，此时 pre_dist = [282, 650, inf, 604]，pre_dist 中最小值 282 对应的列序号为 1，更新 pre_point = 1。

STEP6：更新 visited = [3, 1]和 unvisited = [2, 4]。

STEP7：pre_dist = dist(pre_point, :) = dist(1, :) = [inf, 667, 282, 396]，在 pre_dist 中将 visited 对应的列全设为无穷大，此时 pre_dist = [inf, 667, inf, 396]，pre_dist 中最小值 396 对应的列序号为 4，更新 pre_point = 4。

STEP8：更新 visited = [3, 1, 4]和 unvisited = [2]。

STEP9：pre_dist = dist(pre_point, :) = dist(4, :) = [396, 1048, 604, inf]，在 pre_dist 中将 visited 对应的列全设为无穷大，此时 pre_dist = [inf, 667, inf, inf]，pre_dist 中最小值 667 对应的列序号为 2，更新 pre_point = 2。

STEP10：更新 visited = [3, 1, 4, 2]和 unvisited = [ ]。

STEP11：此时 unvisited 为空，因此将 visited 赋值给初始路线 init_route，初始路线构造完毕，即 init_route = [3, 1, 4, 2]。

3.3.2 "破坏"解

3.2 节只是粗略地描述了"破坏"解的基本思想，即就 TSP 而言，"破坏"解就是移除当前解中的若干个城市，但是究竟应该按照何种规则移除城市并没有深入讲解。因此，本小节将详细阐述移除当前解中城市的方法，即移除当前解中相连接的若干个城市。

假设 TSP 中城市数目为 N，当前解为 route，且要从当前解中最多移除相连接的 L_{max} 个城市，最少移除相连接的 L_{min} 个城市，则具体的移除步骤如下。

STEP1：计算此次对解进行"破坏"需要移除的城市数目 L，即 $L_{min} \sim L_{max}$ 的任意一个整数。

STEP2：从当前解 route 中随机选择一个城市 visit 作为即将移除的相连接 L 个城市的参考城市。

STEP3：计算 visit 在 route 中的位置 findv，以起始点 route(1) 为界限计算在 *route* 中 visit 左侧的城市数目 v_{LN} = findv − 1，同理也计算出在 route 中 visit 右侧的城市数目 v_{RN} = N − findv。

STEP4：如果 $v_{LN} \leqslant v_{RN}$，则转至 STEP5，否则转至 STEP6。

STEP5:分以下3种情况计算visit右侧要移除城市的数目nR和左侧要移除城市的数目nL。

(1)如果$v_{LN}<L-1$且$v_{RN}<L-1$,则$n_R=L-1-v_{LN}+\left(0\sim\left(v_{RN}-L+1+v_{LN}\right)\right)$之间的随机整数,$n_L=L-1-n_R$。

(2)如果$v_{LN}>L-1$且$v_{RN}>L-1$,则$n_R=\left(0\sim v_{LN}\right)$之间的随机整数,$n_L=L-1-n_R$。

(3)如果$v_{LN}\leq L-1$且$v_{RN}\geq L-1$,则$n_R=L-1-v_{LN}+\left(0\sim v_{LN}\right)$之间的随机整数,$nL=L-1-n_R$。

STEP6:分以下3种情况计算visit右侧要移除城市的数目n_R和左侧要移除城市的数目n_L。

(1)如果$v_{LN}<L-1$且$v_{RN}<L-1$,则$n_L=L-1-v_{RN}+\left(0\sim\left(v_{LN}-L+1+v_{RN}\right)\right)$之间的随机整数,$n_R=L-1-n_L$。

(2)如果$v_{LN}>L-1$且$v_{RN}>L-1$,则$n_L=\left(0\sim v_{RN}\right)$之间的随机整数,$n_R=L-1-n_L$。

(3)如果$v_{LN}\geq L-1$且$v_{RN}\leq L-1$,则$n_L=L-1-v_{RN}+\left(0\sim v_{RN}\right)$之间的随机整数,$n_R=L-1-n_L$。

STEP7:从route中提取被移除的城市集合removed = route(findv − nL: findv + nR),并将removed中的所有城市从route中删除,得到"破坏"后的解$S_{destroy}$。

接下来以一个实例阐述上述移除城市的过程。假设TSP中城市数目为$N=6$,当前解route = $[1,2,3,4,5,6]$,从当前解中最多移除相连接的$L_{max}=5$个城市,最少移除相连接的$L_{min}=1$个城市,当前解123456如图3.4所示。

移除步骤如下所示。

STEP1:假设此次对解进行"破坏"需要移除的城市数目$L=4$。

STEP2:假设参考城市visit = 4。

STEP3:findv = 4,$v_{LN}=$findv − 1 = 3,$v_{RN}=N-$findv = 2,参考城市及左、右侧城市数目如图3.5所示。

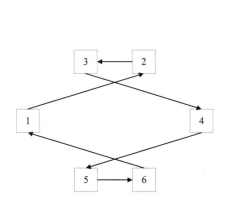

图3.4 当前解123456

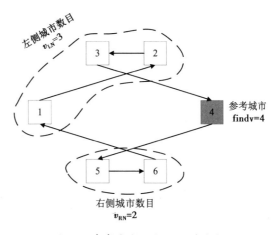

图3.5 参考城市及左、右侧城市数目

STEP4: 因为 $v_{LN} > v_{RN}$, $v_{LN} < L-1$ 且 $v_{RN} < L-1$, 则 $n_L = L-1-v_{RN} + \left(0 \sim \left(v_{LN} - L + 1 + v_{RN}\right)\right)$ 之间的随机整数 = $1 + (0 \sim 2)$ 之间的随机整数,则3种情况下左、右侧移除城市数目如图3.6~图3.8所示。

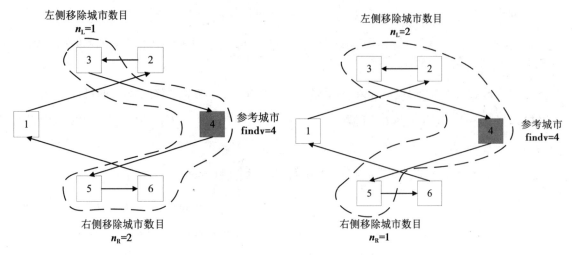

图3.6　第1种情况下左、右侧移除城市数目　　　图3.7　第2种情况下左、右侧移除城市数目

STEP5: 假设在STEP4中 $n_L = 3$, 则 $n_R = L - 1 - n_L = 0$。从route中提取被移除的城市集合 removed = route(findv − nL : findv + nR) = route(1:4) = $[1, 2, 3, 4]$,并将removed中的所有城市从route中删除,得到"破坏"解 $S_{destroy} = [5, 6]$。

"破坏"后的路线如图3.9所示。

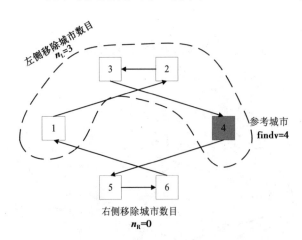
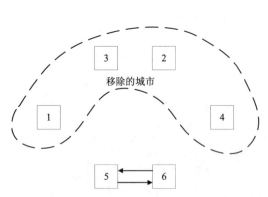

图3.8　第3种情况下左、右侧移除城市数目　　　图3.9　当前解123456被"破坏"后的路线

3.3.3　"修复"解

"破坏"过程获得被移除的城市集合 removed 和"破坏"后的解 S_{destroy}，接下来需要对 S_{destroy} 进行"修复"，即将 removed 中的城市重新插回到 S_{destroy} 中。

在讲解"修复"解的步骤前，先阐述"插入成本"这一概念。如果当前"破坏"后的解为 S_{destroy}，那么在将 removed 中的一个城市插回到 S_{destroy} 中的某个插入位置以后，此时"修复"后的路线总距离减去 S_{destroy} 的总距离即为将该城市插入该位置的"插入成本"。

在介绍"插入成本"的概念后，进一步阐述"遗憾值"这一概念。如果 S_{destroy} 中城市的数目为 lr，那么在将 removed 中的一个城市插回到 S_{destroy} 时共有 $lr+1$ 个可能的插入位置，这 $lr+1$ 个插入位置对应 $lr+1$ 个"插入成本"。插入位置如图3.10所示。

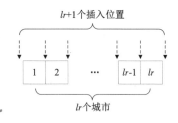

图3.10　插入位置

接下来将这 $lr+1$ 个"插入成本"从小到大进行排序，若排序后的"插入成本"为 up_delta，则将该城市插回到 S_{destroy} 的"遗憾值"即为排序后排在第2位的"插入成本"减去排在第1位的"插入成本"，即 up_delta(2) – up_delta(1)。

在阐述"遗憾值"的概念后，接下来详细描述"修复"解的具体步骤。假设城市之间的距离矩阵为 dist，则"修复"解的步骤如下。

STEP1：初始为"修复"后的解 S_{repair} 赋值，即 $S_{\text{repair}} = S_{\text{destroy}}$。

STEP2：如果 removed 非空，转至STEP3，否则转至STEP6。

STEP3：计算当前 removed 中的城市数目 nr，计算将 removed 中各个城市插回到 S_{repair} 的"遗憾值" regret，即 regret 是 nr 行 1 列的矩阵。

STEP4：找出 regret 中最大"遗憾值"对应的序号 max_index，确定出即将被插回的城市 reinsert_city = removed(max_index)，将 reinsert_city 插回到 S_{repair} 中"插入成本"最小的位置。

STEP5：更新 removed(max_index) = [ ]，转至STEP2。

STEP6："修复"结束，返回"修复"后的解 S_{repair}。

接下来，紧接着3.3.2小节的实例详细阐述上述"修复"过程。假设城市之间的距离矩阵为 dist =

$$\begin{bmatrix} 0 & 224 & 142 & 300 & 142 & 224 \\ 224 & 0 & 100 & 142 & 224 & 200 \\ 142 & 100 & 0 & 224 & 200 & 224 \\ 300 & 142 & 224 & 0 & 224 & 142 \\ 142 & 224 & 200 & 224 & 0 & 100 \\ 224 & 200 & 224 & 142 & 100 & 0 \end{bmatrix}$$，在3.3.2小节得到 $S_{\text{destroy}} = [5,6]$，removed = $[1,2,3,4]$，则"修复"

S_{destroy} 的步骤如下。

STEP1：初始化 $S_{\text{repair}} = S_{\text{destroy}} = [5,6]$。

STEP2：removed 中城市数目 $nr = 4$，经计算城市 1 的"插入成本"up_delta = $[266；266；266]$，则

$\text{regret}(1) = \text{up\_delta}(2) - \text{up\_delta}(1) = 0$；经计算城市2的"插入成本"$\text{up\_delta} = [324；324；324]$，则

$\text{regret}(2) = \text{up\_delta}(2) - \text{up\_delta}(1) = 0$；经计算城市3的"插入成本"$\text{up\_delta} = [324；324；324]$，则

$\text{regret}(3) = \text{up\_delta}(2) - \text{up\_delta}(1) = 0$；经计算城市4的"插入成本"$\text{up\_delta} = [266；266；266]$，则

$\text{regret}(4) = \text{up\_delta}(2) - \text{up\_delta}(1) = 0$。因此，$\text{regret} = [0；0；0；0]$。

STEP3：regret中最大"遗憾值"对应的序号$\text{max\_index} = 1$，即将被插回的城市$\text{reinsert\_city} = \text{removed}(\text{max\_index}) = 1$，将1插回到$S_{\text{repair}}$中"插入成本"最小的位置，此时$S_{\text{repair}} = [1, 5, 6]$。更新$\text{removed}(1) = [\ ]$，此时$\text{removed} = [2, 3, 4]$。此时，将城市1插回后的解如图3.11所示。

STEP4：removed中城市数目$nr = 3$，经计算城市2的"插入成本"$\text{up\_delta} = [200；200；306；324]$，则$\text{regret}(1) = \text{up\_delta}(2) - \text{up\_delta}(1) = 0$；经计算城市3的"插入成本"$\text{up\_delta} = [142；142；200；324]$，则$\text{regret}(2) = \text{up\_delta}(2) - \text{up\_delta}(1) = 0$；经计算城市4的"插入成本"$\text{up\_delta} = [218；218；266；382]$，则$\text{regret}(3) = \text{up\_delta}(2) - \text{up\_delta}(1) = 0$。因此，$\text{regret} = [0；0；0]$。

STEP5：regret中最大"遗憾值"对应的序号$\text{max\_index} = 1$，$\text{reinsert\_city} = \text{removed}(\text{max\_index}) = 2$，将2插回到$S_{\text{repair}}$中"插入成本"最小的位置，此时$S_{\text{repair}} = [2, 1, 5, 6]$。更新$\text{removed}(1) = [\ ]$，此时$\text{removed} = [3, 4]$。此时，将城市2插回后的解如图3.12所示。

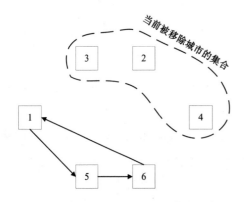

图3.11　将城市1插回后的解

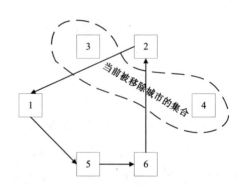

图3.12　将城市2插回后的解

STEP6：removed中城市数目$nr = 2$，经计算城市3的"插入成本"$\text{up\_delta} = [18；124；124；200；324]$，则$\text{regret}(1) = \text{up\_delta}(2) - \text{up\_delta}(1) = 106$；经计算城市4的"插入成本"$\text{up\_delta} = [84；84；218；266；382]$，则$\text{regret}(2) = \text{up\_delta}(2) - \text{up\_delta}(1) = 0$。因此，$\text{regret} = [106；0]$。

STEP7：regret中最大"遗憾值"对应的序号$\text{max\_index} = 1$，$\text{reinsert\_city} = \text{removed}(\text{max\_index}) = 3$，将3插回到$S_{\text{repair}}$中"插入成本"最小的位置，此时$S_{\text{repair}} = [2, 3, 1, 5, 6]$。更新$\text{removed}(1) = [\ ]$，此时$z = [4]$。此时，将城市3插回后的解如图3.13所示。

STEP8：removed中城市数目$nr = 1$，经计算城市4的"插入成本"$\text{up\_delta} = [84；84；266；266；382；382]$，则$\text{regret}(1) = \text{up\_delta}(2) - \text{up\_delta}(1) = 0$。因此，$\text{regret} = [0]$。

STEP9：regret中最大"遗憾值"对应的序号max_index = 1，reinsert_city = removedmax_index=4，将4插回到S_{repair}中"插入成本"最小的位置，此时$S_{\text{repair}} = [4,2,3,1,5,6]$。更新removed(1) = [   ]，此时removed = [   ]。

STEP10：此时removed为空集合，返回"修复"后的解$S_{\text{repair}} = [4,2,3,1,5,6]$。此时，"修复"完毕后的解如图3.14所示。

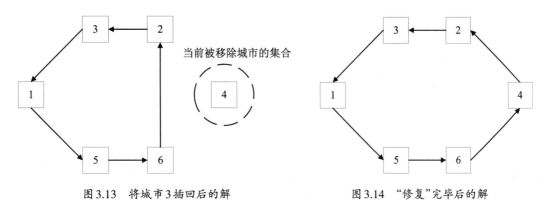

图3.13 将城市3插回后的解   图3.14 "修复"完毕后的解

3.4 MATLAB程序实现

3.4.1 构造初始解函数

本章采用贪婪算法构造TSP的初始解。构造函数construct_route的代码如下，该函数的输入为距离矩阵dist，输出为贪婪算法构造的初始路线init_route以及init_route的总距离init_len。

```
%% 贪婪算法构造TSP的初始解
%输入dist:                距离矩阵
%输出init_route:          贪婪算法构造的初始路线
%输出init_len:            init_route的总距离
function [init_route,init_len]=construct_route(dist)
N=size(dist,1);           %城市数目
%先将距离矩阵主对角线上的0赋值为无穷大
for i=1:N
    for j=1:N
        if i==j
            dist(i,j)=inf;
        end
```

```
        end
    end

    unvisited=1:N;                          %初始未被安排的城市集合
    visited=[];                             %初始已被安排的城市集合

    min_dist=min(min(dist));                %找出距离矩阵中的最小值
    [row,col]=find(dist==min_dist);         %在dist中找出min_dist对应的行和列
    first=row(1);                           %将min_dist在dist中对应的行序号作为起点

    unvisited(unvisited==first)=[];         %将first从unvisit中删除
    visited=[visited,first];                %把first添加到visit中
    pre_point=first;                        %将fisrt赋值给pre_point
    while ~isempty(unvisited)
        pre_dist=dist(pre_point,:);         %pre_point与其他城市的距离
        pre_dist(visited)=inf;              %将pre_point与已经添加进来的城市之间的距离设为无
                                               穷大
        [~,pre_point]=min(pre_dist);        %找出pre_dist中的最小值
        unvisited(unvisited==pre_point)=[]; %将pre_point从unvisit中删除
        visited=[visited,pre_point];        %把pre_point添加到visit中
    end
    init_route=visited;
    init_len=route_length(init_route,dist); %计算init_route的总距离
end
```

3.4.2 路线总距离计算函数

假设TSP中城市数目为N,则当前路线可表示为
$$R = \left[R(1), R(2), \cdots R(i), \cdots, R(j), \cdots R(N-1), R(N) \right]$$
在计算该条路线总距离时,先将$R(1)$复制添加到R的末尾,此时路线可表示为
$$R = \left[R(1), R(2), \cdots R(i), \cdots, R(j), \cdots R(N-1), R(N), R(1) \right]$$
此时R中共有$N+1$个点。因此,R的总距离为相邻两个城市的距离之和,即N条线段的距离之和。

假设已知6个城市之间的距离矩阵为 $\mathrm{dist} = \begin{bmatrix} 0 & 224 & 142 & 300 & 142 & 224 \\ 224 & 0 & 100 & 142 & 224 & 200 \\ 142 & 100 & 0 & 224 & 200 & 224 \\ 300 & 142 & 224 & 0 & 224 & 142 \\ 142 & 224 & 200 & 224 & 0 & 100 \\ 224 & 200 & 224 & 142 & 100 & 0 \end{bmatrix}$,并且当前路线$R =$

$[4,2,3,1,5,6]$,则计算当前路线route距离的步骤如下。

STEP1:将$R(1)$复制添加到R的末尾,此时$R = [4,2,3,1,5,6,4]$。

STEP2:计算R中两个相邻城市的距离之和,即总距离$L = \mathrm{dist}\left[R(1), R(2) \right] + \mathrm{dist}\left[R(2), R(3) \right] +$

$$\text{dist}\big[R(3),R(4)\big] + \text{dist}\big[R(4),R(5)\big] + \text{dist}\big[R(5),R(6)\big] + \text{dist}\big[R(6),R(1)\big] = \text{dist}(4,2) + \text{dist}(2,3) +$$

$$\text{dist}(3,1) + \text{dist}(1,5) + \text{dist}(5,6) + \text{dist}(6,4) = 142 + 100 + 142 + 142 + 100 + 142 = 768。$$

路线总距离计算函数 route_length 的代码如下,该函数的输入为一条路线 route 和距离矩阵 dist,输出为该条路线总距离 len。

```
%% 计算一条路线总距离
%输入route:             一条路线
%输入dist:             距离矩阵
%输出len:             该条路线总距离
function len=route_length(route,dist)
    n=numel(route);
    route=[route route(1)];
    len=0;
    for k=1:n
        i=route(k);
        j=route(k+1);
        len=len+dist(i,j);
    end
end
```

3.4.3 "破坏"函数

"破坏"函数按照 3.3.2 小节所讲的"破坏"方式移除当前解中若干个城市,"破坏"的目的是打破现有解的排序方式,以便后续的"修复"能获得更高质量的解。

"破坏"函数 destroy 的代码如下,该函数的输入为当前解 route,输出为"破坏"后的解 S_{destroy} 和被移除的城市集合 removed。

```
%% 破坏函数destroy从当前解中连续移除若干个城市
%输入route:                    当前解,一条路线
%输出Sdestroy:                移除removed中的城市后的route
%输出removed:                 被移除的城市集合
function [Sdestroy,removed]=destroy(route)
N=numel(route);                    %当前解中城市数目
Lmin=1;                           %一条路径中允许移除最小的城市数目
Lmax=min(ceil(N/2),25);           %一条路径中允许移除最大的城市数目
visit=ceil(rand*N);               %从当前解中随机选出要被移除的城市
L=Lmin+ceil((Lmax-Lmin)*rand);    %计算在该条路径上移除的城市数目

findv=find(route==visit,1,'first'); %找出visit在route中的位置
vLN=findv-1;                       %visit左侧的城市个数
vRN=N-findv;                       %visit右侧的城市个数
%如果vLN小
if vLN<=vRN
    if (vRN<L-1)&&(vLN<L-1)
        nR=L-1-vLN+round(rand*(vRN-L+1+vLN));
```

```
        nL=L-1-nR;                          %visit左侧要移除城市的数目
    elseif (vRN>L-1)&&(vLN>L-1)
        nR=round(rand*vLN);                 %visit右侧要移除城市的数目
        nL=L-1-nR;                          %visit左侧要移除城市的数目
    else
        nR=L-1-vLN+round(rand*vLN);
        nL=L-1-nR;                          %visit左侧要移除城市的数目
    end
else
%如果vRN小
    if (vLN<L-1)&&(vRN<L-1)
        nL=L-1-vRN+round(rand*(vLN-L+1+vRN));
        nR=L-1-nL;                          %visit右侧要移除城市的数目
    elseif (vLN>L-1)&&(vRN>L-1)
        nL=round(rand*vRN);                 %visit左侧要移除城市的数目
        nR=L-1-nL;                          %visit右侧要移除城市的数目
    else
        nL=L-1-vRN+round(rand*vRN);
        nR=L-1-nL;                          %visit右侧要移除城市的数目
    end
end
removed=route(findv-nL:findv+nR);           %移除城市的集合,即包括visit在内的连续L个城市
Sdestroy=route;                             %复制route
for i=1:L
    Sdestroy(Sdestroy==removed(i))=[];      %将removed中的所有城市从route中移除
end
end
```

3.4.4 "插入成本"计算函数

在对当前解进行"破坏"后,需要对"破坏"后的解进行"修复",在"修复"过程中需要反复计算将移除的城市重新插回到"破坏"后的解的"插入成本"。

"插入成本"计算函数ins_route的代码如下,该函数的输入为待插入的城市visit、距离矩阵dist、被插入路径route,输出为将visit插入route最小"插入成本"位置后的解new_route、将visit插入route中各个插入位置后的"插入成本"从小到大排序后的结果up_delta。

```
%% 将visit插回到"插入成本"最小的位置后的路线,同时还计算出插入各个插入位置的"插入成本"
%输入visit:           待插入的城市
%输入dist:            距离矩阵
%输入route:           被插入路径
%输出new_route:       将visit插入route最小插入成本位置后的解
%输出up_delta:        将visit插入route中各个插入位置后的"插入成本"从小到大排序后的结果
function [new_route,up_delta]=ins_route(visit,dist,route)
lr=numel(route);                            %当前路线城市数目
rc0=zeros(lr+1,lr+1);                        %记录插入城市后的路径
delta0=zeros(lr+1,1);                        %记录插入城市后的增量
```

```
for i=1:lr+1
    if i==lr+1
        rc=[route visit];
    elseif i==1
        rc=[visit route];
    else
        rc=[route(1:i-1) visit route(i:end)];
    end
    rc0(i,:)=rc;                         %将合理路径存储到rc0,其中rc0与delta0对应
    dif=route_length(rc,dist)-route_length(route,dist);      %计算成本增量
    delta0(i,1)=dif;                     %将成本增量存储到delta0
end
up_delta=sort(delta0);                   %将"插入成本"从小到大排序
[~,ind]=min(delta0);                     %计算最小"插入成本"对应的序号
new_route=rc0(ind,:);                    %最小"插入成本"对应的插入后的路径
end
```

3.4.5 "修复"函数

在使用"插入成本"计算函数求出被移除城市集合中的每个城市插回的从小到大排序的"插入成本"up_delta后,可进一步求出被移除城市集合中的每个城市插回的"遗憾值"。"修复"函数就是反复将"遗憾值"最小的城市插回到当前被"修复"的解中,直至被移除的城市全部插回完毕。

"修复"函数repair的代码如下,该函数的输入为被移除的城市集合removed、"破坏"后的解$S_{destroy}$、距离矩阵dist,输出为"修复"后的解S_{repair}以及其对应的总距离repair_length。

```
%% 修复函数repair依次将removed中的城市插回路径中
%先计算removed中各个城市插回当前解中产生的最小增量,然后从上述各个最小增量的城市中
%找出一个(距离增量第2小-距离增量第1小)最大的城市插回,反复执行,直到全部插回
%输入removed:              被移除城市的集合
%输入Sdestroy:             "破坏"后的解
%输入dist:                 距离矩阵
%输出Srepair:              "修复"后的解
%输出repair_length:        Srepair的总距离
function [Srepair,repair_length]=repair(removed,Sdestroy,dist)
Srepair=Sdestroy;
%反复插回removed中的城市,直到全部城市插回
while ~isempty(removed)
    nr=numel(removed);            %移除集合中城市数目
    regret=zeros(nr,1);           %存储removed各城市插回最佳插回路径后的"遗憾值"增量
    %逐个计算removed中的城市插回当前解中各路径的目标函数值增
    for i=1:nr
        visit=removed(i);         %当前要插回的城市
%将visit插回到"插入成本"最小的位置后的路线
%同时还计算出插入各个插入位置的"插入成本"
        [~,up_delta]=ins_route(visit,dist,Srepair);
        de12=up_delta(2)-up_delta(1);      %计算第2小成本增量与第1小成本增量差值
```

```
        regret(i)=de12;                          %更新当前城市插回最佳插回路径后的"遗憾值"
    end
    [~,max_index]=max(regret);                   %找出"遗憾值"最大的城市序号
    reinsert_city=removed(max_index);            %removed中准备插回的城市
    Srepair=ins_route(reinsert_city,dist,Srepair);      %将reinsert_city插回到Srepair
    removed(max_index)=[];                        %将removed(firIns)城市从removed中移除
end
repair_length=route_length(Srepair,dist);        %计算Srepair的总距离
end
```

3.4.6　旅行者问题路线图函数

在求出TSP的最优路线后,为使所得结果更直观地显示,可将最优路线进行可视化。

TSP路线可视化函数plot_route的具体代码如下,该函数的输入为一条路线route、x坐标x和y坐标y。

```
%% TSP路线可视化
%输入route:            一条路线
%输入x、y:             x、y坐标
function plot_route(route,x,y)
figure
route=[route route(1)];
plot(x(route),y(route),'k-o','MarkerSize',10,'MarkerFaceColor','w','LineWidth',1.5);
xlabel('x');
ylabel('y');
end
```

3.4.7　主函数

主函数的第一部分是从txt文件中导入数据,并且根据原始数据计算出距离矩阵;第二部分是初始化各个参数;第三部分是构造初始路线;第四部分是主循环,即不断地"破坏"解和"修复"解,直至达到终止条件结束搜索;第五部分为将求解过程和所得的最优路线可视化。

主函数代码如下:

```
tic
clear
clc
%% 输入数据
dataset=importdata('input.txt');          %数据中,每一列的含义分别为[序号,x坐标,y坐标]
x=dataset(:,2);                           %x坐标
y=dataset(:,3);                           %y坐标
vertexes=dataset(:,2:3);                  %提取各个城市的x、y坐标
h=pdist(vertexes);
dist=squareform(h);                       %距离矩阵
```

```
%% 参数初始化
MAXGEN=300;                                    %最大迭代次数
%% 构造初始解
[Sinit,init_len]=construct_route(dist);        %贪婪构造初始解
init_length=route_length(Sinit,dist);
str1=['初始总路线长度 =  ' num2str(init_length)];
disp(str1)
%% 初始化当前解和全局最优解
Scurr=Sinit;
curr_length=init_length;
Sbest=Sinit;
best_length=init_length;
%% 主循环
gen=1;
BestL=zeros(MAXGEN,1);                          %记录每次迭代过程中全局最优个体的总距离
while gen <=MAXGEN
    %% "破坏"解
    [Sdestroy,removed]=destroy(Scurr);
    %% "修复"解
    [Srepair,repair_length]=repair(removed,Sdestroy,dist);
    if repair_length < curr_length
        Scurr=Srepair;
        curr_length=repair_length;
    end
    if curr_length < best_length
        Sbest=Scurr;
        best_length=curr_length;
    end
    %% 输出当前代全局最优解
    disp(['第',num2str(gen),'代最优路线总长度 =  ' num2str(best_length)])
    BestL(gen,1)=best_length;
    %% 计数器加1
    gen=gen+1;
end
str2=['搜索完成! 最优路线总长度 =  ' num2str(best_length)];
disp(str2)
%% 绘制优化过程图
figure;
plot(BestL,'LineWidth',1);
title('优化过程')
xlabel('迭代次数');
ylabel('总距离');
%% 绘制全局最优路线图
plot_route(Sbest,x,y);
toc
```

3.5 实例验证

3.5.1 输入数据

输入数据与第2章实例验证的输入数据相同,即为52个城市的 x 坐标和 y 坐标,如表3.7所示。

表3.7　52个城市的 x 坐标和 y 坐标

序号	x 坐标/m	y 坐标/m	序号	x 坐标/m	y 坐标/m
1	565	575	27	1320	315
2	25	185	28	1250	400
3	345	750	29	660	180
4	945	685	30	410	250
5	845	655	31	420	555
6	880	660	32	575	665
7	25	230	33	1150	1160
8	525	1000	34	700	580
9	580	1175	35	685	595
10	650	1130	36	685	610
11	1605	620	37	770	610
12	1220	580	38	795	645
13	1465	200	39	720	635
14	1530	5	40	760	650
15	845	680	41	475	960
16	725	370	42	95	260
17	145	665	43	875	920
18	415	635	44	700	500
19	510	875	45	555	815
20	560	365	46	830	485
21	300	465	47	1170	65
22	520	585	48	830	610
23	480	415	49	605	625
24	835	625	50	595	360
25	975	580	51	1340	725
26	1215	245	52	1740	245

3.5.2　大规模邻域搜索算法参数设置

在运行LNS之前,需要对LNS的参数进行设置,各个参数如表3.8所示。

表3.8　LNS参数设置

参数名称	取值
最大迭代次数	300
"破坏"过程中最多移除相邻城市数目	25
"破坏"过程中最少移除相邻城市数目	1

3.5.3　实验结果展示

LNS求解TSP优化过程如图3.15所示,LNS求得的TSP最优路线如图3.16和表3.9所示。

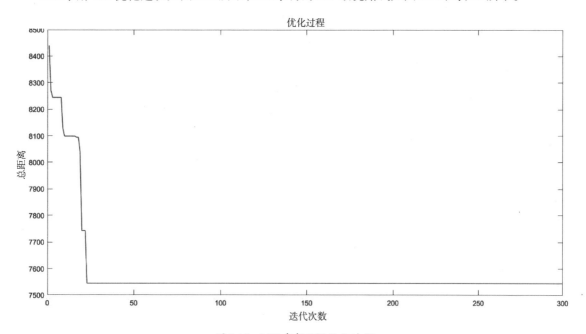

图3.15　LNS求解TSP优化过程

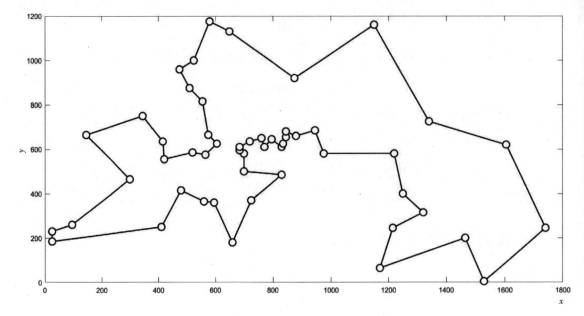

图 3.16　LNS 求得 TSP 最优路线

表 3.9　LNS 求得的 TSP 最优路线

城市访问顺序
$30 \rightarrow 23 \rightarrow 20 \rightarrow 50 \rightarrow 29 \rightarrow 16 \rightarrow 46 \rightarrow 44 \rightarrow 34 \rightarrow 35 \rightarrow 36 \rightarrow 39 \rightarrow 40 \rightarrow$ $37 \rightarrow 38 \rightarrow 48 \rightarrow 24 \rightarrow 5 \rightarrow 15 \rightarrow 6 \rightarrow 4 \rightarrow 25 \rightarrow 12 \rightarrow 28 \rightarrow 27 \rightarrow 26 \rightarrow$ $47 \rightarrow 13 \rightarrow 14 \rightarrow 52 \rightarrow 11 \rightarrow 51 \rightarrow 33 \rightarrow 43 \rightarrow 10 \rightarrow 9 \rightarrow 8 \rightarrow 41 \rightarrow 19 \rightarrow$ $45 \rightarrow 32 \rightarrow 49 \rightarrow 1 \rightarrow 22 \rightarrow 31 \rightarrow 18 \rightarrow 3 \rightarrow 17 \rightarrow 21 \rightarrow 42 \rightarrow 7 \rightarrow 2 \rightarrow 30$

这条最优路线的总距离为 7544.4m。

第 4 章

灰狼优化算法求解多旅行商问题

第 2 章和第 3 章已经详细描述过 TSP，本章求解的多旅行商问题（Multiple Traveling Salesmen Problem, MTSP）实际上是 TSP 的扩展。TSP 中规定只允许有一个旅行商从起始城市出发后，再遍历其余所有城市，最后返回起始城市。而 MTSP 中允许有多个旅行商都从某一个起始城市出发；然后各自前往其余城市，但限定每个城市只能被一个旅行商所访问，且除起点外的所有城市都必须被旅行商访问；最后所有旅行商再返回起始城市。

灰狼优化（Grey Wolf Optimizer, GWO）算法是模仿自然界中灰狼群的社会层级制度和狩猎策略的新型群体智能优化算法，近几年被广泛应用于连续优化问题和组合优化问题。因此，本章将使用 GWO 求解 MTSP。

本章主要涉及的知识点

- ♦ MTSP 概述
- ♦ 算法简介
- ♦ 使用 GWO 求解 MTSP 的算法求解策略
- ♦ MATLAB 程序实现
- ♦ 实例验证

4.1　问题描述

假设城市数目为 n，旅行商数目为 m，则MTSP可简单地描述为：m 个旅行商从同一城市出发，分别沿一条旅行路线行走，使每个城市有且仅有一个旅行商经过（除出发城市），这 m 个旅行商最后返回起始城市。本章MTSP的目标是最小化 m 个旅行商行走距离的最大值。

综上所述，可以将MTSP定义在有向图 $G = (V,A)$，其中 V 是 n 个顶点的集合，A 是弧的集合。d_{ij} 表示节点 i 和节点 j 之间的距离。x_{ij} 表示弧 (i,j) 是否被选择，如果被选择，则 $x_{ij} = 1$，否则 $x_{ij} = 0$。u_i 表示一个旅行商从起点出发前往节点 i 时经过的节点数目，即节点 i 在当前旅行商路径中的位置序号。因此，MTSP的数学模型如下（其中节点1是所有旅行商的起点和终点）：

$$\min\left[\max\left(z_1, z_2, \cdots, z_m\right)\right] \tag{4.1}$$

$$z_k = \sum_{i=1}^{n} \sum_{j=1}^{n} c_{ij} x_{ijk}, \ k = 1, 2, \cdots, m \tag{4.2}$$

$$\sum_{j=2}^{n} x_{1j} = m \tag{4.3}$$

$$\sum_{j=2}^{n} x_{j1} = m \tag{4.4}$$

$$\sum_{i=1}^{n} x_{ij} = 1, j = 2, \cdots, n \tag{4.5}$$

$$\sum_{j=1}^{n} x_{ij} = 1, i = 2, .., n \tag{4.6}$$

$$u_i - u_j + (n - m)x_{ij} \leqslant n - m - 1 \tag{4.7}$$

$$2 \leqslant i \neq j \leqslant n \tag{4.8}$$

$$x_{ij} \in \{0, 1\}, \forall (i, j) \in A \tag{4.9}$$

式(4.1)表示最小化 m 个旅行商中行走距离最大的那个值；式(4.2)表示各个旅行商的行走距离；约束(4.3)和(4.4)保证恰好有 m 个旅行商从节点1出发，最后返回节点1；约束(4.5)和(4.6)保证每个节点只能被访问一次（除节点1外）；约束(4.7)防止形成任何不包含节点1的路线。

4.2　算法简介

在自然界中，灰狼属于群居动物，并且灰狼群存在严格的等级制度。灰狼群一般分为4个等级，如图4.1所示。

处于金字塔顶端的灰狼用α表示,处于第二阶级的灰狼用β表示,处于第三阶级的灰狼用δ表示,处于金字塔最底端的灰狼用ω表示。按照上述等级的划分,灰狼α对灰狼β、δ和ω有绝对的支配权,灰狼β对灰狼δ和ω有绝对的支配权,灰狼δ对灰狼ω有绝对的支配权。

因为灰狼ω在灰狼群中的比例最大,同时灰狼ω又必须完全服从灰狼α、β和δ,所以灰狼群的猎食行为主要由灰狼α、β和δ进行引导和指示。在GWO中,为了模拟灰狼群的等级制度,同时又能简化算法,假设各有一只灰狼α、一只灰狼β和一只灰狼δ。

假设在d维空间中,灰狼α的位置为$X_\alpha\left(X_{\alpha,1}, X_{\alpha,2}, \cdots, X_{\alpha,d}\right)$,

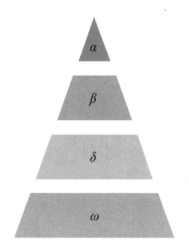

图4.1　灰狼群等级制度

灰狼β的位置为$X_\beta\left(X_{\beta,1}, X_{\beta,2}, \cdots, X_{\beta,d}\right)$,灰狼δ的位置为$X_\delta\left(X_{\delta,1}, X_{\delta,2}, \cdots, X_{\delta,d}\right)$,灰狼$i$(灰狼$i$可能是灰狼α,或是灰狼β,或是灰狼δ,或是灰狼ω)的当前位置为$X_i\left(X_{i,1}, X_{i,2}, \cdots, X_{i,d}\right)$,则灰狼$i$在灰狼α的引导下的下一个位置$X_{\alpha i}\left(X_{\alpha i,1}, X_{\alpha i,2}, \cdots, X_{\alpha i,d}\right)$的计算公式如下:

$$X_{\alpha i,k} = X_{\alpha,k} - A_1 D_{\alpha,k}$$
$$D_{\alpha,k} = \left| C_1 X_{\alpha,k} - X_{i,k} \right|$$
$$C_1 = 2r_2$$
$$A_1 = 2ar_1 - a$$

式中,$X_{\alpha i,k}$为空间坐标$X_{\alpha i}$的第k个分量;$D_{\alpha,k}$计算公式中的"| |"表示求绝对值的含义;a随着迭代次数的增加,从2至0线性递减;r_1和r_2为0~1的随机数。

同理,这只灰狼在灰狼β的引导下的下一个位置$X_{\beta i}$的计算公式,以及这只灰狼在灰狼δ的引导下的下一个位置$X_{\delta i}$的计算公式如下:

$$X_{\beta i,k} = X_{\beta,k} - A_2 D_{\beta,k}$$
$$D_{\beta,k} = \left| C_2 X_{\beta,k} - X_{i,k} \right|$$
$$C_2 = 2r_2$$
$$A_2 = 2ar_1 - a$$
$$X_{\delta i,k} = X_{\delta,k} - A_3 D_{\delta,k}$$
$$D_{\delta,k} = \left| C_3 X_{\delta,k} - X_{i,k} \right|$$
$$C_3 = 2r_2$$
$$A_3 = 2ar_1 - a$$

综上所述,这只灰狼在灰狼α、β、δ的同时引导下的下一个位置X_i的计算公式如下:

$$X_{i,k} = \frac{X_{\alpha i,k} + X_{\beta i,k} + X_{\delta i,k}}{3}$$

综上所述,GWO求解问题的流程如图4.2所示。

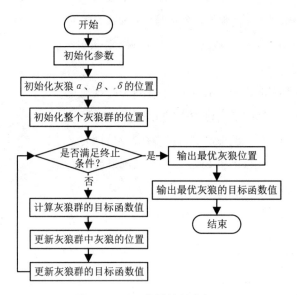

图 4.2   GWO 求解问题流程

4.3

4.3   求解策略

因为本章求解的 MTSP 是离散优化问题,所以需要对 4.2 节讲述的 GWO 进行适当修改。GWO 求解 MTSP 问题主要包含以下几个关键步骤:

(1)编码与解码。

(2)目标函数。

(3)种群初始化。

(4)灰狼位置更新。

(5)局部搜索操作。

4.3.1   编码与解码

假设城市数目为9,编号为0~8,旅行商数目为3,初始3个旅行商都从城市0出发,则 GWO 求解 MTSP 采用的编码如图4.3所示。

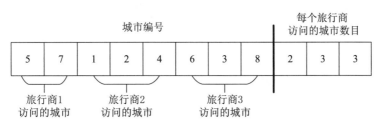

图 4.3　GWO 求解 MTSP 采用的编码

从图 4.3 可以看出,灰狼个体被竖线分为两部分,竖线左侧为 8 个数字,竖线右侧为 3 个数字。左侧的 8 个数字表示 8 个城市(除城市 0 外)的排列,右侧的 3 个数字表示 3 个旅行商各自访问城市的数目。

在对灰狼个体编码后,接下来需要将灰狼个体解码为旅行商行走路线方案。解码方法为按照竖线左侧城市排列的顺序,依次为 3 个旅行商安排所对应数目的城市进行访问。因此,3 个旅行商的行走路线如下。

旅行商 1:$0 \rightarrow 5 \rightarrow 7 \rightarrow 0$

旅行商 2:$0 \rightarrow 1 \rightarrow 2 \rightarrow 4 \rightarrow 0$

旅行商 3:$0 \rightarrow 6 \rightarrow 3 \rightarrow 8 \rightarrow 0$

综上所述,若城市数目为 n,旅行商数目为 m,则灰狼个体长度为 $n + m - 1$,其中前 $n - 1$ 个数字表示城市编号(除起点城市以外),后 m 个数字表示 m 个旅行商各自访问城市的数目。这里需要强调的一点是,每个旅行商至少访问一个城市。因此,后 m 个数字必须都是大于等于 1 的数字。

4.3.2　目标函数

GWO 求解 MTSP 的目标函数是所有旅行商的总行走距离,目标函数如下:

$$f(s) = c(s)$$

式中,s 为灰狼个体解码后的旅行商行走路线方案;$c(s)$ 为 3 个旅行商中行走距离最大的那个值。

灰狼个体的目标函数值越小,表明灰狼个体质量越高。

4.3.3　种群初始化

本章采用随机初始化的方式构造初始种群。假设种群数目为 NIND,城市为 n,旅行商数目为 m,那么初始种群中的任意一个灰狼个体都按照如下方式进行初始化:

(1)将除起点城市外的 $n - 1$ 个城市编号进行随机排列,将该排列结果作为灰狼个体的前 $n - 1$ 个数字。

(2)随机生成 m 个数字,规定这 m 个数字之和等于 $n - 1$,且每个数字都必须大于等于 1,然后将生成的这 m 个数字作为灰狼个体的后 m 个数字。

4.3.4 灰狼位置更新

对连续优化问题而言,灰狼个体采用4.2节所讲的数学公式来更新灰狼位置。但对于MTSP而言,很显然上述更新位置的数学公式无法直接套用。因此,需要结合MTSP的特点,同时引入遗传算法的交叉操作,从而完成灰狼位置的更新。

假设当前灰狼个体为$X(t)$,灰狼α的个体为$X_\alpha(t)$,灰狼β的个体为$X_\beta(t)$,灰狼δ的个体为$X_\delta(t)$,则灰狼个体$X(t)$的更新公式如下:

$$X(t+1) = \begin{cases} \text{Cross}\big[X(t), X_\alpha(t)\big], & \text{rand} \leq \dfrac{1}{3} \\[2mm] \text{Cross}\big[X(t), X_\beta(t)\big], & \dfrac{1}{3} < \text{rand} < \dfrac{2}{3} \\[2mm] \text{Cross}\big[X(t), X_\delta(t)\big], & \text{rand} \geq \dfrac{2}{3} \end{cases}$$

式中,Cross为对两个灰狼个体进行交叉操作;rand为0~1的随机数。

假设城市数目为9,编号为0~8,旅行商数目为3,初始3个旅行商都从城市0出发。在此基础上,有如下两个灰狼个体X_1和X_2:

$$X_1 = 3,2,8,1,5,4,6,7,4,2,2$$
$$X_2 = 5,7,2,4,3,1,8,6,2,3,3$$

假设交叉位置为2和5(交叉位置必须在1~8之间),则X_2的交叉片段为"2, 4, 3, 1",首先将"2, 4, 3, 1"移动到X_1前,此时$X_1 = 2, 4, 3, 1, 3, 2, 8, 1, 5, 4, 6, 7, 4, 2, 2$;然后从头至尾删除第2个位置的重复元素(后3位数字不包括在内),最终形成新的$X_1 = 2, 4, 3, 1, 8, 5, 6, 7, 4, 2, 2$。同理,$X_1$的交叉片段为"8, 1, 5, 4",首先将"8, 1, 5, 4"移动到X_2前,此时$X_2 = 8, 1, 5, 4, 5, 7, 2, 4, 3, 1, 8, 6, 2, 3, 3$;然后从头至尾删除第2个位置的重复元素(后3位数字不包括在内),最终形成新的$X_2 = 8, 1, 5, 4, 7, 2, 3, 6, 2, 3, 3$。

对这两个灰狼个体进行的交叉操作如图4.4所示。

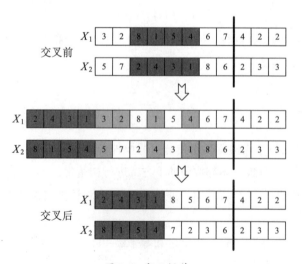

图4.4　交叉操作

4.3.5 局部搜索操作

假设灰狼更新位置后的种群为Population,那么将Population中的灰狼α、β和δ作为局部搜索操作的对象,即对这3个体使用局部搜索操作以获得更优的灰狼个体,从而整体上带动种群向更优的方向更新。

局部搜索操作使用了大规模邻域搜索算法中的破坏和修复的思想,即首先使用破坏算子从当前解中移除若干个城市,然后使用修复算子将被移除的城市重新插回到破坏的解中。

假设城市数目为n,旅行商数目为m,则破坏算子从当前解的$k(2 \leqslant k \leqslant m)$条相邻路径中各移除$l\left(1 \leqslant l \leqslant L_{\max}\right)$个城市。其中,$L_{\max}$的计算公式如下:

$$L_{\max} = \min\left(\left|\bar{t}_1\right|, \left|t_2\right|\right)$$

式中,$\left|\bar{t}_1\right|$为当前解中每条路径上城市数目的平均值;$\left|t_2\right|$为当前路径城市数目。

假设有如下的旅行商行走方案(0表示旅行商的起点城市和终点城市),且$k = 3$,$L_{\max} = 5$。

旅行商1:$0 \rightarrow 1 \rightarrow 2 \rightarrow 3 \rightarrow 4 \rightarrow 0$

旅行商2:$0 \rightarrow 5 \rightarrow 6 \rightarrow 7 \rightarrow 8 \rightarrow 9 \rightarrow 0$

旅行商3:$0 \rightarrow 10 \rightarrow 11 \rightarrow 12 \rightarrow 13 \rightarrow 14 \rightarrow 15 \rightarrow 0$

因为$k = 3$,所以这3条路线都需要移除若干个城市。

对于第1条路线而言,$L_{\max} = \min\left(\left|\bar{t}_1\right|, \left|t_2\right|\right) = \min(4, 5) = 4$。因此,从第1条路线移除城市的数目$l$的取值范围为$1 \leqslant l \leqslant 4$。对于第2条路线而言,$L_{\max} = \min\left|\bar{t}_1\right|, \left|t_2\right| = \min(5, 5) = 5$。因此,从第2条路线移除城市的数目$l$的取值范围为$1 \leqslant l \leqslant 5$。对于第3条路线而言,$L_{\max} = \min\left(\left|\bar{t}_1\right|, \left|t_2\right|\right) = \min(6, 5) = 5$。因此,从第3条路线移除城市的数目$l$的取值范围为$1 \leqslant l \leqslant 5$。

综上所述,破坏算子的伪代码如表4.1所示。

表4.1 破坏算子的伪代码

输入:当前解S,城市数目n,旅行商数目m
输出:移除的城市集合R和破坏后的解S^*
1 $R \leftarrow \varnothing$　　被移除城市的集合,初始为空集
2 $T \leftarrow \varnothing$　　被破坏路径的集合,初始为空集
3 确定移除的路线数目$k \leftarrow \text{Random}[2, m]$
4 从当前解S随机选择一个城市i_{seed}
5 for $i \in \text{adj}\left(i_{\text{seed}}\right)$ 和 $|T| < k$ do
6 　 if $\text{tour}(i) \notin T$ then
7 　　 $l \leftarrow \text{Random}\left[1, \min\left(\left|\bar{t}_1\right|, \left|t_2\right|\right)\right]$
8 　　 $I \leftarrow I \cup \text{removeSelected}(i, l)$
9 　　 $T \leftarrow T \cup \text{tour}(i)$

续表

10	end if
11	end for
12	将集合R中的城市从解S中移除,形成破坏解S^*
13	返回R和S^*

在上述伪代码第5行中,$\mathrm{adj}(i_{\mathrm{seed}})$表示与城市$i_{\mathrm{seed}}$距离从小到大排序后的城市序列,其中$i_{\mathrm{seed}}$作为该序列中第一个元素。在第6行中,$\mathrm{tour}(i)$指城市$i$所在的路径。在第8行中,$\mathrm{removeSelected}(i,l)$指从$\mathrm{tour}(i)$中随机选择要被移除的包含城市$i$在内的连续$l$个城市,该方法如图4.5所示(空心圆表示被移除的城市)。

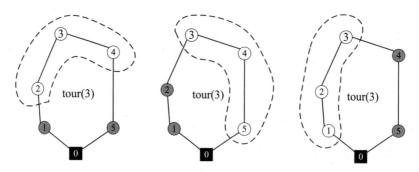

图4.5 当$l=3$时从$\mathrm{tour}(3)$中移除包含3的可能移除路径

在介绍完破坏算子后,在得到被移除的城市集合R和破坏解S^*的基础上,进一步介绍修复算子。本章的修复算子与LNS求解旅行商问题中的修复算子几乎完全相同,区别是MTSP中存在多条路径,而TSP中只有一条路径。

在讲解修复算子前,先阐述"插入成本"这一概念。如果当前破坏后的解为S^*,那么在将R中的一个城市插回到S^*中的某个插入位置以后,此时修复后的解中将城市插回的路线距离减去S^*的各个行走距离中的最大值即为将该城市插入该位置的"插入成本"。

假设城市数目为9,编号为0~8,旅行商数目为3,初始3个旅行商都从城市0出发,当前破坏后的解S^*如下。

旅行商1:$0 \to 1 \to 2 \to 0$(假设该路线距离为5)

旅行商2:$0 \to 3 \to 4 \to 0$(假设该路线距离为7)

旅行商3:$0 \to 5 \to 6 \to 7 \to 0$(假设该路线距离为10)

则S^*的各个行走距离中的最大值即为10。现假设将城市8插回到路线1中城市1与城市2之间的位置,此时路线1为$0 \to 1 \to 8 \to 2 \to 0$,假设此时路线1的距离为8,则将城市8插入路线1中城市1与城市2之间的"插入成本"为$8-10=-2$。"插入成本"如果为负数,则表示当前解的目标函数值没有发生变化,否则表示当前解的目标函数值增加。

在介绍"插入成本"的概念后,进一步阐述"遗憾值"这一概念。如果R中的一个城市插回到S^*中的插回位置的总数目为lr,那么这lr个插入位置对应lr个"插入成本"。接下来将这lr个"插入成本"从小到大进行排序,若排序后的"插入成本"为up_delta,则将该城市插回到S^*中的"遗憾值"即为排序后排在第2位的"插入成本"减去排在第1位的"插入成本",即up_delta(2) – up_delta(1)。

在阐述"遗憾值"的概念后,接下来详细描述修复算子的具体步骤。

STEP1:初始化修复后的解S_{repair},即$S_{repair} = S^*$。

STEP2:如果R非空,转至STEP3,否则转至STEP6。

STEP3:计算当前R中的城市数目nr,计算将R中各个城市插回到S_{repair}的"遗憾值"regret,即regret是nr行1列的矩阵。

STEP4:找出regret中最大"遗憾值"对应的序号max_index,确定出即将被插回的城市rc = R(max_index),将rc插回到S_{repair}中"插入成本"最小的位置。

STEP5:更新R(max_index) = [ ],转至STEP2。

STEP6:修复结束,输出修复后的解S_{repair}。

4.3.6　灰狼优化算法求解多旅行商流程

GWO求解MTSP流程如图4.6所示。

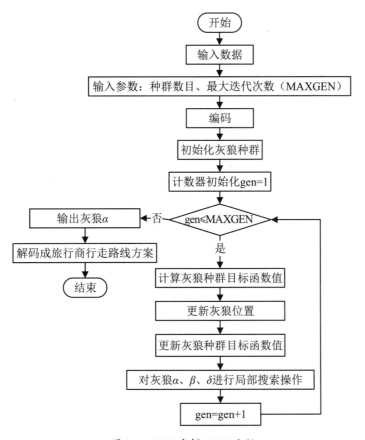

图4.6　GWO求解MTSP流程

4.4　MATLAB程序实现

4.4.1　种群初始化函数

假设种群数目为5,城市为9,城市编号为0~8,起点城市为0,旅行商数目为3,那么初始种群中的任意一个灰狼个体都按照如下方式进行初始化。

(1)将数字1~8进行随机排列,假设排列结果为"4, 2, 5, 6, 1, 7, 8, 3",将该排列结果作为灰狼个体的前8个数字。

(2)随机生成3个数字,规定这3个数字之和等于8,且每个数字都必须大于等于1,假设这3个数字为"4, 2, 2",将生成的这3个数字作为灰狼个体的后3个数字。

那么按照上述过程生成的一个灰狼个体为"4, 2, 5, 6, 1, 7, 8, 3, 4, 2, 2",其余4个灰狼个体也按照上述方式生成。

种群初始化函数 init_pop 的代码如下,该函数的输入为种群数目 NIND、城市数目 n、旅行商数目 m、起(终)点城市 start,输出为灰狼种群 population。

```
%% 初始化灰狼种群
%输入NIND:          种群数目
%输入n:             城市数目
%输入m:             旅行商数目
%输入start:         起(终)点城市
%输出population:    灰狼种群
function population=init_pop(NIND,n,m,start)
len=n+m-1;                          %个体长度
population=zeros(NIND,len);         %初始化种群
for i=1:NIND
    population(i,:)=encode(n,m,start);
end
end
```

在种群初始化函数 init_pop 中使用 encode 函数实现对每个灰狼个体的编码,encode 函数的代码如下,该函数的输入为城市数目 n、旅行商数目 m、起(终)点城市 start,输出为灰狼个体 individual。

```
%% 根据城市数目、旅行商数目及起(终)点城市编码出灰狼个体
%输入n:             城市数目
%输入m:             旅行商数目
%输入start:         起(终)点城市
%输出individual:    灰狼个体
function individual=encode(n,m,start)
%% 生成灰狼个体的第一部分
part1=randperm(n);                  %对城市进行随机排序
```

```
part1(part1==start)=[];                          %将起(终)点城市从part1中删除
%% 生成灰狼个体的第二部分
part2=zeros(1,m);                                %初始化每个旅行商访问城市数目(不包括start)
if m==1
    part2=n-1;
else
    for i=1:m
        if i==1
            right=n-1-(m-1);                      %最大取值
            part2(i)=randi([1,right],1,1);
        elseif i==m
            part2(i)=n-1-sum(part2(1:(i-1)));
        else
            right=n-1-(m-i)-sum(part2(1:(i-1)));  %最大取值
            part2(i)=randi([1,right],1,1);
        end
    end
end
%% 将两部分进行合并,生成最终灰狼个体
individual=[part1,part2];                         %将两段合并
end
```

4.4.2　目标函数值计算函数

假设灰狼种群为population,在对灰狼种群的位置进行更新时,首先需要计算出各灰狼个体的目标函数值。目标函数值计算函数obj_function的代码如下,该函数的输入为灰狼种群population、城市数目n、旅行商数目m、起(终)点城市start、距离矩阵dist,输出为灰狼种群的目标函数值obj。

```
%% 计算一个种群的目标函数值
%输出population:         灰狼种群
%输入n:                  城市数目
%输入m:                  旅行商数目
%输入start:              起(终)点城市
%输入dist:               距离矩阵
%输出obj:                灰狼种群的目标函数值
function obj=obj_function(population,n,m,start,dist)
NIND=size(population,1);                          %种群数目
obj=zeros(NIND,1);                               %初始化种群目标函数值
for i=1:NIND
    individual=population(i,:);                   %第i个灰狼个体
    RP=decode(individual,n,m,start);             %将第i个灰狼个体解码为旅行商行走方案
    [~,~,maxETD]=travel_distance(RP,dist);       %计算m个旅行商中行走距离的最大值
    obj(i)=maxETD;                              %将maxETD赋值给目标函数值
end
end
```

在目标函数值计算函数obj_function中,先使用decode函数将灰狼个体解码为旅行商行走路线方

案，decode函数的代码如下，该函数的输入为灰狼个体individual、城市数目n、旅行商数目m、起(终)点城市start，输出为旅行商行走路线方案RP。

```
%% 对灰狼个体进行解码,解码为旅行商行走路线方案
%输入 individual:          灰狼个体
%输入 n:                   城市数目
%输入 m:                   旅行商数目
%输入 start:               起(终)点城市
%输出 RP:                  旅行商行走路线方案
function RP=decode(individual,n,m,start)
RP=cell(m,1);                          %初始化m条行走路线
part1=individual(1:n-1);               %提取城市排序序列
part2=individual(n:(n+m-1));           %提取各个旅行商访问城市的数目
for i=1:m
if i==1
%在part1中第i个旅行商访问城市的序号
%即从start出发前往的下一个城市在part1中的序号
        left=1;
%在part1中第i个旅行商访问城市的序号
%即返回至start的前一个城市在part1中的序号
        right=part2(i);
        route=[start,part1(left:right),start];    %将start添加到这条路线的首末位置
else
%在part1中第i个旅行商访问城市的序号
%即从start出发前往的下一个城市在part1中的序号
        left=sum(part2(1:(i-1)))+1;
%在part1中第i个旅行商访问城市的序号
%即返回至start的前一个城市在part1中的序号
        right=sum(part2(1:i));
        route=[start,part1(left:right),start];    %将start添加到这条路线的首末位置
    end
    RP{i,1}=route;
end
end
```

在使用decode函数将灰狼个体解码为旅行商行走路线方案后，使用travel_distace函数计算行走路线方案的各行走路线距离的最大值。travel_distace函数的代码如下，该函数的输入为旅行商行走路线方案RP、距离矩阵dist，输出为所有旅行商的行走总距离sumTD、每个旅行商的行走距离everyTD、各旅行商的行走距离的最大值maxETD。

```
%% 计算所有旅行商的行走总距离、每个旅行商的行走距离,以及各旅行商的行走距离的最大值
%输入 RP:                  旅行商行走路线方案
%输入 dist:                距离矩阵
%输出 sumTD:               所有旅行商的行走总距离
%输出 everyTD:             每个旅行商的行走距离
%输出 maxETD:              everyTD中的最大值
function [sumTD,everyTD,maxETD]=travel_distance(RP,dist)
m=size(RP,1);                              %旅行商数目
```

```
everyTD=zeros(m,1);                    %初始化每个旅行商的行走距离
for i=1:m
    route=RP{i};                       %每个旅行商的行走路线
    everyTD(i)=route_length(route,dist);
end
sumTD=sum(everyTD);                     %所有旅行商的行走总距离
maxETD=max(everyTD);                    %everyTD中的最大值
end
```

在 travel_distace 函数中使用 route_length 计算各条行走路线的距离，route_length 函数的代码如下，该函数的输入为一条路线 route、距离矩阵 dist，输出为该条路线总距离 len。

```
%%  计算一条路线总距离
%输入route:                   一条路线
%输入dist:                    距离矩阵
%输出len:                     该条路线总距离
function len=route_length(route,dist)
n=numel(route);              %这条路线所经过城市的数目,包含起点和终点城市
len=0;
for k=1:n-1
    i=route(k);
    j=route(k+1);
    len=len+dist(i,j);
end
end
```

4.4.3 交叉函数

在对灰狼种群位置进行更新时，以1/3的概率使当前灰狼个体与灰狼α个体交叉，以1/3的概率使当前灰狼个体与灰狼β个体交叉，以1/3的概率使当前灰狼个体与灰狼δ个体交叉。

交叉函数 cross 的代码如下，该函数的输入为灰狼个体1 individual1、灰狼个体2 individual2、城市数目n，输出为交叉后的灰狼个体1 individual1、交叉后的灰狼个体2 individual2。

```
%%  对两个灰狼个体进行交叉操作
%输入individual1:            灰狼个体1
%输入individual2:            灰狼个体2
%输入n:                     城市数目
%输出individual1:            交叉后的灰狼个体1
%输出individual2:            交叉后的灰狼个体2
function [individual1,individual2]=cross(individual1,individual2,n)
cities_ind1=individual1(1:n-1);        %灰狼个体1的城市序列
cities_ind2=individual2(1:n-1);        %灰狼个体2的城市序列
L=n-1;                                 %灰狼个体的城市序列数目
while 1
    r1=randsrc(1,1,[1:L]);
    r2=randsrc(1,1,[1:L]);
```

```
   if r1~=r2
       s=min([r1,r2]);
       e=max([r1,r2]);
       a0=[cities_ind2(s:e),cities_ind1];
       b0=[cities_ind1(s:e),cities_ind2];
       for i=1:length(a0)
           aindex=find(a0==a0(i));
           bindex=find(b0==b0(i));
           if length(aindex)>1
               a0(aindex(2))=[];
           end
           if length(bindex)>1
               b0(bindex(2))=[];
           end
           if i==length(cities_ind1)
               break
           end
       end
       cities_ind1=a0;
       cities_ind2=b0;
       break
   end
end
individual1(1:n-1)=cities_ind1;        %更新灰狼个体1的城市序列
individual2(1:n-1)=cities_ind2;        %更新灰狼个体2的城市序列
end
```

4.4.4 局部搜索函数

在对灰狼种群位置进行更新后,还需对灰狼α个体、灰狼β个体和灰狼δ个体进行局部搜索操作,从而使这3个最优的灰狼个体向目标函数值更优的方向更新。

局部搜索函数LocalSearch的代码如下,该函数的输入为灰狼个体individual、城市数目n、旅行商数目m、移除相邻路径的数目k、起(终)点城市start、距离矩阵dist,输出为局部搜索后的灰狼个体individual、局部搜索后的灰狼个体的目标函数值ind_obj。

```
%% 局部搜索函数
%输出individual:     灰狼个体
%输入n:              城市数目
%输入m:              旅行商数目
%输入k:              移除相邻路径的数目
%输入start:          起(终)点城市
%输入dist:           距离矩阵
%输出individual:     局部搜索后的灰狼个体
%输出ind_obj:        局部搜索后的灰狼个体的目标函数值
function [individual,ind_obj]=LocalSearch(individual,n,m,k,start,dist)
alpha_RP=decode(individual,n,m,start);          %将灰狼个体解码为旅行商行走方案
```

```
[~,~,alpha_TD1]=travel_distance(alpha_RP,dist);          %灰狼个体的目标函数值
[removed1,sdestroy1]=remove(alpha_RP,n,m,k,start,dist);  %对灰狼个体进行移除操作
s_alpha=repair(removed1,sdestroy1,dist);                 %对灰狼个体进行修复操作
[~,~,alpha_TD2]=travel_distance(s_alpha,dist);           %灰狼个体修复后的目标函数值
%% 只有目标函数值减小,才会接受新行走方案,并转换为灰狼个体
if alpha_TD2 < alpha_TD1
    individual=change(s_alpha);
end
ind_obj=obj_function(individual,n,m,start,dist);         %计算individual的目标函数值
end
```

在局部搜索函数 LocalSearch 中首先使用 remove 函数移除若干个城市, remove 函数的代码如下, 该函数的输入为旅行商行走路线方案 RP、移除相邻路径的数目 k、城市数目 n、旅行商数目 m、起(终)点城市 start、距离矩阵 dist, 输出为被移除的城市集合 removed、移除 removed 中的城市后的行走方案 s_destroy。

```
%% 根据当前解的情况,会从k条临近路径中的每条路径中移除1个城市
%输入RP:                旅行商行走路线方案
%输入k:                 移除相邻路径的数目
%输入n:                 城市数目
%输入m:                 旅行商数目
%输入start:             起(终)点城市
%输入dist:              距离矩阵
%输出removed:           被移除的城市集合
%输出sdestroy:          移除removed中的城市后的RP
function [removed,sdestroy]=remove(RP,n,m,k,start,dist)
avgt=floor((n-1)/m);                       %平均每条路线上的城市数目
removed=[];                                %被移除城市的集合
T=[];                                      %被破坏路径的集合
iseed=ceil(rand*(n-1));                    %从当前解中随机选出要被移除的城市
lst=adj(start,iseed,dist);                 %与iseed距离由小到大的排序数组
for i=1:numel(lst)
    if numel(T)<k
        [r,rindex]=tour(lst(i),RP);        %找出城市lst(i)所在路径的序号
        fr=find(T==rindex,1,'first');      %在破坏路径集合中查找是否有该路径
        %如果要破坏的路径不在T中
        if isempty(fr)
            lmax=min(numel(r)-2,avgt);     %从当前路线中最多移除的城市数目
            %只有在当前路线至少经过一个城市时(不包括起点和终点)才考虑移除城市
            if lmax>=1
                l=randi([1,lmax],1,1);     %计算在该条路径上移除的城市数目
                Rroute=String(l,lst(i),r,start); %从路径r中移除包含lsr(i)在内的1个连续的城市
                removed=[removed Rroute];  %将Rroute添加到removed中
                T=[T rindex];              %将破坏的路径添加到T中
            end
        end
    else
        break;
```

```
        end
end
%% 将removed中的城市从RP中移除
sdestroy=dealRemove(removed,RP);
end
```

在remove函数中首先使用adj函数将所有城市按照与种子城市从小到大的距离进行排序,adj函数的代码如下,该函数的输入为起(终)点城市start、种子城市iseed、距离矩阵dist,输出为与iseed距离由小到大的排序数组lst。

```
%% 与iseed距离由小到大的排序数组
%输入start:              起(终)点城市
%输入iseed:             种子城市
%输入dist:              距离矩阵
%输出lst:               与iseed距离由小到大的排序数组
function lst=adj(start,iseed,dist)
di=dist(iseed,:);        %iseed与其他城市的距离数组
di(start)=inf;          %将iseed与起点start的距离设为无穷大
[~,lst]=sort(di);        %对di从小到大进行排序
end
```

在remove函数中还使用tour函数找出当前城市所在路径的序号,tour函数的代码如下,该函数的输入为城市编号visit、当前行走方案RP,输出为城市visit在RP中所在的路线route、城市visit在RP中所在的路线序号rindex。

```
%% 找出城市i所在的路径及所在路径的序号
%输入visit:              城市编号
%输入RP:               当前行走方案
%输出route:            城市visit在RP中所在的路线
%输出rindex:           城市visit在RP中所在的路线序号
function [route,rindex]=tour(visit,RP)
m=size(RP,1);
for i=1:m
    r=RP{i};
    fv=find(r==visit,1,'first');
    if ~isempty(fv)
        route=r;
        rindex=i;
        break;
    end
end
end
```

在remove函数中还使用String函数从当前城市所在路径中移除包含当前城市在内的若干个连续的城市,String函数的代码如下,该函数的输入为要从该路径移除城市的数目l、从该路径移除的城市visit、visit所在的路径route、起(终)点城市start,输出为从当前路径中连续移除l个城市的集合Rroute。

%% 从visit所在的路径中移除包含visit在内的连续l个城市

```
%输入 l：             要从该路径移除城市的数目
%输入 visit：          从该路径移除的城市
%输入 route：          visit 所在的路径
%输入 start：          起(终)点城市
%输出 Rroute：         从当前路径中连续移除 l 个城市的集合
function Rroute=String(l,visit,route,start)
r_copy=route;                              %复制路径
r_copy(r_copy==start)=[];                  %将 start 从 r_copy 中删除
lr=numel(r_copy);                          %r_copy 中城市数目
findv=find(r_copy==visit,1,'first');       %找出 visit 在 r_copy 中的位置
vLN=findv-1;                               %visit 左侧的元素个数
vRN=lr-findv;                              %visit 右侧的元素个数
%如果 vLN 小
if vLN<=vRN
    if vRN<l-1
        nR=floor(l-1-vLN+rand*(vRN-l+1+vLN));
        nL=l-1-nR;                         %visit 左侧要移除元素的数目
    end
    if (vLN<=l-1)&&(vRN>=l-1)
        nR=floor(l-1-vLN+rand*(vLN));
        nL=l-1-nR;                         %visit 左侧要移除元素的数目
    end
    if vLN>l-1
        nR=floor(rand*vLN);                %visit 右侧要移除元素的数目
        nL=l-1-nR;                         %visit 左侧要移除元素的数目
    end
    r_copy=r_copy(findv-nL:findv+nR);      %随机删除包括 visit 在内的连续 l 个城市
end
%如果 vRN 小
if vLN>vRN
    if vLN<l-1
        nL=floor(l-1-vRN+rand*(vLN-l+1+vRN));
        nR=l-1-nL;                         %visit 右侧要移除元素的数目
    end
    if (vRN<=l-1)&&(vLN>=l-1)
        nL=floor(l-1-vRN+rand*(vRN));
        nR=l-1-nL;                         %visit 右侧要移除元素的数目
    end
    if vRN>l-1
        nL=floor(rand*vRN);                %visit 左侧要移除元素的数目
        nR=l-1-nL;                         %visit 右侧要移除元素的数目
    end
    r_copy=r_copy(findv-nL:findv+nR);      %随机删除包括 visit 在内的连续 l 个城市
end
Rroute=r_copy;
end
```

在 remove 函数的最后还使用 dealRemove 函数将被移除城市集合中的城市从当前行走路线方案

中移除,dealRemove 函数的代码如下,该函数的输入为被移除的城市集合 removed、旅行商行走路线方案 RP,输出为移除 removed 中的城市后的行走路线方案 $s_{destroy}$。

```
%% 将移除集合中的元素从当前解中移除
%输入 removed:                  被移除的城市集合
%输入 RP:                       旅行商行走路线方案
%输出 sdestroy:                 移除 removed 中的城市后的 RP
function sdestroy=dealRemove(removed,RP)
%% 将 removed 中的城市从 VC 中移除
sdestroy=RP;                    %移除 removed 中的城市后的 RP
nre=length(removed);            %最终被移除城市的总数量
m=size(RP,1);                   %旅行商数目
for i=1:m
    route=RP{i};
    for j=1:nre
        findri=find(route==removed(j),1,'first');
        if ~isempty(findri)
            route(route==removed(j))=[];
        end
    end
    sdestroy{i}=route;
end
sdestroy=deal_rp(sdestroy);
end
```

在局部搜索函数 LocalSearch 中使用 remove 函数移除若干个城市后,还需使用 repair 函数将被移除的城市重新插回到当前行走路线方案,目的是获得更高质量的解。repair 函数的代码如下,该函数的输入为被移除城市的集合 removed、破坏后的行走路线方案 $s_{destroy}$、距离矩阵 dist,输出为修复后的行走方案 s_{repair}。

```
%% 修复函数,依次将 removed 中的城市插回到行走方案中
%先计算 removed 中各个城市插回当前解中产生的"插入成本",然后从上述各个城市中
%找出一个"遗憾值"(插入成本第 2 小-插入成本第 1 小)最大的城市插回,反复执行,直到全部插回
%输入 removed:                  被移除城市的集合
%输入 sdestroy:                 破坏后的行走路线方案
%输入 dist:                     距离矩阵
%输出 srepairc:                 修复后的行走方案
function srepair=repair(removed,sdestroy,dist)
srepair=sdestroy;                         %初始化修复解
%% 反复插回 removed 中的城市,直到全部城市插回
while ~isempty(removed)
    [~,~,maxETD]=travel_distance(srepair,dist);    %计算当前解的各条路线的行走距离的最大值
    nr=numel(removed);             %移除集合中城市数目
    ri=zeros(nr,1);                %存储 removed 各城市最佳插回路径
    rid=zeros(nr,1);               %存储 removed 各城市插回最佳插回路径后的"遗憾值"
    m=size(srepair,1);             %当前解的旅行商数目
```

```
    %逐个计算将removed中的城市插回当前解中各位置后的插入成本
    for i=1:nr
        visit=removed(i);              %当前要插回的城市
        dec=[];                        %对应于将当前城市插回到当前解各路径后的最小插入成本
        ins=[];                        %记录可以插回路径的序号
        for j=1:m
            route=srepair{j};          %当前路径
            [~,deltaC]=insRoute(visit,route,dist,maxETD);
            dec=[dec;deltaC];
            ins=[ins;j];
        end
        [sd,sdi]=sort(dec);            %将dec升序排列
        insc=ins(sdi);                 %将ins的序号与dec排序后的序号对应
        ri(i)=insc(1);                 %更新当前城市最佳插回路径
        if size(dec,1)>1
            de12=sd(2)-sd(1);          %计算将当前城市插回到当前解的"遗憾值"
            rid(i)=de12;               %更新当前城市插回最佳插回路径后的"遗憾值"
        else
            de12=sd(1);                %计算第2小成本增量与第1小成本增量差值
            rid(i)=de12;               %更新当前城市插回最佳插回路径后的"遗憾值"
        end
    end
    [~,firIns]=max(rid);               %找出"遗憾值"最大的城市序号
    rIns=ri(firIns);                   %插回路径序号
    %将firIns插回到rIns
    srepair{rIns,1}=insRoute(removed(firIns),srepair{rIns,1},dist,maxETD);
    %将removed(firIns)城市从removed中移除
    removed(firIns)=[];
end
end
```

在 repair 函数中使用 insRoute 函数计算将城市插回到当前路线最佳位置后的"插入成本"。insRoute 函数的代码如下,该函数的输入为待插入城市 visit、一条行走路线 route、距离矩阵 dist,输出为将 visit 插入当前路线最佳位置后的行走路线 newRoute、将 visit 插入当前路线最佳位置后的插入成本 deltaC。

```
%% 计算将当前城市插回到当前路线中"插入成本"最小的位置
%输入visit           待插入城市
%输入route:          一条行走路线
%输入dist:           距离矩阵
%输出newRoute:       将visit插入当前路线最佳位置后的行走路线
%输出deltaC:         将visit插入当前路线最佳位置后的插入成本
function [newRoute,deltaC]=insRoute(visit,route,dist,maxETD)
start=route(1);                   %起(终)点城市
rcopy=route;                      %复制路线
rcopy(rcopy==start)=[];           %将start从rcopy中删除
lr=numel(route)-2;                %除去起点城市和终点城市外当前路径上的城市数目
```

```
%先将城市插回到增量最小的位置
rc0=[];                                %记录插入城市后符合约束的路径
delta0=[];                             %记录插入城市后的增量
for i=1:lr+1
    if i==lr+1
        rc=[start,rcopy,visit,start];
    elseif i==1
        rc=[start,visit,rcopy,start];
    else
        rc=[start,rcopy(1:i-1),visit,rcopy(i:end),start];
    end
    rc0=[rc0;rc];                      %将路径存储到rc0,其中rc0与delta0对应
    alen=route_length(rc,dist);
    dif=alen-maxETD;                   %计算插入成本
    delta0=[delta0;dif];               %将插入成本存储到delta0
end
[deltaC,ind]=min(delta0);
newRoute=rc0(ind,:);
end
```

在局部搜索函数LocalSearch中使用remove函数和repair函数对当前行走路线方案进行局部搜索后,还需判断局部搜索后行走路线方案的目标函数值是否比局部搜索之前更优。如果没有更优,则不对解码为当前行走方案的灰狼个体进行更新;否则使用change函数将更优的行走路线方案转换为灰狼个体,从而替换原来的灰狼个体。change函数的代码如下,该函数的输入为旅行商行走路线方案RP,输出为灰狼个体individual。

```
%% 行走方案与灰狼个体之间进行转换
%输入RP:              旅行商行走路线方案
%输出individual:      灰狼个体
function individual=change(RP)
m=size(RP,1);                          %旅行商数目
individual=[];
lr=zeros(1,m);                         %每个旅行商服务的城市数目
for i=1:m
    route=RP{i};
    start=route(1);
    route(route==start)=[];
    lr(i)=numel(route);
    individual=[individual,route];
end
individual=[individual,lr];
end
```

4.4.5　多旅行商问题路线图函数

在求出 MTSP 的最优路线后,为使所得结果更直观地显示,可将最优路线进行可视化。

MTSP 路线可视化函数 draw_Best 的具体代码如下,该函数的输入为旅行商行走路线方案 RP、各个城市的横纵坐标 vertexs、起(终)点城市 start。

```matlab
%% 绘制旅行商行走路线方案路线图
%输入RP：                   旅行商行走路线方案
%输入vertexs：              各个城市的横纵坐标
%输入start：                起(终)点城市
function draw_Best(RP,vertexs,start)
start_v=vertexs(start,:);   %起点城市坐标
m=size(RP,1);               %旅行商数目
figure
hold on;box on
title('最优行走方案路线图')
hold on;
C=hsv(m);
for i=1:size(vertexs,1)
    text(vertexs(i,1)+0.5,vertexs(i,2),num2str(i));
end
for i=1:m
    route=RP{i};            %第i个旅行商的行走路线
    len=numel(route);       %第i个旅行商访问的城市数目(包括起点和终点城市)
    fprintf('%s','旅行商',num2str(i),':');
    for j=1:len-1
        fprintf('%d->',route(j));
        c_pre=vertexs(route(j),:);
        c_lastone=vertexs(route(j+1),:);
        plot([c_pre(1),c_lastone(1)],[c_pre(2),c_lastone(2)],'-','color',C(i,:),...
          'linewidth',1);
    end
    fprintf('%d',route(end));
    fprintf('\n');
end
plot(vertexs(:,1),vertexs(:,2),'ro','linewidth',1);hold on;
plot(start_v(1,1),start_v(1,2),'s','linewidth',2,'MarkerEdgeColor','b',...
    'MarkerFaceColor','b','MarkerSize',10);
end
```

4.4.6　主函数

主函数的第一部分是从 txt 文件中导入数据,并且根据原始数据计算出距离矩阵;第二部分是初始化各个参数;第三部分是主循环,通过更新灰狼种群位置,以及对灰狼 α、β 和 δ 进行局部搜索操作,直至达到终止条件结束搜索;第四部分为将求解过程和所得的最优路线可视化。

主函数代码如下：

```matlab
tic
clear
clc
%% 输入数据
dataset=importdata('input.txt'); %数据中,每一列的含义分别为[序号,x坐标,y坐标]
x=dataset(:,2);                    %x坐标
y=dataset(:,3);                    %y坐标
vertexs=dataset(:,2:3);           %提取各个城市的x、y坐标
n=size(dataset,1);                %城市数目
m=2;                              %旅行商数目
start=1;                          %起点城市
h=pdist(vertexs);                 %计算各个城市之间的距离,一共有1+2+...+(n-1)=n×(n-1)/2个
dist=squareform(h);              %将各个城市之间的距离转换为n行n列的距离矩阵
%% 灰狼算法参数设置
NIND=50;                          %灰狼个体数目
MAXGEN=200;                       %最大迭代次数
k=m;                             %移除相邻路径的数目
%% 初始化种群
population=init_pop(NIND,n,m,start);
init_obj=obj_function(population,n,m,start,dist);    %初始种群目标函数值
%% 灰狼优化
gen=1;                            %计数器
best_alpha=zeros(MAXGEN,n+m-1);  %记录每次迭代过程中全局最优灰狼个体
best_obj=zeros(MAXGEN,1);        %记录每次迭代过程中全局最优灰狼个体的目标函数值

alpha_individual=population(1,:); %初始灰狼α个体
alpha_obj=init_obj(1);           %初始灰狼α的目标函数值
beta_individual=population(2,:);  %初始灰狼β个体
beta_obj=init_obj(2);            %初始灰狼β的目标函数值
delta_individual=population(3,:); %初始灰狼δ个体
delta_obj=init_obj(3);           %初始灰狼δ的目标函数值
while gen<=MAXGEN
    obj=obj_function(population,n,m,start,dist);        %计算灰狼种群目标函数值
    %% 确定当前种群中的灰狼α个体、灰狼β个体和灰狼δ个体
    for i=1:NIND
        %更新灰狼α个体
        if obj(i,1)<alpha_obj
            alpha_obj=obj(i,1);
            alpha_individual=population(i,:);
        end
        %更新灰狼β个体
        if obj(i,1)>alpha_obj && obj(i,1)<beta_obj
            beta_obj=obj(i,1);
            beta_individual=population(i,:);
```

```
            end
            %更新灰狼δ个体
            if obj(i,1)>alpha_obj && obj(i,1)>beta_obj && obj(i,1)<delta_obj
                delta_obj=obj(i,1);
                delta_individual=population(i,:);
            end
        end
    %% 更新当前种群中灰狼个体的位置
    for i=1:NIND
        r=rand;
        individual=population(i,:);          %第i个灰狼个体
        %概率更新灰狼个体位置
        if r<=1/3
            new_individual=cross(individual,alpha_individual,n);
        elseif r<=2/3
            new_individual=cross(individual,beta_individual,n);
        else
            new_individual=cross(individual,delta_individual,n);
        end
        population(i,:)=new_individual;      %更新第i个灰狼个体
    end
    %% 局部搜索操作
    [alpha_individual,alpha_obj]=LocalSearch(alpha_individual,n,m,k,start,dist);
    [beta_individual,beta_obj]=LocalSearch(beta_individual,n,m,k,start,dist);
    [delta_individual,delta_obj]=LocalSearch(delta_individual,n,m,k,start,dist);
    %% 记录全局最优灰狼个体
    best_alpha(gen,:)=alpha_individual;      %记录全局最优灰狼个体
    best_obj(gen,1)=alpha_obj;               %记录全局最优灰狼个体的目标函数值
    %% 输出当前代数全局最优解
    disp(['第',num2str(gen),'代最优解的目标函数值:',num2str(alpha_obj)])
    %% 更新计数器
    gen=gen+1;                               %计数器加1
end
%% 输出每次迭代的全局最优灰狼个体的目标函数值变化趋势
figure;
plot(best_obj,'LineWidth',1);
title('优化过程')
xlabel('迭代次数');
ylabel('行走总距离');
%% 将全局最优灰狼个体解码为旅行商行走路线方案
bestRP=decode(alpha_individual,n,m,start);   %将全局最优灰狼个体解码为旅行商行走方案
[bestTD,bestETD,bestMETD]=travel_distance(bestRP,dist);   %全局最优灰狼个体的目标函数值
%% 绘制最终行走路线图
draw_Best(bestRP,vertexs,start);
toc
```

4.5 实例验证

4.5.1 输入数据

输入数据为 51 个城市的 x 坐标和 y 坐标,旅行商数目为 2,所有旅行商初始都在城市 1,即城市 1 既是所有旅行商行走的起点,又是所有旅行商行走的终点。51 个城市的 x 坐标和 y 坐标如表 4.2 所示。

表 4.2　51 个城市的 x 坐标和 y 坐标

序号	x 坐标/m	y 坐标/m	序号	x 坐标/m	y 坐标/m
1	37	52	27	30	48
2	49	49	28	43	67
3	52	64	29	58	48
4	20	26	30	58	27
5	40	30	31	37	69
6	21	47	32	38	46
7	17	63	33	46	10
8	31	62	34	61	33
9	52	33	35	62	63
10	51	21	36	63	69
11	42	41	37	32	22
12	31	32	38	45	35
13	5	25	39	59	15
14	12	42	40	5	6
15	36	16	41	10	17
16	52	41	42	21	10
17	27	23	43	5	64
18	17	33	44	30	15
19	13	13	45	39	10
20	57	58	46	32	39
21	62	42	47	25	32
22	42	57	48	25	55

续表

序号	x坐标/m	y坐标/m	序号	x坐标/m	y坐标/m
23	16	57	49	48	28
24	8	52	50	56	37
25	7	38	51	30	40
26	27	68			

4.5.2　灰狼优化算法参数设置

在运行GWO之前,需要对GWO的参数进行设置,GWO参数设置结果如表4.3所示。

表4.3　GWO参数设置结果

参数名称	参数取值
灰狼种群数目	50
最大迭代次数	200
移除相邻路径的数目	2

4.5.3　实验结果展示

GWO求解MTSP优化过程如图4.7所示,GWO求得MTSP最优路线如图4.8和表4.4所示。

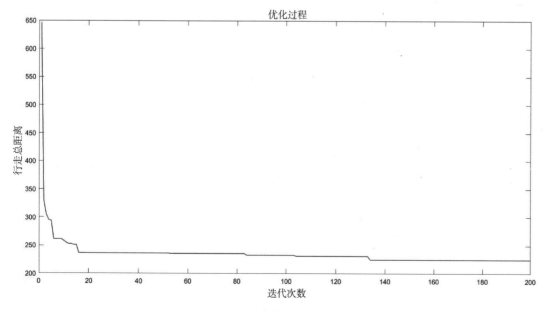

图4.7　GWO求解MTSP优化过程

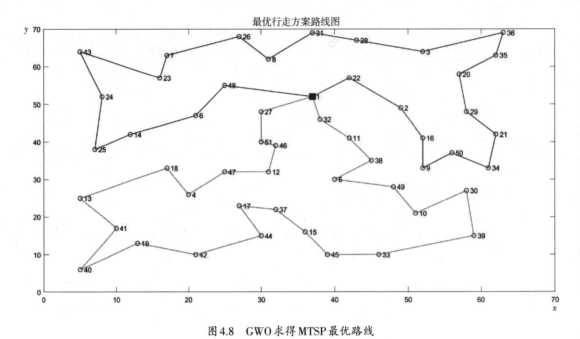

图4.8　GWO求得MTSP最优路线

表4.4　GWO求得MTSP最优路线

各旅行商的行走路线
旅行商1：1,22,2,16,9,50,34,21,29,20,35,36,3,28,31,8,26,7,23,43,24,25,14,6,48,1
旅行商2：1,27,51,46,12,47,4,18,13,41,40,19,42,44,17,37,15,45,33,39,30,10,49,5,38,11,32,1

在求出的行走方案中，旅行商1的行走距离为224.82m，旅行商2的行走距离为224.08m，总行走距离为448.9m。

第 5 章

蚁群算法求解容量受限的
车辆路径问题

车辆路径问题（Vehicle Routing Problem，VRP）是经典的组合优化问题，而容量受限的车辆路径问题（Capacitated Vehide Routing Prob-lem，CVRP）是 VRP 的一种常见衍生问题。假设现有一个配送中心和若干个有需求的顾客分布在地图上的各个位置，每个城市的需求量已知，配送中心与顾客之间及任意两个顾客之间的距离都已知，则 CVRP 可以简单描述为：在满足一个顾客只能由一辆车配送货物的前提下，配送中心派遣若干辆车为顾客配送货物，每辆车都从配送中心出发，对若干个顾客配送货物结束后再返回配送中心，规划出所有车辆行驶距离之和最小的配送方案，即为配送货物的每辆车都规划出一条路线，使得这些车的行驶总距离最小。

蚁群算法（Ant Colony Optimization，ACO）通过蚂蚁在寻找"食物"的过程中留下的"信息素"以确定下一个即将访问的"点"，循环往复，直至得到问题的最终解。ACO 已经被广泛应用于求解组合优化问题。因此，本章使用 ACO 求解 CVRP。

本章主要涉及的知识点如下

♦ CVRP 概述

♦ 算法简介

♦ 使用 ACO 求解 CVRP 的算法求解策略

♦ MATLAB 程序实现

♦ 实例验证

5.1 问题描述

CVRP可定义在有向图 $G = (V, A)$，其中 $V = \{0, 1, 2, \cdots, n, n+1\}$ 表示所有节点的集合，0和 $n+1$ 表示配送中心，$1, 2, \cdots, n$ 表示顾客，A 表示弧的集合。规定在有向图 G 上，一条合理的配送路线必须始于节点0，终于节点 $n+1$。CVRP模型中涉及的参数如表5.1所示，决策变量如表5.2所示。此外，$\Delta^+(i)$ 表示从节点 i 出发的弧的集合，$\Delta_-(j)$ 表示回到节点 j 的弧的集合，$N = V \setminus \{0, n+1\}$ 表示顾客集合，K 表示配送车辆集合。

表5.1 参数

变量符号	参数含义
c_{ij}	表示节点 i 和节点 j 之间的距离
d_i	顾客 i 的需求量
C	货车最大装载量
M	足够大的正数

表5.2 决策变量

变量符号	变量含义
x_{ijk}	货车 k 是否从节点 i 出发前往节点 j，如果是，则 $x_{ijk} = 1$，否则 $x_{ijk} = 0$

综上所述，则CVRP模型如下：

$$\min \sum_{k \in K} \sum_{(i,j) \in A} c_{ij} x_{ijk} \tag{5.1}$$

$$\sum_{k \in K} \sum_{j \in \Delta^+(i)} x_{ijk} = 1 \quad \forall i \in N \tag{5.2}$$

$$\sum_{j \in \Delta^+(0)} x_{0jk} = 1 \quad \forall k \in K \tag{5.3}$$

$$\sum_{i \in \Delta_-(j)} x_{ijk} - \sum_{i \in \Delta^+(j)} x_{jik} = 0 \quad \forall k \in K, \forall j \in N \tag{5.4}$$

$$\sum_{i \in \Delta^-(n+1)} x_{i,n+1,k} = 1 \quad \forall k \in K \tag{5.5}$$

$$\sum_{i \in N} d_i \sum_{j \in \Delta^+(i)} x_{ijk} \leqslant C \quad \forall k \in K \tag{5.6}$$

$$\sum_{i \in S} \sum_{j \notin S} x_{ijk} \leqslant |S| - 1 \quad \forall S \subseteq N, |S| \geqslant 2, \forall k \in K \tag{5.7}$$

$$x_{ijk} \in \{0, 1\} \quad \forall k \in K, \forall (i,j) \in A \tag{5.8}$$

目标函数(5.1)表示最小化车辆行驶总距离；约束(5.2)限制每个顾客只能被分配到一条路径；约束(5.3)~(5.5)表示配送货车 k 在路径上的流量限制；约束(5.6)表示配送货车 k 初始在配送中心的装载量必须不大于配送货车的最大装载量；约束(5.7)淘汰不经过配送中心的子回路，其中集合 S 为集合 N 的子集。

接下来以一个实例来讲解上述CVRP模型。现有两辆货车在配送中心等待为10个顾客配送货物,这两辆货车的最大装载量均为120kg。假设配送中心和10个顾客的横纵坐标及需求量如表5.3所示(序号0表示配送中心的数据)。那么如何为这两辆货车制定配送路线,使得这两条配送路线的总距离最小? 在制定配送路线时,这两条配送路线必须满足以下两个条件:①一个顾客只能由一辆车配送货物;②所有顾客必须都能接收到货物。此外,这两辆车都从配送中心出发,再分别为所在路线上的顾客配送货物,最后返回配送中心。

表5.3 配送中心和10个顾客的横纵坐标及需求量

序号	横坐标/km	纵坐标/km	需求量/kg
0	40	50	0
1	25	85	20
2	15	75	20
3	10	35	20
4	5	35	10
5	0	40	20
6	44	5	20
7	35	5	20
8	95	30	30
9	85	35	30
10	65	85	40

根据上述数据,先计算出每两点之间的距离,即11行11列的距离矩阵(用dist表示),如表5.4所示。

表5.4 任意两点之间的距离

距离 \ 序号	0	1	2	3	4	5	6	7	8	9	10
0	0	38	35	34	38	41	45	45	59	47	43
1	38	0	14	52	54	51	82	81	89	78	40
2	35	14	0	40	41	38	76	73	92	81	51
3	34	52	40	0	5	11	45	39	85	75	74
4	38	54	41	5	0	7	49	42	90	80	78
5	41	51	38	11	7	0	56	49	96	85	79
6	45	82	76	45	49	56	0	9	57	51	83
7	45	81	73	39	42	49	9	0	65	58	85
8	59	89	92	85	90	96	57	65	0	11	63
9	47	78	81	75	80	85	51	58	11	0	54
10	43	40	51	74	78	79	83	85	63	54	0

在距离矩阵的基础上,初步制定出两条配送路线,如表5.5所示。

表5.5　初始配送方案

序号	配送路线	初始在配送中心装载量/kg	总距离/km
1	$0 \to 1 \to 2 \to 3 \to 4 \to 5 \to 6 \to 0$	110	205
2	$0 \to 7 \to 8 \to 9 \to 10 \to 0$	120	218

　　由表5.5可知,这两条配送路线总距离为423km。此外,这两辆货车初始在配送中心的装载量都没有超过最大装载量,因此这两条配送路线都是合理配送路线。为了能进一步直观表现这两条配送路线,现将上述两条配送路线在坐标轴中绘制出来,如图5.1所示。

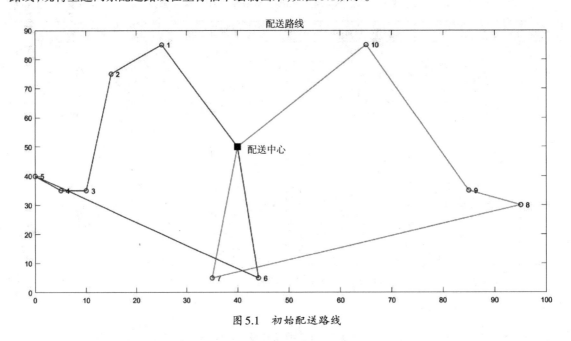

图5.1　初始配送路线

　　从图5.1可以看出,这两条配送路线还有可以改进的空间。为了能进一步感受不同配送路线之间的差异,现制定出一种更优的配送方案,如表5.6所示。

表5.6　更优的配送方案

序号	配送路线	初始在配送中心装载量/kg	总距离/km
1	$0 \to 10 \to 1 \to 2 \to 5 \to 4 \to 0$	110	180
2	$0 \to 3 \to 7 \to 6 \to 8 \to 9 \to 0$	120	197

　　由表5.6可知,这两条配送路线总距离为377km。此外,这两辆货车初始在配送中心的装载量都没有超过最大装载量,因此这两条配送路线也都是合理配送路线。现将上述两条更优的配送路线在坐标轴中绘制出来,如图5.2所示。

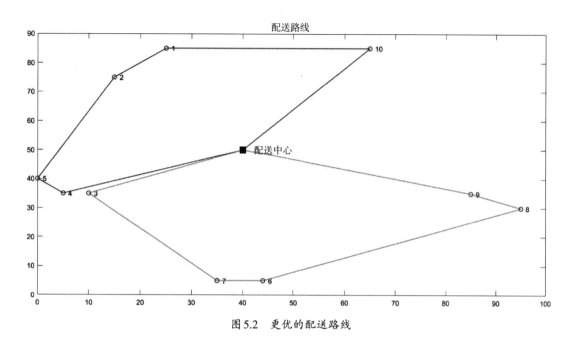

图 5.2　更优的配送路线

　　将图 5.1 的两条配送路线和图 5.2 的两条配送路线进行对比,可明显地发现图 5.2 的两条配送路线少走了一些"弯路"。因此,对 CVRP 的优化实际上是不断调整各个顾客究竟由哪辆车配送货物,以及调整每条配送路线上为顾客配送货物的顺序。

5.2　算法简介

　　因为 ACO 是受到实际生活中蚂蚁觅食行为的启发而总结出的一种智能优化算法,所以在介绍蚁群算法之前,有必要先介绍蚂蚁觅食的策略。

　　在实际生活中蚂蚁觅食的策略为:在蚂蚁群居的洞穴处,"蚂蚁老大"先派出一些蚂蚁"漫无目的"地寻找食物,一旦某个蚂蚁发现食物后便立即返回洞穴向"蚂蚁老大"报告情况,"蚂蚁老大"会派出其他蚂蚁沿着这只蚂蚁走过的路去寻找食物。

　　但是如何才能找到这只蚂蚁走过的路? 其实,蚂蚁自身有一个特点:蚂蚁在所经之处会释放出"信息素"(一种化学物质),以便其他蚂蚁能够感知。因此,其他蚂蚁通过感知到这只蚂蚁释放的"信息素",然后逐步地沿着这只蚂蚁先前走过的路,最终找到食物。但是"信息素"并不会一直存在,会随着时间的推移而挥发。

　　随着越来越多的蚂蚁沿着这只蚂蚁走过的路找到食物,这条路径上的"信息素"越来越多,后续的蚂蚁也不再"漫无目的"地寻找食物,而是通过感知到味道越来越浓的"信息素"直接沿着"前辈们"走过的路去寻找食物。

假设就在此时，另外一只蚂蚁找到了离洞穴更近的食物，并返回洞穴向"蚂蚁老大"报告情况。此时，"蚂蚁老大"又派出蚂蚁去寻找食物，并对蚂蚁说：不管食物离得远近，只要找回食物就行。因此，后续的蚂蚁就面临抉择，虽然有的蚂蚁依然选择远距离的食物，但是越来越多的蚂蚁会选择近距离的食物。随着越来越少的蚂蚁选择远距离的食物，那条路径上的"信息素"越来越少，后续的蚂蚁逐渐难以感知到前辈们的"信息素"，最终不得不放弃远距离的食物。相比远距离的路径，越来越多的蚂蚁选择这条近距离的路径，因而这条路径上的"信息素"越来越多，后续的蚂蚁也会毫不犹豫地选择这条"捷径"去寻找食物。

上述蚂蚁觅食策略的核心要素为"信息素"。因此，ACO在执行过程中先制造出若干只"人工蚂蚁"，然后通过"人工蚂蚁"在搜索过程中产生和挥发"信息素"，最终通过不断地迭代得到问题的最终解。

就CVRP而言，以问题描述中的问题为例，假设现有10只蚂蚁（简称为蚂蚁n, $1 \leqslant n \leqslant 10$）在配送中心，每只蚂蚁都知道配送中心与顾客之间的距离，以及顾客与顾客之间的距离。此外，假设初始每两点之间线段上的"信息素"都为1，即11行11列的"信息素"矩阵上的元素都为1。

现在蚂蚁1先从配送中心出发前往顾客，但是蚂蚁1从配送中心出来后如何选择下一个访问的顾客？

STEP1：计算出从配送中心0转移到下一个顾客的概率，蚂蚁k从i点转移到j点的概率计算公式如下：

$$P_{ij}^k = \frac{\left[\tau_{ij}\right]^\alpha \left[\eta_{ij}\right]^\beta}{\sum_{l \in N_i^k} \left[\tau_{ij}\right]^\alpha \left[\eta_{ij}\right]^\beta} \tag{5.9}$$

式（5.9）中，P_{ij}^k为蚂蚁k从i点转移到j点的概率；τ_{ij}为i点到j点这条线段上的信息素浓度；$\eta_{ij} = 1/\mathrm{dist}_{ij}$为$i$点到$j$点这条线段距离的倒数；$N_i^k$为蚂蚁$k$从$i$点出发允许访问的顾客集合；$\alpha$为$\tau_{ij}$的重要程度；$\beta$为$\eta_{ij}$的重要程度。

STEP2：根据上述公式计算得到从配送中心0转移到下一个顾客的概率，使用轮盘赌法选择出下一个访问的顾客。

假设$\alpha = 1, \beta = 3$，当蚂蚁1从配送中心出发以后，先计算从配送中心0转移到各个顾客的概率，在计算P_{ij}^k之前需要先计算出η_{ij}，计算结果如表5.7所示，其中Inf表示无穷大。

表5.7　任意两点之间距离的倒数η_{ij}

序号η_{ij}	0	1	2	3	4	5	6	7	8	9	10
0	Inf	0.026	0.029	0.029	0.026	0.024	0.022	0.022	0.017	0.021	0.023
1	0.026	Inf	0.071	0.019	0.019	0.020	0.012	0.012	0.011	0.013	0.025
2	0.029	0.071	Inf	0.025	0.024	0.026	0.013	0.014	0.011	0.012	0.020
3	0.029	0.019	0.025	Inf	0.200	0.091	0.022	0.026	0.012	0.013	0.014
4	0.026	0.019	0.024	0.200	Inf	0.14	0.020	0.024	0.011	0.013	0.013
5	0.024	0.020	0.026	0.091	0.14	Inf	0.018	0.020	0.010	0.012	0.013

续表

序号 η_{ij}	0	1	2	3	4	5	6	7	8	9	10
6	0.022	0.012	0.013	0.022	0.020	0.018	Inf	0.11	0.018	0.020	0.012
7	0.022	0.012	0.014	0.026	0.024	0.020	0.11	Inf	0.015	0.017	0.012
8	0.017	0.011	0.011	0.012	0.011	0.010	0.018	0.015	Inf	0.091	0.016
9	0.021	0.013	0.012	0.013	0.013	0.012	0.020	0.017	0.091	Inf	0.019
10	0.023	0.025	0.020	0.014	0.013	0.013	0.012	0.012	0.016	0.019	Inf

因为此时 10 个顾客都可以被访问,所以 $N_0^1 = \{1, 2, 3, 4, 5, 6, 7, 8, 9, 10\}$。然后根据上述概率计算公式计算出转移到这 10 个顾客的概率,结果如表 5.8 所示。

表5.8　蚂蚁 1 从配送中心 0 出发选择下一个顾客的概率 P_{0j}^1

P_{01}^1	P_{02}^1	P_{03}^1	P_{04}^1	P_{05}^1	P_{06}^1	P_{07}^1	P_{08}^1	P_{09}^1	P_{010}^1
0.12	0.17	0.18	0.12	0.10	0.07	0.06	0.04	0.06	0.08

为了能体现出轮盘赌法选择的思想,现将上述 10 个概率值在饼状图中进行展示,如图5.3所示。

然后使用轮盘赌法选择出从配送中心 0 出发即将访问的顾客,假设使用轮盘赌法选择的结果为顾客 5,那么此时蚂蚁 1 的路线为 0 → 5。

接下来需要继续计算允许从顾客 5 转移到顾客的集合 N_5^1,即此时这个集合中既不能包含之前已经被访问的顾客,又必须是不能违反装载量约束的顾客。

如果此时 N_5^1 为空集,那么蚂蚁 1 需要返回配送中心,重新开辟一条路线。

如果此时 N_5^1 不为空集,那么使用上述概率计算公式计算出转移到 N_5^1 中顾客的概率。然后使用轮盘赌法选择出下一个访问的顾客,循环往复,直到 N_i^k 为空集时,蚂蚁 1 需要返回配送中心,重新开辟一条路线。

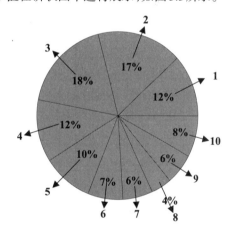

图5.3　各个顾客被选择的概率

反复重复上述步骤,直至所有顾客都被访问,蚂蚁 1 才算为自己规划完所有的路线。

和蚂蚁 1 规划路线的方法相同,剩余 9 只蚂蚁也采用这种方法为自己规划所有路线。但因为在选择下一个访问顾客时是通过轮盘赌法选择的,所以这 10 只蚂蚁规划出的路线可能会存在较大差异。

在 10 只蚂蚁路线规划完毕后,需要更新每条线段的"信息素"浓度,目的是为这 10 只蚂蚁再次规划路线时提供参考依据。随着这 10 只蚂蚁不断规划路线,其中若干条线段上的"信息素"浓度会越来越大。因此,这 10 只蚂蚁最终所规划出的路线的差异会越来越小。此时,会得到一个最终的行走方案,这个行走方案一定是这 10 只蚂蚁中行走总距离最小的方案。

综上所述,ACO 求解 CVRP 的流程如图5.4所示。

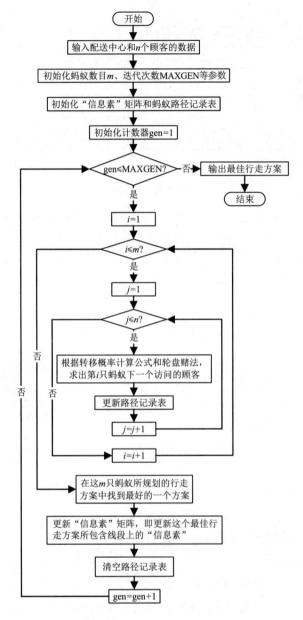

图 5.4　ACO 求解 CVRP 流程

5.3　求解策略

ACO求解CVRP有以下4个难点：

（1）蚂蚁k从i点出发如何确定接下来访问的j点？

（2）如何在路径记录表中构造蚂蚁k的完整路径？

（3）如何将路径记录表中蚂蚁k的完整路径转换为配送方案？

（4）如何更新"信息素"浓度矩阵？

针对上述4个难点，本节将设计ACO求解CVRP的求解策略。

5.3.1　确定下一个访问点

当蚂蚁k在i点时，只有确定接下来的访问点j以后，才能使蚂蚁k继续规划路线。蚂蚁k从i点出发如何确定接下来的访问点j，需要考虑以下两个因素：

（1）"信息素"浓度。ACO的精髓就是"信息素"，后续的蚂蚁在觅食时因为"前辈们"留下的"信息素"而不再"漫无目的"地寻找食物。

（2）能见度。能见度指的是距离的倒数，能见度越大说明两点之间距离越小。

式（5.9）将"信息素"浓度和能见度这两个因素包含在内，以计算出蚂蚁k从i点转移到j点的概率。在式（5.9）中，N_i^k表示蚂蚁k从i点出发允许访问的顾客集合。允许访问的顾客有以下两个限制条件：①不包括之前已经访问的顾客；②不包括违反装载量约束的顾客，即如果在原来路线基础上再额外为该顾客配送货物，会超过车辆的最大装载量。

假设现在有3个顾客，编号为123，每个顾客的需求量分别为10kg、20kg和30kg，车辆最大装载量为30kg。此外，配送中心0和3个顾客的坐标如表5.9所示。

表5.9　配送中心0和3个顾客的坐标

序号	x坐标	y坐标
0	0	0
1	0	3
2	4	0
3	4	3

此时一只蚂蚁（编号为蚂蚁1，即$k=1$）从配送中心0出发，那么允许访问的顾客集合N_0^1的计算步骤如下。

STEP1：将顾客1预先添加到蚂蚁1的行走路线上，此时蚂蚁1的行走路线为$0 \rightarrow 1 \rightarrow 0$；然后检验这条路线是否满足车辆的装载量约束，蚂蚁1从配送中心0出发时的装载量为10kg，此时满足装载量约束，因此将顾客1添加到N_0^1中，即$N_0^1 = \{1\}$；最后将顾客1从蚂蚁1的行走路线上移除，目的是不影响后续添加顾客时装载量约束的判断。

STEP2：将顾客2预先添加到蚂蚁1的行走路线上，此时蚂蚁1的行走路线为$0 \rightarrow 2 \rightarrow 0$；然后检验这条路线是否满足车辆的装载量约束，蚂蚁1从配送中心0出发时的装载量为20kg，此时满足装载量约束,因此将顾客2添加到N_0^1中,即$N_0^1 = \{1, 2\}$;最后将顾客2从蚂蚁1的行走路线上移除。

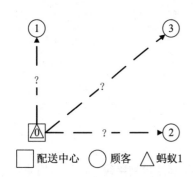

图5.5　蚂蚁1从配送中心0出发转移到下一个顾客

STEP3:将顾客3预先添加到蚂蚁1的行走路线上,此时蚂蚁1的行走路线为$0 \rightarrow 3 \rightarrow 0$;然后检验这条路线是否满足车辆的装载量约束,蚂蚁1从配送中心0出发时的装载量为30kg,此时满足装载量约束,因此将顾客3添加到N_0^1中,即$N_0^1 = \{1, 2, 3\}$;最后将顾客3从蚂蚁1的行走路线上移除。

因此,蚂蚁1从配送中心0出发允许访问的顾客集合为$N_0^1 = \{1, 2, 3\}$。

在计算出N_0^1之后,接下来需要计算蚂蚁1从配送中心0转移到顾客123的概率。蚂蚁1从配送中心0出发转移到下一个顾客如图5.5所示。

因为初始"信息素"矩阵上的元素都为1,所以$\tau_{01} = \tau_{02} = \tau_{03} = 1$。由各个点的坐标可以求出两点之间的能见度:$\eta_{01} = 1/\mathrm{dist}_{01} = 1/3$,$\eta_{02} = 1/\mathrm{dist}_{02} = 1/4$,$\eta_{03} = 1/\mathrm{dist}_{03} = 1/5$。假设$\alpha = 1,\beta = 3$,则$P_{01}^1$、$P_{02}^1$、$P_{03}^1$的计算公式分别如下:

$$P_{01}^1 = \frac{\left[\tau_{01}\right]^\alpha \left[\eta_{01}\right]^\beta}{\sum_{l \in N_i^k} \left[\tau_{0l}\right]^\alpha \left[\eta_{0l}\right]^\beta} = \frac{\left[\tau_{01}\right]^1 \left[\eta_{01}\right]^3}{\left(\left[\tau_{01}\right]^1 \left[\eta_{01}\right]^3 + \left[\tau_{02}\right]^1 \left[\eta_{02}\right]^3 + \left[\tau_{03}\right]^1 \left[\eta_{03}\right]^3\right)}$$

$$= \frac{1^1 \left(1/3\right)^3}{\left(1^1 \left(1/3\right)^3 + 1^1 \left(1/4\right)^3 + 1^1 \left(1/5\right)^3\right)} = 0.61$$

$$P_{02}^1 = \frac{\left[\tau_{02}\right]^\alpha \left[\eta_{02}\right]^\beta}{\sum_{l \in N_i^k} \left[\tau_{0l}\right]^\alpha \left[\eta_{0l}\right]^\beta} = \frac{\left[\tau_{02}\right]^1 \left[\eta_{02}\right]^3}{\left(\left[\tau_{01}\right]^1 \left[\eta_{01}\right]^3 + \left[\tau_{02}\right]^1 \left[\eta_{02}\right]^3 + \left[\tau_{03}\right]^1 \left[\eta_{03}\right]^3\right)}$$

$$= \frac{1^1 \left(1/4\right)^3}{\left(1^1 \left(1/3\right)^3 + 1^1 \left(1/4\right)^3 + 1^1 \left(1/5\right)^3\right)} = 0.26$$

$$P_{03}^1 = \frac{\left[\tau_{03}\right]^\alpha \left[\eta_{03}\right]^\beta}{\sum_{l \in N_i^k} \left[\tau_{0l}\right]^\alpha \left[\eta_{0l}\right]^\beta} = \frac{\left[\tau_{03}\right]^1 \left[\eta_{03}\right]^3}{\left(\left[\tau_{01}\right]^1 \left[\eta_{01}\right]^3 + \left[\tau_{02}\right]^1 \left[\eta_{02}\right]^3 + \left[\tau_{03}\right]^1 \left[\eta_{03}\right]^3\right)}$$

$$= \frac{1^1 \left(1/5\right)^3}{\left(1^1 \left(1/3\right)^3 + 1^1 \left(1/4\right)^3 + 1^1 \left(1/5\right)^3\right)} = 0.13$$

假设使用轮盘赌法选择的结果为顾客2,则此时蚂蚁1的行走路线为$0 \rightarrow 2 \rightarrow 0$,蚂蚁1从顾客2出发转移到下一个顾客如图5.6所示。

此外,蚂蚁1从顾客2出发允许访问的顾客集合N_2^1的计算步骤如下。

STEP1:将顾客1预先添加到蚂蚁1的行走路线上,即添加到顾客2的后面,此时蚂蚁1的行走路线为$0 \to 2 \to 1 \to 0$;然后检验这条路线是否满足车辆的装载量约束,蚂蚁1从配送中心0出发时的装载量为30kg,此时满足装载量约束,因此将顾客1添加到N_2^1中,即$N_2^1 = \{1\}$;最后将顾客1从蚂蚁1的行走路线上移除。

STEP2:将顾客3预先添加到蚂蚁1的行走路线上,即添加到顾客2的后面,此时蚂蚁1的行走路线为$0 \to 2 \to 3 \to 0$;然后检验这条路线是否满足车辆的装载量约束,蚂蚁1从配送中心0出发时的装载量为50kg,此时不满足装载量约束,因此不能将顾客3添加到N_2^1中,此时$N_2^1 = \{1\}$;最后将顾客3从蚂蚁1的行走路线上移除。

因此,蚂蚁1从顾客2出发允许访问的顾客集合为$N_2^1 = \{1\}$,此时蚂蚁1只能前往顾客1,则蚂蚁1从顾客1出发转移到下一个顾客如图5.7所示。

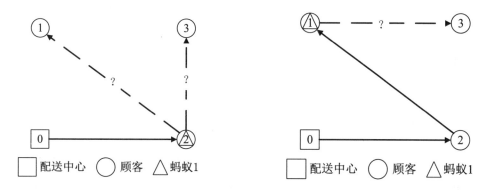

图5.6　蚂蚁1从顾客2出发转移到下一个顾客　　图5.7　蚂蚁1从顾客1出发转移到下一个顾客

此时蚂蚁1的行走路线为$0 \to 2 \to 1 \to 0$,那么蚂蚁1从顾客1出发允许访问的顾客集合N_1^1的计算步骤如下。

STEP1:将顾客3预先添加到蚂蚁1的行走路线上,即添加到顾客1的后面,此时蚂蚁1的行走路线为$0 \to 2 \to 1 \to 3 \to 0$;然后检验这条路线是否满足车辆的装载量约束,蚂蚁1从配送中心0出发时的装载量为60kg,此时满足装载量约束;因此不能将顾客1添加到N_1^1中,即$N_1^1 = \{\}$;最后将顾客3从蚂蚁1的行走路线上移除。

因此,蚂蚁1从顾客2出发允许访问的顾客集合为$N_1^1 = \{\}$。此时,蚂蚁除了返回配送中心0已经无路可走,蚂蚁1返回配送中心0后的行走路线如图5.8所示。

因此,当N_i^k为空集时,蚂蚁1必须返回配送中心0,然后继续按照上述方式确定下一个访问点。

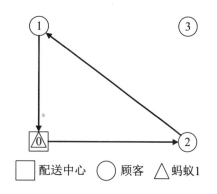

图5.8　蚂蚁1返回配送中心0后的行走路线

5.3.2　构建蚂蚁行走路线

继续以上述例子为例,蚂蚁1在返回配送中心0后,此时还有顾客3未被访问,因此蚂蚁1的任务并未完成。此时,蚂蚁1从配送中心0出发依然需要确定下一个访问点,则当前蚂蚁1再次从配送中心0出发确定下一个访问点如图5.9所示。

蚂蚁1从配送中心0出发允许访问的顾客集合N_0^1的计算步骤如下。

STEP1:将顾客3预先添加到蚂蚁1的行走路线上,此时蚂蚁1的行走路线为$0 \to 3 \to 0$;然后检验这条路线是否满足车辆的装载量约束,蚂蚁1从配送中心0出发时的装载量为30kg,此时满足装载量约束,因此将顾客3添加到N_0^1中,即$N_0^1 = \{3\}$;最后将顾客3从蚂蚁1的行走路线上移除。

因此,蚂蚁1再次从配送中心0出发允许访问的顾客集合为$N_0^1 = \{3\}$。因为此时所有顾客都已经被访问完毕,所以蚂蚁1直接返回配送中心0,此时蚂蚁1构建的行走路线如图5.10所示。

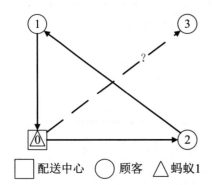

图 5.9　蚂蚁1再次从配送中心0出发
确定下一个访问点

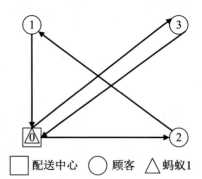

图 5.10　蚂蚁1再次返回配送中心0
后的行走路线

至此,蚂蚁1已经完成构建行走路线的任务,蚂蚁1一共构建两条行走路线,分别如下。

路线1:$0 \to 2 \to 1 \to 0$

路线2:$0 \to 3 \to 0$

因为每条行走路线都必须包含配送中心0,所以在将这两条路线记录到路径记录表时,没有必要将0记录到路径记录表中,即路径记录表的第一行为2,1,3。

路径记录表中的每一行都对应一只蚂蚁所构建的完整路径,完整路径的含义为:一只蚂蚁所构建的若干条行走路线必须将所有顾客都包含在内。

假设顾客数目为n,蚂蚁数目为m,m行n列的路径记录表为Table,其中Table中的每个元素都为0,则蚂蚁k构建完整路径的步骤如下。

STEP1:初始化计数器$i = 1$。

STEP2:如果$i \leqslant n$,则转至STEP3,否则转至STEP5。

STEP3:使用5.3.1节的方法确定$Table(k, i)$顾客点(0表示配送中心)的下一个访问点j,并更新$Table(k, i) = j$。

STEP4：$i = i + 1$，转至STEP2。

STEP5：蚁蚁 k 的完整路径构建完毕。

5.3.3 将完整路径转换为配送方案

继续讲解上述例子，蚁蚁1构建的完整路径为213，那么213表示的配送方案尚不明晰。因此，需要将213转换为明确的配送方案，具体的转换步骤如下。

STEP1：先把顾客2预先添加到第1条路径中，此时第1条路径只有顾客2，检查这条路径是否满足装载量约束。检查完发现满足约束，于是把顾客2添加到第1条路径中，更新路径1，即为[2]。

STEP2：再将顾客1预先添加到第1条路径中，此时第1条路径为[2,1]，检查是否满足约束。检查完发现满足约束，于是更新路径1，即为[2,1]。

STEP3：再将顾客3预先添加到第1条路径中，此时第1条路径为[2,1,3]，检查是否满足约束。检查完发现不满足约束，则路径1转换完毕。

同理，继续依次将剩余的3进行转换。

最终转换出的配送方案如下（0代表配送中心）。

第1条路径：0 → 2 → 1 → 0

第2条路径：0 → 3 → 0

5.3.4 更新信息素浓度矩阵

一只蚁蚁在构建完一条完整的路径后，如何更新"信息素"浓度矩阵 τ 呢？

更新"信息素"浓度的公式如下：

$$\tau_{ij}^{\text{new}} = \rho \tau_{ij}^{\text{old}} + \Delta \tau_{ij} \tag{5.10}$$

$$\Delta \tau_{ij} = Q / TD \tag{5.11}$$

式中，τ_{ij}^{new} 为更新后的 i 点与 j 点之间的"信息素"浓度；τ_{ij}^{old} 为更新前的 i 点与 j 点之间的"信息素"浓度；ρ 为"信息素"浓度挥发因子；τ 为0~1的一个数字；$\Delta \tau_{ij}$ 为这只蚁蚁在 i 点与 j 点之间释放的"信息素"浓度；Q 为常数，表示蚁蚁构建一次完整路径所释放的"信息素"总量；TD 为这只蚁蚁构建的完整路径所对应的配送方案的车辆行驶总距离。

τ_{ij}^{new} 只是计算出更新后的 i 点与 j 点之间的"信息素"浓度，因此需要将这只蚁蚁构建的完整路径全部遍历结束后才能将"信息素"浓度矩阵 τ 进行更新。

上面所讲的是对一只蚁蚁的"信息素"浓度矩阵进行更新，那么如果一个蚁群中有10只蚁蚁，在这10只蚁蚁都构建出完整路径后，该如何更新"信息素"浓度矩阵呢？

本章采用的是只更新"最优蚁蚁"所构建完整路径的"信息素"，"最优蚁蚁"就是这只蚁蚁构建出的完整路径转换出来的配送方案的行驶总距离最小。

依然以5.3.1节中的例子为例，那么 τ 就是4行4列（多1行/列是因为还需要把配送中心加进去）。假设 $\rho = 0.85$，$Q = 5$，"最优蚁蚁"所构建完整路径为213，初始 τ 中的元素都为1，则需要按照以下步骤更新"信息素"矩阵 τ。

STEP1:计算出完整路线213对应的配送方案的行驶总距离TD,第一条路线为 $0 \to 2 \to 1 \to 0$,经计算这条路线总距离为12;第二条路线为 $0 \to 3 \to 0$,经计算这条路线总距离为10。因此,行驶总距离TD = 12 + 10 = 22。

STEP2: $\Delta\tau_{02} = \Delta\tau_{21} = \Delta\tau_{13} = \Delta\tau_{30} = Q/\text{TD} = 5/22 = 0.23$。

STEP3: $\tau_{02}^{\text{new}} = \rho\tau_{02}^{\text{old}} + \Delta\tau_{02} = 0.85 \times 1 + 0.23 = 1.08$, $\tau_{21}^{\text{new}} = \rho\tau_{21}^{\text{old}} + \Delta\tau_{21} = 0.85 \times 1 + 0.23 = 1.08$, $\tau_{13}^{\text{new}} = \rho\tau_{13}^{\text{old}} + \Delta\tau_{13} = 0.85 \times 1 + 0.23 = 1.08$, $\tau_{30}^{\text{new}} = \rho\tau_{30}^{\text{old}} + \Delta\tau_{30} = 0.85 \times 1 + 0.23 = 1.08$。

STEP4:"信息素"矩阵 τ 更新完毕,此时 $\tau = \begin{bmatrix} 1 & 1 & 1.08 & 1 \\ 1 & 1 & 1 & 1.08 \\ 1 & 1.08 & 1 & 1 \\ 1.08 & 1 & 1 & 1 \end{bmatrix}$。

 5.4 MATLAB 程序实现

5.4.1 确定下一个访问点集合函数

ACO的核心在于如何确定下一个访问点,在确定该访问点之前,需要先确定该访问点的集合,然后根据转移概率计算公式从这个集合中选择出下一个访问点。

确定下一个访问点集合函数 next_point_set 的代码如下,该函数的输入为蚂蚁序号 k、路径记录表 Table、最大装载量 cap、顾客需求量 demands、距离矩阵 dist,输出为蚂蚁 k 从 i 点出发可以移动到的下一个点 j 的集合 Nik。

```
%% 找到蚂蚁k从i点出发可以移动到的下一个点j的集合,j点必须是满足容量且是未被蚂蚁k服务过的顾客
%输入k:                   蚂蚁序号
%输入Table:              路径记录表
%输入cap:                最大装载量
%输入demands:           顾客需求量
%输入dist:               距离矩阵
%输出Nik:               蚂蚁k从i点出发可以移动到的下一个点j的集合,j点必须是满足容
%量及时间约束且是未被蚂蚁k服务过的顾客
function Nik=next_point_set(k,Table,cap,demands,dist)
route_k=Table(k,:);        %蚂蚁k的路径
cusnum=size(Table,2);      %顾客数目
route_k(route_k==0)=[];    %将0从蚂蚁k的路径记录数组中删除
%% 如果蚂蚁k已经访问了若干个顾客
```

```
if ~isempty(route_k)
    VC=decode(route_k,cap,demands,dist);           %蚂蚁 k 目前为止所构建出的所有路径
    route=VC{end,1};                               %蚂蚁 k 当前正在构建的路径
    lr=length(route);                              %蚂蚁 k 当前正在构建的路径所访问顾客数目
    preroute=zeros(1,lr+1);    %临时变量,储存蚂蚁 k 当前正在构建的路径添加下一个点后的路径
    preroute(1:lr)=route;
    allSet=1:cusnum;        %setxor(a,b)可以得到 a、b 两个矩阵不相同的元素,也称不在交集中的元素
    unVisit=setxor(route_k,allSet);                %找出蚂蚁 k 未服务的顾客集合
uvNum=length(unVisit);                             %找出蚂蚁 k 未服务的顾客数目
%初始化蚂蚁 k 从 i 点出发可以移动到的下一个点 j 的集合,j 点必须是满足容量及时间约束
%且未被蚂蚁 k 服务过的顾客
    Nik=zeros(uvNum,1);
    for i=1:uvNum
        preroute(end)=unVisit(i);    %将 unVisit(i)添加到蚂蚁 k 当前正在构建的路径 route 后
%判断一条路线是否满足装载量约束,1 表示满足,0 表示不满足
        flag=JudgeRoute(preroute,demands,cap);
        %如果满足约束,则将 unVisit(i)添加到蚂蚁 k 从 i 点出发可以移动到的下一个点 j 的集合中
        if flag==1
            Nik(i)=unVisit(i);
        end
    end
    Nik(Nik==0)=[];                                %将 0 从 np_set 中删除
else
    %% 如果蚂蚁 k 没有访问任何顾客
    Nik=1:cusnum;                                  %则所有顾客都可以成为候选点
end
end
```

5.4.2 确定下一个访问点函数

在求出下一个访问点集合后,通过转移概率公式计算转移到访问点集合中各个点的概率,然后使用轮盘赌法选择出一个点作为下一个访问点。

确定下一个访问点函数 next_point 的代码如下,该函数的输入为蚂蚁序号 k、路径记录表 Table、"信息素"矩阵 Tau、启发函数(距离矩阵的倒数)Eta、"信息素"重要程度因子 alpha、启发函数重要程度因子 belta、距离矩阵 dist、最大装载量 cap、顾客需求量 demands,输出为蚂蚁 k 从 i 点出发移动到的下一个点 j。

```
%% 根据转移公式,找到蚂蚁 k 从 i 点出发移动到的下一个点 j,j 点必须是满足容量及时间约束且是未被蚂蚁
%% k 服务过的顾客
%输入 k:               蚂蚁序号
%输入 Table:            路径记录表
%输入 Tau:              "信息素"矩阵
%输入 Eta:              启发函数,即距离矩阵的倒数
%输入 alpha:            "信息素"重要程度因子
%输入 belta:            启发函数重要程度因子
```

```
%输入dist:                    距离矩阵
%输入cap:                     最大装载量
%输入demands:                 顾客需求量
%输出j:                       蚂蚁k从i点出发移动到的下一个点j
function j=next_point(k,Table,Tau,Eta,alpha,beta,dist,cap,demands)
route_k=Table(k,:);                       %蚂蚁k的路径
i=route_k(find(route_k~=0,1,'last'));     %蚂蚁k正在访问的顾客编号
if isempty(i)
    i=0;
end
route_k(route_k==0)=[];                   %将0从蚂蚁k的路径记录数组中删除
cusnum=size(Table,2);                     %顾客数目
allSet=1:cusnum;          %setxor(a,b)可以得到a、b两个矩阵不相同的元素,也称不在交集中的元素
unVisit=setxor(route_k,allSet);           %找出蚂蚁k未服务的顾客集合
uvNum=length(unVisit);                    %找出蚂蚁k未服务的顾客数目
VC=decode(route_k,cap,demands,dist);      %蚂蚁k目前为止所构建出的所有路径
%如果当前路径配送方案为空
if ~isempty(VC)
    route=VC{end,1};                      %蚂蚁k当前正在构建的路径
else
    %如果当前路径配送方案不为空
    route=[];
end
lr=length(route);         %蚂蚁k当前正在构建的路径所访问顾客数目
preroute=zeros(1,lr+1);   %临时变量,储存蚂蚁k当前正在构建的路径添加下一个点后的路径
preroute(1:lr)=route;
%找到蚂蚁k从i点出发可以移动到的下一个点j的集合
%j点必须是满足容量且是未被蚂蚁k服务过的顾客
Nik=next_point_set(k,Table,cap,demands,dist);
%% 如果r>r0,依据概率公式用轮盘赌法选择点j
%如果Nik非空,即蚂蚁k可以在当前路径从顾客i继续访问顾客
if ~isempty(Nik)
    Nik_num=length(Nik);
    p_value=zeros(Nik_num,1);                 %记录状态转移概率
    for h=1:Nik_num
        j=Nik(h);
        p_value(h,1)=((Tau(i+1,j+1))^alpha)*((Eta(i+1,j+1))^beta);
    end
    p_value=p_value./sum(p_value);
    index=roulette(p_value);                  %根据轮盘赌选出序号
    j=Nik(index);                             %确定顾客j
else
    %如果Nik为空,即蚂蚁k必须返回配送中心,从配送中心开始访问新的顾客
    p_value=zeros(uvNum,1);                    %记录状态转移概率
    for h=1:uvNum
        j=unVisit(h);
        p_value(h,1)=((Tau(i+1,j+1))^alpha)*((Eta(i+1,j+1))^beta);
    end
    p_value=p_value./sum(p_value);
```

```
    index=roulette(p_value);                          %根据轮盘赌选出序号
    j=unVisit(index);                                 %确定顾客 j
end
end
```

5.4.3　将完整路径转换为配送方案函数

　　一只蚂蚁在构建一条完整路径后,会将这条完整路径信息储存在路径记录表中,但是路径记录表中并没有将配送中心 0 记录在内,因此需要将一条完整路径转换为对应的配送方案。假设一条完整路径为 213,那么转换后的配送方案可能为以下两条路线。

　　路线 1:$0 \rightarrow 2 \rightarrow 1 \rightarrow 0$

　　路线 2:$0 \rightarrow 3 \rightarrow 0$

　　转换函数 decode 的代码如下,该函数的输入为蚂蚁 k 构建的完整路径 route_k、最大装载量 cap、顾客需求量 demands、距离矩阵 dist,输出为配送方案 VC、车辆使用数目 NV、车辆行驶总距离 TD。

```
%% 将蚂蚁构建的完整路径转换为配送方案
%输入 route_k:               蚂蚁 k 构建的完整路径
%输入 cap:                   最大装载量
%输入 demands:               顾客需求量
%输入 dist:                  距离矩阵,满足三角关系,暂用距离表示花费 c[i][j]=dist[i][j]
%输出 VC:                    配送方案,即每辆车经过的顾客
%输出 NV:                    车辆使用数目
%输出 TD:                    车辆行驶总距离
%
%思路:例如,当前一只蚂蚁构建的完整路径为 53214
%那么首先从头开始遍历,第一条路径为 5,然后依次将 3 添加到这条路径
%则该条路径变为 53,此时要检验 53 这条路径是否满足时间窗约束和装载量约束
%如不满足其中任何一个约束,需要新建路径,则 3 为一个顾客,然后按照这种方法添加
%如果满足上述两个约束,则继续将 2 添加到 53 这条路径,然后继续检验 532 这条路径是否满足时间窗约束和
%装载量约束
%以此类推
function [VC,NV,TD]=decode(route_k,cap,demands,dist)
route_k(route_k==0)=[];                               %将 0 从蚂蚁 k 的路径记录数组中删除
cusnum=size(route_k,2);                               %已服务的顾客数目
VC=cell(cusnum,1);                                    %每辆车经过的顾客
count=1;                                              %车辆计数器,表示当前车辆使用数目
preroute=[];                                          %存放某一条路径
for i=1:cusnum
preroute=[preroute,route_k(i)];                       %将 route_k(i)添加到路径中
%判断一条路线是否满足装载量约束,1 表示满足,0 表示不满足
    flag=JudgeRoute(preroute,demands,cap);
    if flag==1
        %如果满足约束,则更新车辆配送方案 VC
```

```
            VC{count}=preroute;
        else
            %如果满足约束,则清空 preroute,并使 count 加 1
            preroute=route_k(i);
            count=count+1;
            VC{count}=preroute;
        end
    end
    VC=deal_vehicles_customer(VC);                    %将 VC 中空的数组移除
    NV=size(VC,1);                                    %车辆使用数目
    TD=travel_distance(VC,dist);
end
```

在 decode 函数中使用 deal_vehicles_customer 函数删除配送方案中的空路径,该函数的代码如下,输入为配送方案 VC,输出为删除空配送路线后的配送方案 FVC、车辆使用数目 NV。

```
%% 根据 VC 整理出 FVC,将 VC 中空的配送路线删除
%输入 VC:                 配送方案,即每辆车经过的顾客
%输出 FVC:                删除空配送路线后的配送方案
%输出 NV:                 车辆使用数目
function [FVC,NV]=deal_vehicles_customer(VC)
VC(cellfun(@isempty,VC))=[];        %删除 cell 数组中的空元胞
FVC=VC;                             %将 VC 赋值给 FVC
NV=size(FVC,1);                     %新方案中车辆使用数目
end
```

5.4.4　计算一条配送路线的距离函数

配送方案行驶总距离等于各条配送路线距离之和,则一条配送路线距离计算函数 part_length 的代码如下,该函数的输入为一条配送路线 route、距离矩阵 dist,输出为该条路线总距离 p_l。

```
%% 计算一条路线总距离
%输入 route:               一条配送路线
%输入 dist:                距离矩阵
%输出 p_l:                 该条路线总距离
function p_l=part_length(route,dist)
n=length(route);
p_l=0;
if n~=0
    for i=1:n
        if i==1
            p_l=p_l+dist(1,route(i)+1);
        else
            p_l=p_l+dist(route(i-1)+1,route(i)+1);
        end
    end
    p_l=p_l+dist(route(end)+1,1);
```

```
end
end
```

5.4.5　计算一个配送方案的行驶总距离

配送方案行驶总距离作为判断配送方案优劣的依据,在计算出一个配送方案各条配送路线距离之后,自然可以求出该配送方案的行驶总距离。

配送方案的行驶总距离计算函数 travel_distance 的代码如下,该函数的输入为配送方案 VC、距离矩阵 dist,输出为车辆行驶总距离 sumTD、每辆车行驶的距离 everyTD。

```
%% 计算每辆车行驶的距离,以及所有车行驶的总距离
%输入VC:                    配送方案
%输入dist:                  距离矩阵
%输出sumTD:                 车辆行驶总距离
%输出everyTD:               每辆车行驶的距离
function [sumTD,everyTD]=travel_distance(VC,dist)
n=size(VC,1);                        %车辆数
everyTD=zeros(n,1);
for i=1:n
    part_seq=VC{i};                  %每辆车经过的顾客
    %如果车辆不经过顾客,则该车辆行驶的距离为0
    if ~isempty(part_seq)
        everyTD(i)=part_length( part_seq,dist );
    end
end
sumTD=sum(everyTD);                  %所有车行驶的总距离
end
```

5.4.6　判断函数

在将完整路径转换为配送方案的过程中,需要不断使用判断函数判断当前转换出的配送路线是否满足装载量约束。如果当前配送路线满足装载量约束,则判断函数返回1,否则返回0。

判断函数 JudgeRoute 的代码如下,该函数的输入为一条配送路线 route、顾客需求量 demands、车辆最大装载量 cap,输出为标记一条路线是否满足装载量约束 flagR。

```
%% 判断一条路线是否满足装载量约束,1表示满足,0表示不满足
%输入route:      一条配送路线
%输入demands:    顾客需求量
%输入cap:        车辆最大装载量
%输出flagR:      标记一条路线是否满足装载量约束,1表示满足,0表示不满足
function flagR=JudgeRoute(route,demands,cap)
flagR=1;                        %初始满足装载量约束
Ld=leave_load(route,demands);   %计算该条路径上离开配送中心时的载货量
%如果不满足装载量约束,则将flagR赋值为0
```

```
if Ld > cap
    flagR=0;
end
end
```

5.4.7　计算一条配送路线的装载量函数

在使用判断函数判断一条配送路线是否违反装载量约束时,需要先计算出这条路线的装载量,然后才能与最大装载量进行比较,进而做出判断。一条配送路线的装载量实际上指的是货车从配送中心离开时的装载量。

一条配送路线的装载量计算函数leave_load的代码如下,该函数的输入为一条配送路线route、顾客需求量demands,输出为货车离开配送中心时的装载量Ld。

```
%% 计算某一条路径上离开集配中心和顾客时的装载量
%输入route:                 一条配送路线
%输入demands:               顾客需求量
%输出Ld:                    货车离开配送中心时的装载量
function Ld=leave_load(route,demands)
n=numel(route);                        %配送路线经过顾客的总数目
Ld=0;                                  %初始车辆在配送中心时的装货量为0
if n~=0
    for i=1:n
        if route(i)~=0
            Ld=Ld+demands(route(i));
        end
    end
end
end
```

5.4.8　计算一个配送方案的总成本

一个配送方案的总成本实际上是该配送方案的行驶总距离,一个配送方案总成本计算函数costFun的代码如下,该函数的输入为配送方案VC、距离矩阵dist,输出为该配送方案的总成本cost、车辆使用数目NV、车辆行驶总距离TD。

```
%% 计算一个配送方案的总成本=车辆行驶总距离
%输入VC:          配送方案
%输入dist:        距离矩阵
%输出cost:        该配送方案的总成本
%输出NV:          车辆使用数目
%输出TD:          车辆行驶总距离
function [cost,NV,TD]=costFun(VC,dist)
NV=size(VC,1);                  %车辆使用数目
TD=travel_distance(VC,dist);    %行驶总距离
```

```
cost=TD;
end
```

5.4.9 轮盘赌函数

在确定下一个访问点时,首先求出下一个访问点的集合,然后求出该集合中每个点的概率,最后使用轮盘赌法选择出下一个访问点。

轮盘赌函数roulette的代码如下,该函数的输入为下一个访问点集合中每一个点的状态转移概率p_value,输出为轮盘赌选择的p_value的行序号index。

```
%% 轮盘赌
%输入p_value:                下一个访问点集合中每一个点的状态转移概率
%输出index:                  轮盘赌选择的p_value的行序号
function index=roulette(p_value)
r=rand;
c=cumsum(p_value);
index=find(r<=c,1,'first');
end
```

5.4.10 "信息素"矩阵更新函数

每次迭代结束后,需要对"信息素"矩阵进行更新。

"信息素"矩阵更新函数updateTau的代码如下,该函数的输入为更新前的"信息素"矩阵Tau、最优蚂蚁构建的完整路径bestR、"信息素"挥发因子rho、蚂蚁构建一次完整路径释放的"信息素"总量Q、最大装载量cap、顾客需求量demands、距离矩阵dist,输出更新后的"信息素"矩阵Tau。

```
%% 更新路径R的"信息素"
%输入Tau:                更新前的"信息素"矩阵
%输入bestR:              最优蚂蚁所构建的完整路径
%输入rho:                "信息素"挥发因子
%输入Q:                  蚂蚁构建一次完整路径释放的"信息素"总量
%输入cap:                最大装载量
%输入demands:            顾客需求量
%输入dist:               距离矩阵
%输出Tau:                更新后的"信息素"矩阵
function Tau=updateTau(Tau,bestR,rho,Q,cap,demands,dist)
[~,~,bestTD]=decode(bestR,cap,demands,dist);
cusnum=size(dist,1)-1;
Delta_Tau=zeros(cusnum+1,cusnum+1);
delta_Tau=Q/bestTD;
for j=1:cusnum-1
    Delta_Tau(bestR(j),bestR(j+1))=Delta_Tau(bestR(j),bestR(j+1))+delta_Tau;
    Tau(bestR(j),bestR(j+1))=rho*Tau(bestR(j),bestR(j+1))+Delta_Tau(bestR(j),bestR
(j+1));
```

```
end
    Delta_Tau(bestR(cusnum),1)=Delta_Tau(bestR(cusnum),1)+delta_Tau;
    Tau(bestR(cusnum),1)=rho*Tau(bestR(cusnum),1)+Delta_Tau(bestR(cusnum),1);
end
```

5.4.11 客量受限的车辆路径问题配送路线图函数

为了能将配送方案可视化,可使用CVRP配送路线图函数来实现这一目标。

CVRP配送路线图函数draw_Best的代码如下,该函数的输入为配送方案VC、各个点的x坐标和y坐标vertexs,输出为配送路线图。

```
%% 绘制最优配送方案路线图
%输入VC:                配送方案
%输入vertexs:           各个节点的x坐标和y坐标
function draw_Best(VC,vertexs)
customer=vertexs(2:end,:);                   %顾客的x、y坐标
NV=size(VC,1);                               %车辆使用数目
figure
hold on;box on
title('最优配送方案路线图')
hold on;
C=hsv(NV);
for i=1:size(vertexs,1)
    text(vertexs(i,1)+0.5,vertexs(i,2),num2str(i-1));
end
for i=1:NV
    part_seq=VC{i};               %每辆车经过的顾客
    len=length(part_seq);         %每辆车经过的顾客数目
    for j=0:len
        %当j=0时,车辆从配送中心出发到达该路径上的第一个顾客
        if j==0
            fprintf('%s','配送路线',num2str(i),':');
            fprintf('%d-> ',0);
            c1=customer(part_seq(1),:);
            plot([vertexs(1,1),c1(1)],[vertexs(1,2),c1(2)],'-','color',C(i,:),...
                'linewidth',1);
        %当j=len时,车辆从该路径上的最后一个顾客出发到达配送中心
        elseif j==len
            fprintf('%d-> ',part_seq(j));
            fprintf('%d',0);
            fprintf('\n');
            c_len=customer(part_seq(len),:);
            plot([c_len(1),vertexs(1,1)],[c_len(2),vertexs(1,2)],'-','color',C(i,:),...
                'linewidth',1);
        %否则,车辆从路径上的前一个顾客到达该路径上紧邻的下一个顾客
        else
            fprintf('%d-> ',part_seq(j));
```

```
            c_pre=customer(part_seq(j),:);
            c_lastone=customer(part_seq(j+1),:);
            plot([c_pre(1),c_lastone(1)],[c_pre(2),c_lastone(2)],'-','color',C(i,:),...
             'linewidth',1);
        end
    end
end
plot(customer(:,1),customer(:,2),'ro','linewidth',1);hold on;
plot(vertexs(1,1),vertexs(1,2),'s','linewidth',2,'MarkerEdgeColor','b',...
'MarkerFaceColor','b','MarkerSize',10);
end
```

5.4.12　主函数

主函数的第一部分是从 txt 文件中导入数据，并且提取原始数据中的顾客横纵坐标和需求量，而后根据横纵坐标计算出距离矩阵；第二部分是初始化各个参数；第三部分是主循环，即构建若干只蚁蚁的完整路径，而后更新"信息素"矩阵，进行若干次迭代，直至达到终止条件结束循环；第四部分为将求解过程和所得的最优配送路线可视化。

主函数代码如下：

```
tic
clear
clc
%% 用importdata函数来读取文件
dataset=importdata('input.txt');
cap=200;
%% 提取数据信息
vertexs=dataset(:,2:3);                          %所有点的x和y坐标
customer=vertexs(2:end,:);                       %顾客坐标
cusnum=size(customer,1);                         %顾客数
demands=dataset(2:end,4);                        %需求量
h=pdist(vertexs);
dist=squareform(h);                              %成本矩阵
%% 初始化参数
m=50;                                            %蚂蚁数量
alpha=1;                                         %"信息素"重要程度因子
beta=5;                                          %启发函数重要程度因子
rho=0.85;                                        %"信息素"挥发因子
Q=5;                                             %更新"信息素"浓度的常数
Eta=1./dist;                                     %启发函数
Tau=ones(cusnum+1,cusnum+1);                     %"信息素"矩阵
Table=zeros(m,cusnum);                           %路径记录表
iter=1;                                          %迭代次数初值
iter_max=100;                                    %最大迭代次数
Route_best=zeros(iter_max,cusnum);               %各代最佳路径
Cost_best=zeros(iter_max,1);                     %各代最佳路径的成本
```

```matlab
%% 迭代寻找最佳路径
while iter<=iter_max
    %% 先构建出所有蚂蚁的路径
    %逐个蚂蚁选择
    for i=1:m
        %逐个顾客选择
        for j=1:cusnum
            np=next_point(i,Table,Tau,Eta,alpha,beta,dist,cap,demands);
            Table(i,j)=np;
        end
    end
    %% 计算各个蚂蚁的成本=1000×车辆使用数目+车辆行驶总距离
    cost=zeros(m,1);
    NV=zeros(m,1);
    TD=zeros(m,1);
    for i=1:m
        VC=decode(Table(i,:),cap,demands,dist);
        [cost(i,1),NV(i,1),TD(i,1)]=costFun(VC,dist);
    end
    %% 计算最小成本及平均成本
    if iter == 1
        [min_Cost,min_index]=min(cost);
        Cost_best(iter)=min_Cost;
        Route_best(iter,:)=Table(min_index,:);
    else
        [min_Cost,min_index]=min(cost);
        Cost_best(iter)=min(Cost_best(iter - 1),min_Cost);
        if Cost_best(iter)==min_Cost
            Route_best(iter,:)=Table(min_index,:);
        else
            Route_best(iter,:)=Route_best((iter-1),:);
        end
    end
    %% 更新"信息素"
    bestR=Route_best(iter,:);
    [bestVC,bestNV,bestTD]=decode(bestR,cap,demands,dist);
    Tau=updateTau(Tau,bestR,rho,Q,cap,demands,dist);
    %% 输出当前最优解
    disp(['第',num2str(iter),'代最优解:'])
    disp(['车辆使用数目:',num2str(bestNV),',车辆行驶总距离:',num2str(bestTD)]);
    fprintf('\n')
    %% 迭代次数加1,清空路径记录表
    iter=iter+1;
    Table=zeros(m,cusnum);
end
%% 结果显示
bestRoute=Route_best(end,:);
[bestVC,bestNV,bestTD]=decode(bestRoute,cap,demands,dist);
draw_Best(bestVC,vertexs);
```

```
%% 绘图
figure(2)
plot(1:iter_max,Cost_best,'b')
xlabel('迭代次数')
ylabel('成本')
title('各代最小成本变化趋势图')
toc
```

 ## 5.5　实例验证

5.5.1　输入数据

输入数据为一个配送中心、20个顾客的 x 坐标、y 坐标及需求量,如表5.10所示。此外,假设配送中心车辆数目足够多,每辆车的最大装载量均为200kg。

表5.10　输入数据

序号	x坐标	y坐标	需求量/kg
0	40	50	0
1	45	68	10
2	45	70	30
3	42	66	10
4	42	68	10
5	42	60	10
6	40	69	20
7	40	66	20
8	38	68	20
9	38	70	10
10	35	66	10
11	35	69	10
12	25	85	20
13	22	75	30
14	22	85	10
15	20	80	40
16	20	85	40
17	18	75	20

续表

序号	x坐标	y坐标	需求量/kg
18	15	75	20
19	15	80	10
20	30	50	10

5.5.2 蚁群算法参数设置

在运行ACO之前,需要对ACO的参数进行设置,各个参数如表5.11所示。

表5.11 ACO参数设置

参数名称	取值
蚂蚁数量	50
"信息素"重要程度因子α	1
启发函数重要程度因子β	5
"信息素"挥发因子ρ	0.85
更新"信息素"浓度的常数Q	5
最大迭代次数	100

5.5.3 实验结果展示

ACO求解CVRP优化过程如图5.11所示,ACO求得CVRP最优配送方案路线如图5.12所示。

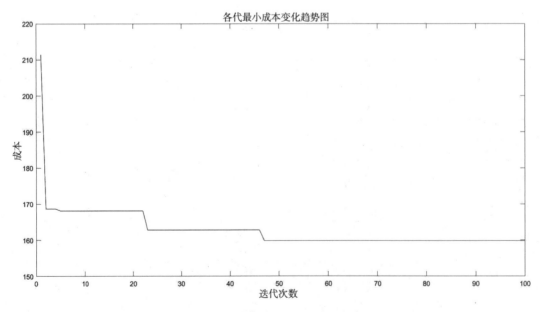

图5.11 ACO求解CVRP优化过程

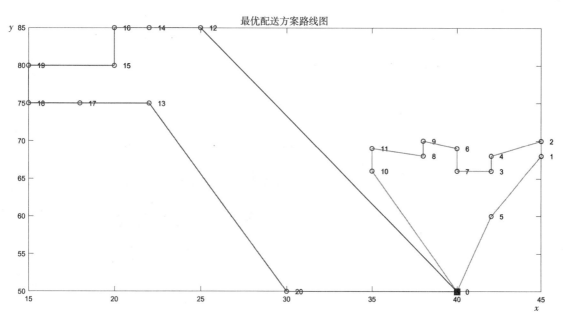

图 5.12　ACO 求得 CVRP 最优配送方案路线

ACO 求得的 CVRP 最优配送方案路线如下。

路线 1：$0 \to 20 \to 13 \to 17 \to 18 \to 19 \to 15 \to 16 \to 14 \to 12 \to 0$

路线 2：$0 \to 10 \to 11 \to 8 \to 9 \to 6 \to 7 \to 3 \to 4 \to 2 \to 1 \to 5 \to 0$

该配送方案的行驶总距离为 159.84km。

第6章

模拟退火算法求解同时取送货的
车辆路径问题

　　同时送取货的车辆路径问题（Vehicle Routing Problem with Simu-laneous Delivery and Pickup, VRPSDP）是在 CVRP 的基础上增加了回收顾客货物的步骤，即货车在为顾客配送货物的同时，还从有回收需求的顾客处回收货物。因此，在考虑货车装载量约束时，需要计算货车从一条路线上的配送中心和每个顾客离开时的货车装载量。

　　假设现有一个配送中心和若干个有需求的顾客分布在地图上的各个位置，每个城市的需求量和回收量已知，配送中心与顾客之间及任意两个顾客之间的距离都已知，则 VRPSDP 可以简单描述为：在满足一个顾客只能由一辆车配送货物的前提下，配送中心派遣若干辆车为顾客配送货物，每辆车都从配送中心出发，在对若干个顾客同时配送货物和回收货物后，再返回配送中心，规划出所有车辆行驶距离之和最小的配送方案，即为配送货物的每辆车都规划出一条路线，使得这些车的行驶总距离最小。

　　模拟退火算法（Simulated Annealing, SA）指在某一个邻域中获得新解，并以一定的概率接受比这个当前解"更差"的新解，通过反复迭代求解直到求得问题的最终解。SA 已经被广泛应用于求解车辆路径问题，因此本章使用 SA 求解 VRPSDP。

本章主要涉及的知识点

　♦ VRPSDP 概述

　♦ 算法简介

　♦ 使用 SA 求解 VRPSDP 的算法求解策略

　♦ MATLAB 程序实现

　♦ 实例验证

6.1 问题描述

VRPSDP可定义在有向图 $G = (V, A)$，其中 $V = \{0, 1, 2, \cdots, n, n + 1\}$ 表示所有节点的集合，0 和 $n + 1$ 表示配送中心，$1, 2, \cdots, n$ 表示顾客，A 表示弧的集合。规定在有向图 G 上，一条合理的配送路线必须始于节点 0，终于节点 $n + 1$。VRPSDP模型中涉及的参数如表6.1所示，涉及的决策变量如表6.2所示。此外，$\Delta^+(i)$ 表示从节点 i 出发的弧的集合，$\Delta_-(j)$ 表示回到节点 j 的弧的集合，$N = V \setminus \{0, n + 1\}$ 表示顾客集合，K 表示配送车辆集合。

表6.1 参数

变量符号	参数含义
c_{ij}	表示节点 i 和节点 j 之间的距离
d_i	顾客 i 的配送需求量
p_i	顾客 i 的回收量
C	货车最大装载量
M	足够大的正数

表6.2 决策变量

变量符号	变量含义
L_{0k}	车辆 k 离开配送中心的装载量
L_i	货车对顾客 i 服务结束后的车辆装载量
x_{ijk}	货车 k 是否从节点 i 出发前往节点 j，如果是，则 $x_{ijk} = 1$，否则 $x_{ijk} = 0$

综上所述，则VRPSDP模型如下：

$$\min \sum_{k \in K} \sum_{(i,j) \in A} c_{ij} x_{ijk} \tag{6.1}$$

$$\sum_{k \in K} \sum_{j \in \Delta^+(i)} x_{ijk} = 1 \quad \forall i \in N \tag{6.2}$$

$$\sum_{j \in \Delta^+(0)} x_{0jk} = 1 \quad \forall k \in K \tag{6.3}$$

$$\sum_{i \in \Delta_-(j)} x_{ijk} - \sum_{i \in \Delta^+(j)} x_{jik} = 0 \quad \forall j \in N, \forall k \in K \tag{6.4}$$

$$\sum_{i \in \Delta^-(n+1)} x_{i,n+1,k} = 1 \quad \forall k \in K \tag{6.5}$$

$$L_{0k} = \sum_{i \in N} d_i \sum_{j \in \Delta^+(i)} x_{ijk} \quad \forall k \in K \tag{6.6}$$

$$L_j \geqslant L_{0k} - d_j + p_j - M\left(1 - x_{0jk}\right) \quad \forall j \in N, \forall k \in K \tag{6.7}$$

$$L_j \geqslant L_i - d_j + p_j - M\left(1 - \sum_{k \in K} x_{ijk}\right) \quad \forall i \in N, \forall j \in N \tag{6.8}$$

$$L_{0k} \leqslant C \quad \forall k \in K \tag{6.9}$$

$$L_j \leqslant C + M\left(1 - \sum_{i \in V \setminus \{n+1\}} x_{ijk}\right) \quad \forall j \in N, \forall k \in K \qquad (6.10)$$

$$x_{ijk} \in \{0,1\} \quad \forall (i,j) \in A, \forall k \in K \qquad (6.11)$$

目标函数(6.1)表示最小化车辆行驶总距离。约束(6.2)限制每个顾客只能被分配到一条路径。约束(6.3)~(6.5)表示配送货车 k 在路径上的流量限制。约束(6.6)为配送货车 k 初始在配送中心的装载量计算公式。约束(6.7)为配送货车 k 在对所在路线的第一个顾客服务结束后的车辆装载量的计算公式。约束(6.8)为配送货车 k 在对所在路线的任意一个顾客(不包含第一个顾客)服务结束后的车辆装载量的计算公式。约束(6.9)表示配送货车 k 初始在配送中心的装载量必须不大于配送货车的最大装载量。约束(6.10)表示配送货车 k 在对所在路线的任意一个顾客服务结束后的车辆装载量必须不大于配送货车的最大装载量。

接下来以一个实例来讲解上述VRPSDP模型。现有5辆货车在配送中心等待为10个顾客同时配送及回收货物,这5辆货车的最大装载量均为200kg。假设配送中心和10个顾客的横纵坐标、需求量及回收量如表6.3所示(序号0表示配送中心的数据)。那么在满足装载量约束条件下,如何为这5辆货车制定配送路线,才能使所有配送路线的距离之和最小?在制定配送路线时,所有配送路线必须满足以下两个条件:①一个顾客只能由一辆车配送货物;②所有顾客都能被货车访问。此外,货车都从配送中心出发,再分别为所在路线上的顾客配送货物及回收货物,最后返回配送中心。

表6.3　配送中心和10个顾客的横纵坐标、需求量及回收量

序号	横坐标/km	纵坐标/km	需求量/kg	回收量/kg
0	40	50	0	0
1	5	35	10	20
2	0	45	20	40
3	67	85	20	20
4	25	30	3	9
5	2	60	5	17
6	8	56	27	5
7	37	47	6	6
8	53	43	14	12
9	57	48	23	17
10	55	54	26	8

根据上述数据,先计算出每两点之间的距离,即11行11列的距离矩阵(用dist表示),如表6.4所示。

表6.4　任意两点之间的距离

序号 距离	0	1	2	3	4	5	6	7	8	9	10
0	0	39	41	45	25	40	33	5	15	18	16
1	39	0	12	80	21	26	22	35	49	54	54
2	41	12	0	79	30	16	14	38	54	58	56
3	45	80	79	0	70	70	66	49	45	39	34

续表

距离\序号	0	1	2	3	4	5	6	7	8	9	10
4	25	21	30	70	0	38	32	21	31	37	39
5	40	26	16	70	38	0	8	38	54	57	54
6	33	22	14	66	32	8	0	31	47	50	48
7	5	35	38	49	21	38	31	0	17	21	20
8	15	49	54	45	31	54	47	17	0	7	12
9	18	54	58	39	37	57	50	21	7	0	7
10	16	54	56	34	39	54	48	20	12	7	0

在距离矩阵的基础上,初步制定出两条配送路线,如表6.5所示。

表6.5　初始配送方案

序号	配送路线	离开各个点时装载量/kg	总距离/km
1	0 → 6 → 5 → 2 → 1 → 4 → 0	65 → 43 → 55 → 75 → 85 → 91	115
2	0 → 7 → 8 → 9 → 10 → 3 → 0	89 → 89 → 87 → 81 → 63 → 63	115

由表6.5可知,这两条配送路线总距离为230km。此外,这两辆货车在各自路线上离开配送中心和顾客时的装载量都没有超过最大装载量,因此这两条配送路线都是合理配送路线。为了能进一步直观表现这两条配送路线,现将上述两条配送路线在坐标轴中绘制出来,如图6.1所示。

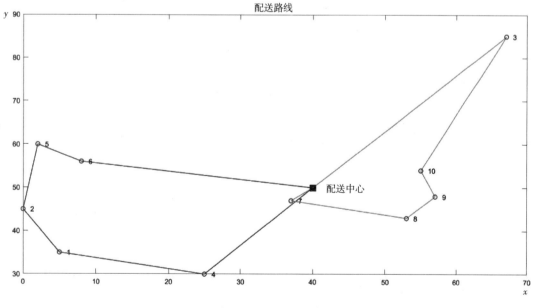

图6.1　初始配送路线

从表6.5可以看出,货车在离开配送中心和各个顾客时依然有较大的剩余装载量。同时从图6.1可以看出,这两条配送路线还有可以改进的空间。为了能进一步感受不同配送线之间的差异,现制定出一种更优的配送方案,如表6.6所示。

表6.6　更优的配送方案

序号	配送路线	离开各个点时装载量/kg	总距离/km
1	$0 \rightarrow 8 \rightarrow 9 \rightarrow 10 \rightarrow$ $3 \rightarrow 6 \rightarrow 5 \rightarrow 2 \rightarrow$ $1 \rightarrow 4 \rightarrow 7 \rightarrow 0$	$154 \rightarrow 152 \rightarrow 146 \rightarrow 128 \rightarrow$ $128 \rightarrow 106 \rightarrow 118 \rightarrow 138 \rightarrow$ $148 \rightarrow 154 \rightarrow 154$	212

由表6.6可知,这条配送路线总距离为212km。此外,这辆货车在离开配送中心和顾客时的装载量都没有超过最大装载量,因此这条配送路线也是合理配送路线。现将上述这条更优的配送路线在坐标轴中绘制出来,如图6.2所示。

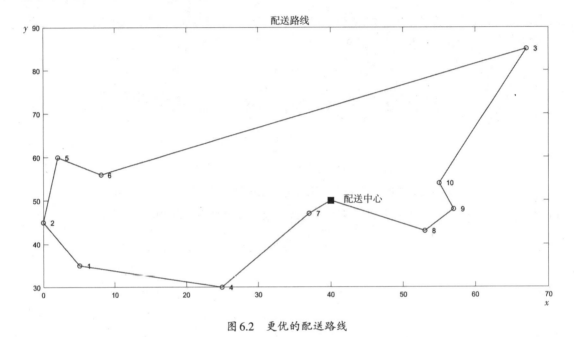

图6.2　更优的配送路线

将初始配送方案和优化后的配送方案进行对比,可明显地发现优化后的配送方案的车辆使用数目更少。因此,对VRPSPD的优化实际上是不断调整各个顾客究竟是由哪辆车服务,以及调整每条配送路线上为顾客服务的顺序。

6.2 算法简介

在设计算法时需要考虑如何让算法逃离局部最优解,因为智能优化算法在求解过程中易陷入局部最优解,这就意味着当前解即为局部最优解,且一般情况下继续搜索得到的新解都不如局部最优解更优,从而导致当前解一直不能被更新,也就意味着搜索过程一直"停滞不前"。

但如果尝试接受比局部最优解稍差一些的新解作为当前解,然后对当前解进行搜索,一旦搜索到一个比局部最优解更好的解,此时就意味着逃离局部最优解,这其实就是SA的基本思想。

SA不同于GA、ACO等群智能优化算法通过群体的力量来求解问题,SA通过对一个当前解进行若干次邻域操作后,最终得到它自身所能搜索到的最优解。这里需要强调的一点是,SA在搜索过程中的特点是以一定的概率接受比当前解更差的解。

综上所述,SA求解VRPSDP的流程如图6.3所示。

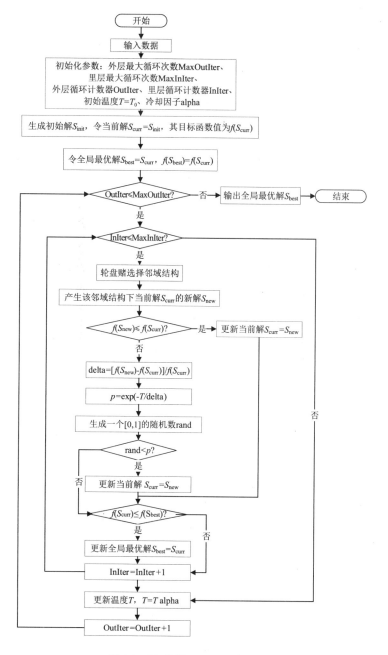

图6.3　SA求解VRPSDP流程

6.3　求解策略

SA求解VRPSDP问题主要包含以下4个关键步骤：

(1)解的表示形式。

(2)邻域结构的设计。

(3)Metropolis准则，后续简称接受准则。

(4)退火。

6.3.1　解的表示形式

对解进行简洁地表示是SA求解VRPSDP问题的第一步，只有合理地将解表示出来，才能进行后续的搜索步骤。本节采用将配送中心与顾客同时在解中进行体现的方式来表示问题的解。

假设现在有5个编号分别为1、2、3、4、5的顾客，配送中心最多允许3辆货车来服务这些顾客，即最多制定出3条配送路线。那么如何在解中体现出将这5个顾客分配到各条配送路线上呢？在求解TSP中，采用整数编码方式，即如果有5个城市，那么解的表现形式就是1~5这5个数字的随机排序。

但是在上述VRPSDP问题中，如果解中只有这5个数字，那么难以区分各个顾客具体分配到哪条配送路线上。为了能够在解中清晰地体现各个顾客具体被分配到哪条配送路线上，将配送中心以大于5的数字形式插入解中。如果配送中心最多允许3辆货车来服务这5个顾客，那么就将配送中心用6和7这两个数字插入这5个顾客的排列中。

分以下5种情况介绍这种解的表现形式。

(1)如果解表示为1263475，那么配送中心6和7将12345分割成3条配送路线。这3条配送路线如下，其中0表示配送中心。

第1条配送路线：$0 \to 1 \to 2 \to 0$

第2条配送路线：$0 \to 3 \to 4 \to 0$

第3条配送路线：$0 \to 5 \to 0$

(2)如果解表示为1267345，那么配送中心6和7将12345分割成2条配送路线。这2条配送路线如下，其中0表示配送中心。

第1条配送路线：$0 \to 1 \to 2 \to 0$

第2条配送路线：$0 \to 3 \to 4 \to 5 \to 0$

(3)如果解表示为6712345，那么配送中心6和7将12345分割成1条配送路线。这条配送路线如下，其中0表示配送中心。

配送路线：$0 \to 1 \to 2 \to 3 \to 4 \to 5 \to 0$

（4）如果解表示为1234567，那么配送中心6和7将12345分割成1条配送路线。这条配送路线如下，其中0表示配送中心。

配送路线：$0 \to 1 \to 2 \to 3 \to 4 \to 5 \to 0$

（5）如果解表示为6123457，那么配送中心6和7将12345分割成1条配送路线。这条配送路线如下，其中0表示配送中心。

配送路线：$0 \to 1 \to 2 \to 3 \to 4 \to 5 \to 0$

综上所述，若顾客数目为N，配送中心最多允许K辆车进行配送，那么SA求解VRPSDP问题中的解就表示为$1 \sim (N + K - 1)$的随机排列，并且上述5种情况包括了将解转换为配送方案时会遇到的5种情况。

6.3.2　目标函数

当然，采用上述表示解的方式不能保证分割出的各条配送路线都满足装载量约束，所以为了能够简单解决违反约束这一问题，本章采用给违反约束的配送路线施加惩罚的办法来使分割出的各条配送路线都满足装载量约束。因此，配送方案总成本的计算公式如下：

$$f(s) = c(s) + \beta \times q(s)$$

$$q(s) = \sum_{k=1}^{K} \left\{ \max\left\{ (L_{0k} - C), 0 \right\} + \sum_{j \in N} \max\left\{ \left[L_j - C - M\left(1 - \sum_{i \in V \setminus \{n+1\}} x_{ijk} \right) \right], 0 \right\} \right\}$$

式中，s为配送方案；$f(s)$为当前配送方案的总成本；$c(s)$为车辆总行驶距离；$q(s)$为各条配送路线上货车离开各个点时违反的装载量约束之和；β为违反装载量约束的权重；K为配送车辆集合；$V = \{0, 1, 2, \cdots, n, n+1\}$为所有节点的集合；$N = V \setminus \{0, n+1\}$为顾客集合；$L_{0k}$为车辆$k$离开配送中心的装载量；$L_j$为货车对顾客$j$服务结束后的车辆装载量；$x_{ijk}$为货车$k$是否从节点$i$出发前往节点$j$；$C$为货车最大装载量；$M$为足够大的正数。

假设现在有5个编号分别为1、2、3、4、5的顾客，配送中心最多允许3辆货车来服务这些顾客，每辆货车的最大装载量cap都为50kg。5个顾客的需求量及回收量如表6.7所示。

表6.7　5个顾客的需求量及回收量

序号	需求量/kg	回收量/kg
1	10	20
2	20	40
3	20	20
4	30	10
5	10	40

假设当前解表示为1267345，那么此时分割出如下2条配送路线。

第1条配送路线：$0 \to 1 \to 2 \to 0$

第2条配送路线:$0 \rightarrow 3 \rightarrow 4 \rightarrow 5 \rightarrow 0$

首先计算第1辆货车离开第1条配送路线上各个点时的装载量load1,计算步骤如下:

(1)货车离开配送中心0时的装载量等于顾客1与顾客2的需求量之和,即$\text{load1}(1) = 10 + 20 = 30(\text{kg})$。

(2)货车离开顾客1时的装载量等于load1(1)减去顾客1的需求量,再加上顾客1的回收量,即$\text{load1}(2) = 30 - 10 + 20 = 40(\text{kg})$。

(3)货车离开顾客2时的装载量等于load1(2)减去顾客2的需求量,再加上顾客2的回收量,即$\text{load1}(3) = 40 - 20 + 40 = 60(\text{kg})$。

第1辆货车在第1条配送路线上离开各个点时违反的装载量约束之和Vload1的计算公式如下:

$$\text{Vload1} = \max\left\{0, \left[\text{load1}(1) - \text{cap}\right]\right\} + \max\left\{0, \left[\text{load1}(2) - \text{cap}\right]\right\} + \max\left\{0, \left[\text{load1}(3) - \text{cap}\right]\right\} = 0 + 0 + 10 = 10(\text{kg})$$

第1辆货车在第1条配送路线上离开各个点时的装载量如图6.4所示。

车辆最大装载量为50kg

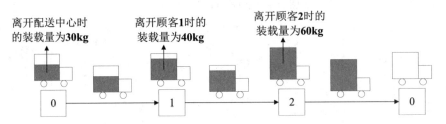

图6.4　第1辆货车在第1条配送路线上离开各个点时的装载量

其次计算第2辆货车离开第2条配送路线上各个点时的装载量load2,计算步骤如下:

(1)货车离开配送中心0时的装载量等于顾客3、顾客4与顾客5的需求量之和,即$\text{load2}(1) = 20 + 30 + 10 = 60(\text{kg})$。

(2)货车离开顾客3时的装载量等于load2(1)减去顾客3的需求量,再加上顾客3的回收量,即$\text{load2}(2) = 60 - 20 + 20 = 60(\text{kg})$。

(3)货车离开顾客4时的装载量等于load2(2)减去顾客4的需求量,再加上顾客4的回收量,即$\text{load2}(3) = 60 - 30 + 10 = 40(\text{kg})$。

(4)货车离开顾客5时的装载量等于load2(3)减去顾客5的需求量,再加上顾客5的回收量,即$\text{load2}(4) = 40 - 10 + 40 = 70(\text{kg})$。

第2辆货车在第2条配送路线上离开各个点时违反的装载量约束之和Vload2的计算公式如下:

$$\textit{Vload2} = \max\left\{0, \left[\text{load2}(1) - \text{cap}\right]\right\} + \max\left\{0, \left[\text{load2}(2) - \text{cap}\right]\right\} + \max\left\{0, \left[\text{load2}(3) - \text{cap}\right]\right\} +$$
$$\max\left\{0, \left[\text{load2}(4) - \text{cap}\right]\right\} = 10 + 10 + 0 + 20 = 40(\text{kg})$$

第2辆货车在第2条配送路线上离开各个点时的装载量如图6.5所示。

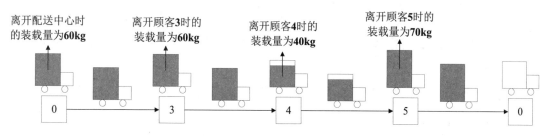

图6.5 第2辆货车在第2条配送路线上离开各个点时的装载量

因此,当前解1267345违反装载量约束之和$q(s)$的计算公式如下:

$$q(s) = \text{Vload1} + \text{Vload2} = 10 + 40 = 50(\text{kg})$$

6.3.3 交换操作

本章共使用3个邻域操作:交换操作、逆转操作和插入操作。这3个邻域操作在VNS求解TSP这一章(第1章)已经进行了详细介绍,虽然邻域操作完全相同,但本章所解决的VRPSDP问题与TSP存在较大区别。因此,本章以VRPSDP问题为例,重新介绍这3个邻域操作。

假设VRPSDP中顾客数目为N,配送中心最多允许K辆车进行配送,那么当前解可表示为

$$R = \left[R(1), R(2), \cdots R(i), \cdots, R(j), \cdots R(N+K-2), R(N+K-1) \right]$$

若选择的交换位置为i和$j(i \neq j, 1 \leq i, j \leq N+K-1)$,那么交换第$i$个和第$j$个位置上的元素后的解表示为

$$R = \left[R(1), R(2), \cdots R(j), \cdots, R(i), \cdots R(N+K-2), R(N+K-1) \right]$$

以5个顾客且最多允许使用3辆货车为例,假设当前解为1263745,该解表示如下3条配送路线。

第1条配送路线:$0 \to 1 \to 2 \to 0$

第2条配送路线:$0 \to 3 \to 0$

第3条配送路线:$0 \to 4 \to 5 \to 0$

若交换的位置为$i = 3$和$j = 4$,那么交换第i个和第j个位置上的元素后的解为1236745。此时当前解表示如下2条配送路线。

第1条配送路线:$0 \to 1 \to 2 \to 3 \to 0$

第2条配送路线:$0 \to 4 \to 5 \to 0$

6.3.4 逆转操作

逆转操作是逆转两个位置之间所有元素的排序。假设VRPSDP中顾客数目为N,配送中心最多

允许 K 辆车进行配送,那么当前解可表示为

$$R = \left[R(1), R(2), \cdots R(i), R(i+1), \cdots, R(j-1), R(j), \cdots R(N+K-2), R(N+K-1) \right]$$

若选择的逆转位置为 i 和 $j(i \neq j, 1 \leqslant i, j \leqslant N)$,那么逆转第 i 个和第 j 个位置之间所有元素的排序后的解可表示为

$$R = \left[R(1), R(2), \cdots R(j), R(j-1), \cdots, R(i+1), R(i), \cdots R(N+K-2), R(N+K-1) \right]$$

以 5 个顾客且最多允许使用 3 辆货车为例,假设当前解为 1263745,该解表示如下 3 条配送路线。

第 1 条配送路线:$0 \rightarrow 1 \rightarrow 2 \rightarrow 0$

第 2 条配送路线:$0 \rightarrow 3 \rightarrow 0$

第 3 条配送路线:$0 \rightarrow 4 \rightarrow 5 \rightarrow 0$

若逆转的位置为 $i = 3$ 和 $j = 7$,那么逆转第 i 个和第 j 个位置之间所有元素排序后的解为 1254736。此时当前解表示如下 2 条配送路线。

第 1 条配送路线:$0 \rightarrow 1 \rightarrow 2 \rightarrow 5 \rightarrow 4 \rightarrow 0$

第 2 条配送路线:$0 \rightarrow 3 \rightarrow 0$

6.3.5　插入操作

插入操作将在第一个位置上选择的元素插入第二个位置上选择的元素后面。假设顾客数目为 N,那么当前路线依然表示为

$$R = \left[R(1), \cdots R(i-1), R(i), R(i+1), \cdots R(j-1), R(j), R(j+1), \cdots R(N+K-1) \right]$$

若选择的插入位置为 i 和 $j(i \neq j, 1 \leqslant i, j \leqslant N)$,那么将第 i 个位置上的元素插入第 j 个位置上的元素后的解可表示为

$$R = \left[R(1), \cdots R(i-1), R(i+1), \cdots R(j-1), R(j), R(i), R(j+1), \cdots R(N+K-1) \right]$$

以 5 个顾客且最多允许使用 3 辆货车为例,假设当前解为 1263745,该解表示如下 3 条配送路线。

第 1 条配送路线:$0 \rightarrow 1 \rightarrow 2 \rightarrow 0$

第 2 条配送路线:$0 \rightarrow 3 \rightarrow 0$

第 3 条配送路线:$0 \rightarrow 4 \rightarrow 5 \rightarrow 0$

若插入的位置为 $i = 3$ 和 $j = 7$,那么将第 i 个位置上的元素插入第 j 个位置上的元素后的解可表示为 1237456。此时当前解表示如下 2 条配送路线。

第 1 条配送路线:$0 \rightarrow 1 \rightarrow 2 \rightarrow 3 \rightarrow 0$

第 2 条配送路线:$0 \rightarrow 4 \rightarrow 5 \rightarrow 0$

6.3.6　接受准则

SA的核心思想就是以一定概率接受比当前解更差的解,那么这个概率究竟如何计算呢?

例如,当前解用S_{curr}表示,当前解S_{curr}的某个邻域产生的一个新解用S_{new}表示。用$f(S_{curr})$表示当前解的目标函数值,$f(S_{new})$表示新解的目标函数值。如果$f(S_{new}) < f(S_{curr})$,则一定接受新解;如果$f(S_{new}) \geq f(S_{curr})$,那么此时的接受概率计算公式为$e^{-[f(S_{new})-f(S_{curr})]/T}$,其中$T$表示当前温度。

将上述两种情况结合起来,就是接受准则,数学表达公式如下:

$$P = \begin{cases} 1 & f(S_{new}) < f(S_{curr}) \\ e^{-[f(S_{new})-f(S_{curr})]/T} & f(S_{new}) \geq f(S_{curr}) \end{cases}$$

式中,P为接受新解的概率。

6.3.7　退火

在SA搜索过程中,如果温度T随着迭代次数的增加没有任何变化,那么就意味着接受准则中的接受新解的概率没有变化。但是实际上随着迭代次数的增加,SA得到的当前解的质量一定是较之前得到的解更优,如果还是以之前的接受概率接受更差的解,那么会在一定程度上增加搜索时间。

因此,随着迭代次数的增加,接受概率也需要随之降低,即温度T随着迭代次数的增加而衰减。具体的退火公式如下:

$$T_{gen+1} = \alpha \times T_{gen}$$

式中,T_{gen}为第gen代温度;T_{gen+1}为第gen+1代温度;α为冷却因子,是一个大于0小于1的数值。

6.4　MATLAB程序实现

6.4.1　将当前解转换为配送方案函数

当前解没有明确体现出各条配送路线的具体信息,即当前解并不能完全等同于配送方案。只有将当前解转换为具体的配送方案后,才能清晰地展示各条配送路线的详细情况,以便计算当前配送方案的总成本。

将当前解转换为配送方案的函数decode的代码如下,该函数的输入为当前解S_{curr}、车辆最大允许使用数目v_num、顾客数目cusnum、货车最大装载量cap、顾客需求量demands、顾客回收量pdemands、距离矩阵 dist,输出为配送方案 VC、车辆使用数目 NV、车辆行驶总距离 TD、违反约束路径数目 violate_num、违反约束顾客数目 violate_cus。

```matlab
%% 将当前解转换为配送方案
%输入 Scurr:            当前解
%输入 v_num:           车辆最大允许使用数目
%输入 cusnum:          顾客数目
%输入 cap:             货车最大装载量
%输入 demands:         顾客需求量
%输入 pdemands:        顾客回收量
%输入 dist:            距离矩阵
%输出 VC:              配送方案,即每辆车经过的顾客
%输出 NV:              车辆使用数目
%输出 TD:              车辆行驶总距离
%输出 violate_num:     违反约束路径数目
%输出 violate_cus:     违反约束顾客数目
function [VC,NV,TD,violate_num,violate_cus]=decode(Scurr,v_num,cusnum,cap,demands,
pdemands,dist)
violate_num=0;                                  %违反约束路径数目
violate_cus=0;                                  %违反约束顾客数目
VC=cell(v_num,1);                               %每辆车经过的顾客
count=1;                                        %车辆计数器,表示当前车辆使用数目
location0=find(Scurr > cusnum);                 %找出个体中配送中心的位置
for i=1:length(location0)
    if i==1                                     %第1个配送中心的位置
        route=Scurr(1:location0(i));            %提取两个配送中心之间的路径
        route(route==Scurr(location0(i)))=[];       %删除路径中配送中心序号
    else
        route=Scurr(location0(i-1):location0(i));   %提取两个配送中心之间的路径
        route(route==Scurr(location0(i-1)))=[];     %删除路径中配送中心序号
        route(route==Scurr(location0(i)))=[];       %删除路径中配送中心序号
    end
    VC{count}=route;                            %更新配送方案
    count=count+1;                              %车辆使用数目
end
route=Scurr(location0(end):end);                %最后一条路径
route(route==Scurr(location0(end)))=[];         %删除路径中配送中心序号
VC{count}=route;                                %更新配送方案
[VC,NV]=deal_vehicles_customer(VC);             %将VC中空的数组移除
for j=1:NV
route=VC{j};
%判断一条路线是否满足装载量约束,1表示满足,0表示不满足
    flag=JudgeRoute(route,demands,pdemands,cap);
if flag==0
%如果这条路径不满足约束,则违反约束顾客数目加该条路径顾客数目
        violate_cus=violate_cus+length(route);
        violate_num=violate_num+1;  %如果这条路径不满足约束,则违反约束路径数目加1
    end
```

```
end
TD=travel_distance(VC,dist);                    %该方案车辆行驶总距离
end
```

6.4.2　删除配送方案中空路线函数

因为最终配送方案使用的车辆数目一定不大于最多允许使用的车辆数目,同时为了保证制定出的配送方案合理,所以在将当前解转换为配送方案时会假设使用所有货车,然后将转换过程中空的配送路线删除。

将空的配送路线从配送方案中删除的过程中就使用了删除配送方案中空路线函数deal_vehicles_customer,该函数的代码如下,输入为配送方案VC,输出为删除空配送路线后的配送方案FVC、车辆使用数目NV。

```
%% 根据VC整理出FVC,将VC中空的配送路线删除
%输入VC:              配送方案,即每辆车经过的顾客
%输出FVC:             删除空配送路线后的配送方案
%输出NV:              车辆使用数目
function [FVC,NV]=deal_vehicles_customer(VC)
VC(cellfun(@isempty,VC))=[];        %删除cell数组中的空元胞
FVC=VC;                             %将VC赋值给FVC
NV=size(FVC,1);                     %新方案中车辆使用数目
end
```

6.4.3　判断函数

在将当前解转换为配送方案后,需要判断此配送方案是否满足装载量约束,即判断货车离开所在配送路线上各个点时的装载量是否不大于货车最大装载量。只有判断出配送方案是否满足装载量约束后,才能对配送方案有较为清晰的认识。

判断函数JudgeRoute的代码如下,该函数的输入为一条配送路线route、顾客需求量demands、顾客回收量pdemands、车辆最大装载量cap,输出为标记一条配送路线是否满足装载量约束flagR,(flagR或者为1,或者为0)。

```
%% 判断一条配送路线上的各个点是否都满足装载量约束,1表示满足,0表示不满足
%输入route:           一条配送路线
%输入demands:         顾客需求量
%输入pdemands:        顾客回收量
%输入cap:             车辆最大装载量
%输出flagR:           标记一条配送路线是否满足装载量约束,1表示满足,0表示不满足
function flagR=JudgeRoute(route,demands,pdemands,cap)
flagR=0;                             %初始不满足装载量约束
%计算该条路径上离开配送中心和各个顾客时的装载量
[Ld,Lc]=leave_load(route,demands,pdemands);
```

```
overload_flag=find(Lc > cap,1,'first');        %查询是否存在车辆在离开某个顾客时违反装载量
约束
%如果每个点都满足装载量约束,则将flagR赋值为1
if (Ld <=cap)&&(isempty(overload_flag))
    flagR=1;
end
end
```

6.4.4 装载量计算函数

在使用判断函数时,需要计算出货车离开所在配送路线上各点时的装载量。因此,需要使用装载量计算函数leave_load。

装载量计算函数 leave_load 的代码如下,该函数的输入为一条配送路线 route、顾客需求量 demands、顾客回收量 pdemands,输出为货车离开配送中心时的装载量 Ld、货车离开各个顾客时的装载量 Lc。

```
%% 计算某一条路径上离开配送中心和各个顾客时的装载量
%输入 route:          一条配送路线
%输入 demands:        顾客需求量
%输入 pdemands:       顾客回收量
%输出 Ld:            货车离开配送中心时的装载量
%输出 Lc:            货车离开各个顾客时的装载量
function [Ld,Lc]=leave_load(route,demands,pdemands)
n=length(route);                               %配送路线经过顾客的总数量
Ld=0;                                          %初始车辆在配送中心时的装货量为0
Lc=zeros(1,n);                                 %表示车辆离开顾客时的装载量
if n~=0
    for i=1:n
        if route(i)~=0
            Ld=Ld+demands(route(i));
        end
    end
    Lc(1)=Ld+(pdemands(route(1))-demands(route(1)));
    if n >=2
        for j=2:n
            Lc(j)=Lc(j-1)+(pdemands(route(j))-demands(route(j)));
        end
    end
end
end
```

6.4.5 违反装载量约束之和计算函数

装载量计算函数可以计算出货车离开所在配送路线上各点时的装载量,因此可以计算出该条配

送路线的违反装载量约束之和。在计算出当前配送方案所有配送路线的违反装载量约束之和后,即可计算出该配送方案的违反装载量约束之和。

违反装载量约束之和计算函数violateLoad的代码如下,该函数的输入为配送方案VC、顾客需求量demands、顾客回收量pdemands、车辆最大装载量cap,输出为各条配送路线违反装载量约束之和q。

```
%% 计算当前配送方案违反装载量约束之和
%输入VC:              配送方案,即每辆车经过的顾客
%输入demands:         顾客需求量
%输入pdemands:        顾客回收量
%输入cap:             车辆最大装载量
%输出q:               各条配送路线违反装载量约束之和
function q=violateLoad(VC,demands,pdemands,cap)
NV=size(VC,1);                    %所用车辆数目
q=0;
for i=1:NV
    route=VC{i};
    n=numel(route);
    [Ld,Lc]=leave_load(route,demands,pdemands);
    if Ld > cap
        q=q+Ld-cap;
    end
    for j=1:n
        if Lc(j) > cap
            q=q+Lc(j)-cap;
        end
    end
end
end
```

6.4.6　计算一条配送路线的距离函数

配送方案行驶总距离等于各条配送路线距离之和,则一条配送路线距离计算函数part_length的代码如下,该函数的输入为一条配送路线route、距离矩阵dist,输出为该条路线总距离p_l。

```
%% 计算一条路线总距离
%输入route:           一条配送路线
%输入dist:            距离矩阵
%输出p_l:             该条路线总距离
function p_l=part_length(route,dist)
n=length(route);
p_l=0;
if n~=0
    for i=1:n
        if i==1
            p_l=p_l+dist(1,route(i)+1);
        else
```

```
            p_l=p_l+dist(route(i-1)+1,route(i)+1);
        end
    end
    p_l=p_l+dist(route(end)+1,1);
end
end
```

6.4.7　计算一个配送方案的行驶总距离

在计算出一个配送方案各条配送路线距离之后,自然可以求出该配送方案的行驶总距离。

配送方案的行驶总距离计算函数travel_distance的代码如下,该函数的输入为配送方案VC、距离矩阵dist,输出为车辆行驶总距离sumTD、每辆车行驶的距离everyTD。

```
%% 计算每辆车行驶的距离,以及所有车行驶的总距离
%输入VC:                    配送方案,即每辆车经过的顾客
%输入dist:                  距离矩阵
%输出sumTD:                 车辆行驶总距离
%输出everyTD:               每辆车行驶的距离
function [sumTD,everyTD]=travel_distance(VC,dist)
n=size(VC,1);                         %车辆数
everyTD=zeros(n,1);
for i=1:n
    part_seq=VC{i};                   %每辆车经过的顾客
    %如果车辆不经过顾客,则该车辆行驶的距离为0
    if ~isempty(part_seq)
        everyTD(i)=part_length( part_seq,dist );
    end
end
sumTD=sum(everyTD);                   %所有车行驶的总距离
end
```

6.4.8　目标函数

在将当前解转换成配送方案时,存在配送方案违反装载量约束的可能性,但是这种违反约束的情况在转换时难以避免。因此,需要给违反装载量约束的配送路线施加较大的惩罚,以使转换成的配送方案满足约束,即在评价一个配送方案时需要将目标函数分为两部分进行计算:①车辆行驶总距离;②惩罚成本。

目标函数costFuction的代码如下,该函数的输入为配送方案VC、距离矩阵dist、顾客需求量demands、顾客回收量pdemands、车辆最大装载量cap、违反的装载量约束的惩罚系数belta,输出为当前配送方案的总成本cost。

```
%% 计算当前解的成本函数
%输入VC:              配送方案,每辆车经过的顾客
```

```
%输入dist:              距离矩阵
%输入demands:           顾客需求量
%输入pdemands:          顾客回收量
%输入cap:               车辆最大装载量
%输入belta:             违反的装载量约束的惩罚系数
%输出cost:              当前配送方案的总成本, f=TD+belta*q
function cost=costFuction(VC,dist,demands,pdemands,cap,belta)
TD=travel_distance(VC,dist);
q=violateLoad(VC,demands,pdemands,cap);
cost=TD+belta*q;
end
```

6.4.9   交换操作函数

交换操作即交换当前解两个位置上的元素,交换操作函数 Swap 的代码如下,该函数的输入为当前解 S_{curr},输出为经过交换操作后得到的新解 S_{new}。

```
%% 交换操作
%假设当前解为123456,首先随机选择两个位置,然后将这两个位置上的元素进行交换
%例如,交换2和5两个位置上的元素,则交换后的解为153426
%输入Scurr:            当前解
%输出Snew:             经过交换操作后得到的新解
function Snew=Swap(Scurr)
n=length(Scurr);
seq=randperm(n);
I=seq(1:2);
i1=I(1);
i2=I(2);
Snew=Scurr;
Snew([i1 i2])=Scurr([i2 i1]);
end
```

6.4.10   逆转操作函数

逆转操作即逆转当前解两个位置之间所有元素的排列,逆转操作函数 Reversion 的代码如下,该函数的输入为当前解 S_{curr},输出为经过逆转操作后得到的新解 S_{new}。

```
%% 逆转操作
%假设当前解为123456,首先随机选择两个位置,然后将这两个位置之间的元素进行逆序排列
%例如,逆转2和5之间的所有元素,则逆转后的解为154326
%输入Scurr:            当前解
%输出Snew:             经过逆转操作后得到的新解
function Snew=Reversion(Scurr)
n=length(Scurr);
seq=randperm(n);
```

```
I=seq(1:2);
i1=min(I);
i2=max(I);
Snew=Scurr;
Snew(i1:i2)=Scurr(i2:-1:i1);
end
```

6.4.11　插入操作函数

插入操作即将选择的第一个位置上的元素插入第二个位置上的元素后,插入操作函数 insertion 的代码如下,该函数的输入为当前解 S_{curr},输出为经过插入操作后得到的新解 S_{new}。

```
%% 插入操作
%假设当前解为123456,首先随机选择两个位置,然后将第一个位置上的元素插入第二个元素后面
%例如,第一个选择5这个位置,第二个选择2这个位置,则插入后的解为125346
%输入Scurr:          当前解
%输出Snew:          经过插入操作后得到的新解
function Snew=Insertion(Scurr)
n=length(Scurr);
seq=randperm(n);
I=seq(1:2);
i1=I(1);
i2=I(2);
if i1 < i2
    Snew=Scurr([1:i1-1 i1+1:i2 i1 i2+1:end]);
else
    Snew=Scurr([1:i2 i1 i2+1:i1-1 i1+1:end]);
end
end
```

6.4.12　邻域操作函数

SA 求解 VRPSDP 时共使用上述 3 个备选的邻域操作,即在实际使用时会通过轮盘赌的方式选择一个具体的邻域操作。

邻域操作函数 Neighbor 的代码如下,该函数的输入为当前解 S_{curr}、选择交换结构的概率 p_{Swap}、选择逆转结构的概率 $p_{Reversion}$、选择插入结构的概率 $p_{Insertion}$,输出为经过邻域操作后得到的新解 S_{new}。

```
%% 当前解经过邻域操作后得到的新解
%输入Scurr:          当前解
%输入pSwap:          选择交换结构的概率
%输入pReversion:     选择逆转结构的概率
%输入pInsertion:     选择插入结构的概率
%输出Snew:          经过邻域操作后得到的新解
```

```
function Snew=Neighbor(Scurr,pSwap,pReversion,pInsertion)
index=Roulette(pSwap,pReversion,pInsertion);
if index==1
    %交换结构
    Snew=Swap(Scurr);
elseif index==2
    %逆转结构
    Snew=Reversion(Scurr);
else
    %插入结构
    Snew=Insertion(Scurr);
end
end
```

6.4.13　轮盘赌函数

在使用邻域操作函数获得新解时,会通过轮盘赌选择的方式选择具体的邻域操作对当前解使用邻域操作。

轮盘赌函数 Roulette 的代码如下,该函数的输入为选择交换结构的概率 p_{Swap}、选择逆转结构的概率 $p_{Reversion}$、选择插入结构的概率 $p_{Insertion}$,输出为选择所使用的邻域结构的序号 index。

```
%% 轮盘赌选择,输出选择邻域结构的序号
%输入 pSwap:          选择交换结构的概率
%输入 pReversion:     选择逆转结构的概率
%输入 pInsertion:     选择插入结构的概率
%输出 index:          选择所使用的邻域结构的序号,即序号1、2、3
function index=Roulette(pSwap,pReversion,pInsertion)
p=[pSwap pReversion pInsertion];
r=rand;
c=cumsum(p);
index=find(r<=c,1,'first');
end
```

6.4.14　同时送取货的车辆路径问题配送路线图函数

为了能将配送方案可视化,可使用VRPSDP配送路线图函数来实现这一目标。

VRPSDP配送路线图函数 draw_Best 的代码如下,该函数的输入为配送方案 VC、各个节点的 x 坐标和 y 坐标 vertexs,输出为配送路线图。

```
%% 绘制最优配送方案路线图
%输入 VC:             配送方案
%输入 vertexs:        各个节点的x坐标和y坐标
function draw_Best(VC,vertexs)
customer=vertexs(2:end,:);              %顾客的x坐标和y坐标
```

```
NV=size(VC,1);                          %车辆使用数目
figure
hold on;box on
title('最优配送方案路线图')
hold on;
C=hsv(NV);
for i=1:size(vertexs,1)
    text(vertexs(i,1)+0.5,vertexs(i,2),num2str(i-1));
end
for i=1:NV
    part_seq=VC{i};                     %每辆车经过的顾客
    len=length(part_seq);               %每辆车经过的顾客数目
    for j=0:len
        %当j=0时,车辆从配送中心出发到达该路径上的第一个顾客
        if j==0
            fprintf('%s','配送路线',num2str(i),':');
            fprintf('%d->',0);
            c1=customer(part_seq(1),:);
            plot([vertexs(1,1),c1(1)],[vertexs(1,2),c1(2)],'-','color',C(i,:),
                'linewidth',1);
        %当j=len时,车辆从该路径上的最后一个顾客出发到达配送中心
        elseif j==len
            fprintf('%d->',part_seq(j));
            fprintf('%d',0);
            fprintf('\n');
            c_len=customer(part_seq(len),:);
            plot([c_len(1),vertexs(1,1)],[c_len(2),vertexs(1,2)],'-','color',C(i,:),
                'linewidth',1);
        %否则,车辆从路径上的前一个顾客到达该路径上紧邻的下一个顾客
        else
            fprintf('%d->',part_seq(j));
            c_pre=customer(part_seq(j),:);
            c_lastone=customer(part_seq(j+1),:);
            plot([c_pre(1),c_lastone(1)],[c_pre(2),c_lastone(2)],'-','color',C(i,:),
                'linewidth',1);
        end
    end
end
plot(customer(:,1),customer(:,2),'ro','linewidth',1);hold on;
plot(vertexs(1,1),vertexs(1,2),'s','linewidth',2,'MarkerEdgeColor','b',…
'MarkerFaceColor','b','MarkerSize',10);
end
```

6.4.15 主函数

　　主函数的第一部分是从txt文件中导入数据,并且提取原始数据中的顾客横纵坐标、需求量和回收量,而后根据横纵坐标计算出距离矩阵;第二部分是初始化各个参数;第三部分是主循环,即在内层

循环通过邻域搜索,并以一定的概率接受比当前解更差的解,而后在外层循环降低温度,进行若干次迭代,直至达到终止条件结束循环;第四部分为将求解过程和所得的最优配送路线可视化。

主函数代码如下:

```
tic
clear
clc
%% 用importdata函数读取文件
data=importdata('input.txt');
cap=200;
%% 提取数据信息
vertexs=data(:,2:3);                    %所有点的x坐标和y坐标
customer=vertexs(2:end,:);              %顾客坐标
cusnum=size(customer,1);               %顾客数
v_num=25;                              %车辆最大允许使用数目
demands=data(2:end,4);                 %需求量
pdemands=data(2:end,5);                %回收量
h=pdist(vertexs);
dist=squareform(h);                    %距离矩阵
%% 模拟退火参数
belta=100;                             %违反的装载量约束的惩罚系数
MaxOutIter=2000;                       %外层循环最大迭代次数
MaxInIter=300;                         %里层循环最大迭代次数
T0=1000;                               %初始温度
alpha=0.99;                            %冷却因子
pSwap=0.2;                             %选择交换结构的概率
pReversion=0.5;                        %选择逆转结构的概率
pInsertion=1-pSwap-pReversion;         %选择插入结构的概率
N=cusnum+v_num-1;                      %解长度=顾客数目+车辆最多使用数目-1
%% 随机构造初始解
Scurr=randperm(N);                     %随机构造初始解
[currVC,NV,TD,violate_num,violate_cus]=decode(Scurr,v_num,cusnum,cap,…
demands,pdemands,dist);        %将初始解转换为初始配送方案
%求初始配送方案的成本=车辆行驶总距离+belta*违反的装载量约束之和
currCost=costFuction(currVC,dist,demands,pdemands,cap,belta);
Sbest=Scurr;                           %初始将全局最优解赋值为初始解
bestVC=currVC;                         %初始将全局最优配送方案赋值为初始配送方案
bestCost=currCost;                     %初始将全局最优解的总成本赋值为初始解总成本
BestCost=zeros(MaxOutIter,1);          %记录每一代全局最优解的总成本
T=T0;                                  %温度初始化
%% 模拟退火
for outIter=1:MaxOutIter
    for inIter=1:MaxInIter
        Snew=Neighbor(Scurr,pSwap,pReversion,pInsertion);    %经过邻域结构后产生的新的解
%将新解转换为配送方案
        newVC=decode(Snew,v_num,cusnum,cap,demands,pdemands,dist);
%求初始配送方案的成本=车辆行驶总距离+belta*违反的装载量约束之和
        newCost=costFuction(newVC,dist,demands,pdemands,cap,belta);
```

```matlab
        %如果新解比当前解更好,则更新当前解,以及当前解的总成本
        if newCost<=currCost
            Scurr=Snew;
            currVC=newVC;
            currCost=newCost;
        else
            %如果新解不如当前解好,则采用退火准则,以一定概率接受新解
delta=(newCost-currCost)/currCost;            %计算新解与当前解总成本相差的百分比
            P=exp(-delta/T);                      %计算接受新解的概率
            %如果0~1的随机数小于P,则接受新解,并更新当前解,以及当前解总成本
            if rand<=P
                Scurr=Snew;
                currVC=newVC;
                currCost=newCost;
            end
        end
        %将当前解与全局最优解进行比较,如果当前解更好
        %则更新全局最优解,以及全局最优解总成本
        if currCost<=bestCost
            Sbest=Scurr;
            bestVC=currVC;
            bestCost=currCost;
        end
    end
    %记录外层循环每次迭代的全局最优解的总成本
    BestCost(outIter)=bestCost;
    %显示外层循环每次迭代的全局最优解的总成本
    disp(['第',num2str(outIter),'代全局最优解:'])
    [bestVC,bestNV,bestTD,best_vionum,best_viocus]=decode(Sbest,…
      v_num,cusnum,cap,demands,pdemands,dist);
disp(['车辆使用数目:',num2str(bestNV),',车辆行驶总距离:',num2str(bestTD),…
  ',违反约束路径数目:',num2str(best_vionum),',违反约束顾客数目:',num2str(best_viocus)]);
    fprintf('\n')
    %更新当前温度
    T=alpha*T;
end
%% 输出外层循环每次迭代的全局最优解的总成本变化趋势
figure;
plot(BestCost,'LineWidth',1);
title('全局最优解的总成本变化趋势图')
xlabel('迭代次数');
ylabel('总成本');
%% 输出全局最优解路线
draw_Best(bestVC,vertexs);
toc
```

6.5 实例验证

6.5.1 输入数据

输入数据为一个配送中心和25个顾客的x坐标、y坐标、需求量及回收量,如表6.8所示。此外,假设配送中心最多允许10辆车为这些顾客服务,每辆车的最大装载量均为200kg。

表6.8 输入数据

序号	x坐标	y坐标	需求量/kg	回收量/kg
0	40	50	0	0
1	20	80	40	10
2	20	85	20	30
3	15	75	20	40
4	15	80	10	20
5	2	40	20	10
6	0	45	20	20
7	40	5	10	30
8	35	5	20	10
9	95	30	30	40
10	92	30	10	20
11	87	30	10	20
12	85	25	10	30
13	85	35	30	10
14	62	80	30	10
15	18	80	10	10
16	42	12	10	10
17	55	60	16	16
18	65	55	14	20
19	47	47	13	8
20	49	58	10	7
21	57	29	18	21
22	12	24	13	1
23	24	58	19	33
24	57	48	23	7
25	4	18	35	16

6.5.2 模拟退火算法参数设置

在运行SA之前,需要对SA的参数进行设置,各个参数如表6.9所示。

表6.9 SA参数设置

参数名称	取值
违反装载量约束的惩罚系数	100
外层循环最大迭代次数	2000
里层循环最大迭代次数	300
初始温度	1000
冷却因子	0.99
选择交换结构的概率	0.2
选择逆转结构的概率	0.5
选择插入结构的概率	0.3

6.5.3 实验结果展示

SA求解VRPSDP优化过程如图6.6所示,SA求得VRPSDP最优配送方案路线如图6.7所示。

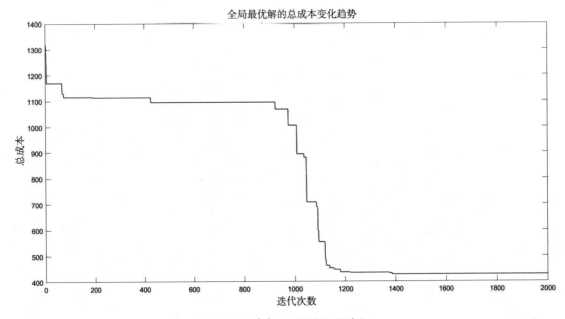

图6.6 SA求解VRPSDP优化过程

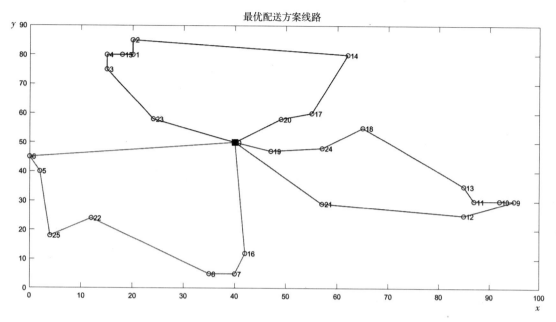

图 6.7　SA 求得 VRPSDP 最优配送方案路线

SA 求得的 VRPSDP 最优配送方案路线如下。

配送路线 1:$0 \to 16 \to 7 \to 8 \to 22 \to 25 \to 5 \to 6 \to 0$

配送路线 2:$0 \to 19 \to 24 \to 18 \to 13 \to 11 \to 10 \to 9 \to 12 \to 21 \to 0$

配送路线 3:$0 \to 20 \to 17 \to 14 \to 2 \to 1 \to 15 \to 4 \to 3 \to 23 \to 0$

该配送方案的行驶总距离为 428.38km。

第 7 章

遗传算法求解带时间窗的车辆路径问题

带时间窗的车辆路径问题（Vehicle Routing Problem with Time Windows，VRPTW）是典型的组合优化问题，目前已经被广泛研究。VRPTW 问题可以简单描述为：已知 n 个顾客和 1 个配送中心的 x 和 y 坐标、需求量和时间窗（如 9:00~17:00），由配送中心组织车队向顾客提供服务，在满足约束和所有顾客需求的前提下，尽可能使车队总成本最低（如最小化车辆行驶总距离、最小化车辆使用数目等）。

本章使用 GA 来求解 VRPTW。

本章主要涉及的知识点

- ♦ VRPTW 概述
- ♦ 算法简介
- ♦ 使用 GA 求解 VRPTW 的算法求解策略
- ♦ MATLAB 程序实现
- ♦ 实例验证

7.1 问题描述

VRPTW 可定义在有向图 $G = (V, A)$,其中 $V = \{0, 1, 2, \cdots, n, n+1\}$ 表示所有节点的集合,0 和 $n+1$ 表示配送中心,$1, 2, \cdots, n$ 表示顾客,A 表示弧的集合。规定在有向图 G 上,一条合理的配送路线必须始于节点0,终于节点 $n+1$。VRPTW 模型中涉及的参数如表7.1所示,决策变量如表7.2所示。此外,$\Delta^+(i)$ 表示从节点 i 出发的弧的集合,$\Delta_-(j)$ 表示回到节点 j 的弧的集合,$N = V \setminus \{0, n+1\}$ 表示顾客集合,K 表示配送车辆集合。

表7.1 参数

变量符号	参数含义
c_{ij}	表示节点 i 和节点 j 之间的距离
v	配送车辆的行驶速度
s_i	顾客 i 的服务时间
t_{ij}	从节点 i 到节点 j 的行驶时间
a_i	顾客 i 的左时间窗
b_i	顾客 i 的右时间窗
E	配送中心的左时间窗
L	配送中心的右时间窗
d_i	顾客 i 的需求量
C	货车最大装载量
M	足够大的正数

表7.2 决策变量

变量符号	变量含义
w_{ik}	车辆 k 对节点 i 的开始服务时间
x_{ijk}	货车 k 是否从节点 i 出发前往节点 j,如果是,则 $x_{ijk}=1$,否则 $x_{ijk}=0$

在构建 VRPTW 模型时,允许配送货车在顾客的左时间窗之前到达顾客,但需要等待至左时间窗才可以为顾客服务,不允许配送货车在顾客的右时间窗之后到达顾客。

综上所述,则 VRPTW 模型如下:

$$\min \sum_{k \in K} \sum_{(i,j) \in A} c_{ij} x_{ijk} \tag{7.1}$$

$$\sum_{k \in K} \sum_{j \in \Delta^+(i)} x_{ijk} = 1 \quad \forall i \in N \tag{7.2}$$

$$\sum_{j \in \Delta^+(0)} x_{0jk} = 1 \quad \forall k \in K \tag{7.3}$$

$$\sum_{i \in \Delta_-(j)} x_{ijk} - \sum_{i \in \Delta^+(j)} x_{jik} = 0 \quad \forall k \in K, \forall j \in N \tag{7.4}$$

$$\sum_{i \in \Delta^-(n+1)} x_{i,n+1,k} = 1 \quad \forall k \in K \tag{7.5}$$

$$t_{ij} = \frac{c_{ij}}{v} \tag{7.6}$$

$$w_{ik} + s_i + t_{ij} - w_{jk} \leq (1 - x_{ijk})M \quad \forall k \in K, \forall (i,j) \in A \tag{7.7}$$

$$a_i \left(\sum_{j \in \Delta^+(i)} x_{ijk} \right) \leq w_{ik} \leq b_i \left(\sum_{j \in \Delta^+(i)} x_{ijk} \right) \quad \forall k \in K, \forall i \in N \tag{7.8}$$

$$E \leq w_{ik} \leq L \quad \forall k \in K \quad \forall i \in \{0, n+1\} \tag{7.9}$$

$$\sum_{i \in N} d_i \sum_{j \in \Delta^+(i)} x_{ijk} \leq C \quad \forall k \in K \tag{7.10}$$

$$x_{ijk} \in \{0,1\} \quad \forall k \in K, \forall (i,j) \in A \tag{7.11}$$

目标函数(7.1)表示最小化车辆行驶总距离,约束(7.2)限制每个顾客只能被分配到一条路径,约束(7.3)~(7.5)表示配送货车k在路径上的流量限制,约束(7.6)表示配送货车从节点i到节点j的行驶时间等于节点i和节点j之间的距离与货车行驶速度的比值,约束(7.7)表示配送货车k行驶时间的连续性,约束(7.8)表示配送货车k对顾客i的开始服务时间必须在顾客i的左右时间窗之间,约束(7.9)表示配送货车k对从配送中心出发的时间(返回配送中心的时间)必须在配送中心的左右时间窗之间,约束(7.10)表示配送货车k初始在配送中心的装载量必须不大于配送货车的最大装载量。

接下来以一个实例讲解上述VRPTW模型。假设有1个配送中心和5个顾客,已知这6个点的坐标、需求量、时间窗和服务时间,如表7.3所示。0表示配送中心,1~5表示5个顾客。假设配送中心现有5辆车,每辆车的最大装载量都为60 kg,且行驶速度都为30km/h = 30km/60min = 0.5km/min。那么如何制定配送路线才能保证在满足约束和顾客需求的前提下,使车辆行驶总距离最小呢?

表7.3 配送中心和顾客的数据

序号	X坐标/km	Y坐标/km	需求量/kg	左时间窗	右时间窗	服务时间/min
0	40	50	0	8:00	20:00	0
1	38	68	20	9:00	10:00	20
2	20	60	40	10:00	11:00	20
3	45	30	10	11:00	12:00	20
4	60	35	10	12:00	13:00	20
5	65	55	20	13:00	14:00	20

首先给出一个配送方案,具体如下。

路线1:$0 \to 1 \to 2 \to 0$

路线2:$0 \to 3 \to 4 \to 5 \to 0$

接下来检验这两条路线是否都满足约束,约束包括装载量约束和时间窗约束。因此,需要检验每条路线是否同时满足装载量约束和时间窗约束。

以路线1为例,检验其是否满足装载量约束和时间窗约束。货车在路线1的行驶路线为:从配送中心0出发,首先服务顾客1,然后服务顾客2,最后返回配送中心0。

(1)检验路线1是否满足装载量约束。货车从0出发装载货物质量的计算公式为顾客1需求量 + 顾客2需求量 = 20 + 40 = 60(kg)。此时货车的装载量刚好等于车辆最大装载量,因此满足装载量约束。

(2)检验路线1是否满足时间窗约束。首先货车从配送中心到达顾客1,假设货车到达顾客1的时间为l_1,则l_1的计算公式为

$$l_1 = 0的左时间窗 + 节点0和节点1之间的距离/行驶速度$$

$$= 8{:}00 + \sqrt{(40-38)^2 + (50-68)^2}/0.5 \approx 8{:}00 + 0{:}37 = 8{:}37$$

因为8:37<10:00,即到达顾客1的时间<顾客1的右时间窗,所以此时满足时间窗约束。但因为货车早于顾客1的左时间窗9:00到达顾客1,所以货车需要等待至9:00开始为1服务。因为货车对顾客1的服务时间为20min,所以对顾客1的服务结束时间为9:20。

接下来货车从顾客1出发前往顾客2,假设货车到达顾客2的时间为l_2,则l_2的计算公式为

$$l_2 = 顾客1的服务结束时间 + 节点1和节点2之间的距离/行驶速度$$

$$= 9{:}20 + \sqrt{(38-20)^2 + (68-60)^2}/0.5 \approx 9{:}20 + 0{:}40 = 10{:}00$$

因为10:00≤11:00,即到达顾客2的时间 ≤ 顾客2的右时间窗,所以此时满足时间窗约束。因为货车恰好在顾客2的左时间窗10:00到达顾客2,同时货车对顾客2的服务时间为20min,所以对顾客2的服务结束时间为10:20。

最后货车从顾客2出发回到配送中心,假设货车返回至配送中心的时间为l_0,l_0的计算公式为

$$l_0 = 顾客2的服务结束时间 + 节点2和节点0之间的距离/行驶速度$$

$$= 10{:}20 + \sqrt{(20-40)^2 + (60-50)^2}/0.5 \approx 10{:}20 + 0{:}46 = 11{:}06$$

因为11:06 < 20:00,即到达配送中心的时间<配送中心的右时间窗,所以此时满足时间窗约束。

综上所述,路线1同时满足装载量约束和时间窗约束。按照上述方式,另一辆车从配送中心0出发,首先服务顾客3,其次服务顾客4,再次服务顾客5,最后返回配送中心0。

(1)检验路线2是否满足装载量约束。货车从0出发装载货物质量的计算公式为顾客3需求量 + 顾客4需求量 + 顾客5需求量 = 10 + 10 + 20 = 40(kg)。此时货车的装载量小于车辆最大装载量,因此满足装载量约束。

(2)检验路线2是否满足时间窗约束。首先货车从配送中心到达顾客3,假设货车到达顾客3的时间为l_3,则l_3的计算公式为

$$l_3 = 0的左时间窗 + 节点0和节点3之间的距离/行驶速度$$

$$= 8{:}00 + \sqrt{(40-45)^2 + (50-30)^2}/0.5 \approx 8{:}00 + 0{:}42 = 8{:}42$$

因为8:42 < 12:00,即到达顾客3的时间<顾客3的右时间窗,所以此时满足时间窗约束。但因为货车早于顾客3的左时间窗11:00到达顾客3,所以货车需要等待至11:00开始为顾客3服务。因为货车对顾客3的服务时间为20min,所以对顾客3的服务结束时间为11:20。

接下来货车从顾客3出发前往顾客4,假设货车到达顾客4的时间为l_4,则l_4的计算公式为

l_4 = 顾客3的服务结束时间 + 节点3和节点4之间的距离/行驶速度

$$= 11:20 + \sqrt{(45-60)^2 + (30-35)^2}/0.5 \approx 11:20 + 0:32 = 11:52$$

因为$11:52 \leqslant 13:00$即到达顾客4的时间 ≤ 顾客4的右时间窗,所以此时满足时间窗约束。但因为货车早于顾客4的左时间窗12:00到达顾客4,所以货车需要等待至12:00开始为顾客4服务。因为货车对顾客4的服务时间为20min,所以对顾客4的服务结束时间为12:20。

接下来货车从顾客4出发前往顾客5,假设货车到达顾客5的时间为l_5,则l_5的计算公式为

l_5 = 顾客4的服务结束时间 + 节点4和节点5之间的距离/行驶速度

$$= 12:20 + \sqrt{(60-65)^2 + (35-55)^2}/0.5 \approx 12:20 + 0:42 = 13:02$$

因为$13:02 \leqslant 14:00$,即到达顾客5的时间 ≤ 顾客5的右时间窗,所以此时满足时间窗约束。因为货车晚于顾客5的左时间窗13:00到达顾客5,同时货车对顾客5的服务时间为20min,所以对顾客5的服务结束时间为13:22。

最后货车从顾客5出发回到配送中心,假设货车返回至配送中心的时间为l_0,则l_0的计算公式为:

l_0 = 顾客5的服务结束时间 + 节点5和节点0之间的距离/行驶速度

$$= 13:22 + \sqrt{(65-40)^2 + (55-50)^2}/0.5 \approx 13:22 + 0:32 = 13:54$$

因为$13:54 < 20:00$,即到达配送中心的时间<配送中心的右时间窗,所以此时满足时间窗约束。

综上所述,路线2同时满足装载量约束和时间窗约束。

上述两条配送路线如图7.1所示。

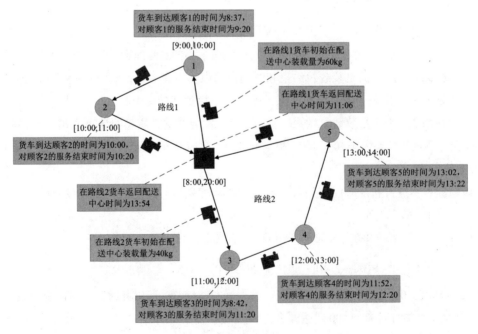

图7.1　配送路线

7.2 算法简介

在GA求解0-1背包问题这一章节(第1章)对遗传算法进行了详细的介绍,GA实际上是通过一系列的种群进化操作从而达到求解的效果。根据问题特点的不同,进化操作的设计也会存在差异,但是GA求解问题的框架基本不会发生变化,即一个基本的GA包含以下操作:编码与解码、初始化种群、选择操作、交叉操作、变异操作、重组操作。综上所述,GA求解问题的常规流程如图7.2所示。

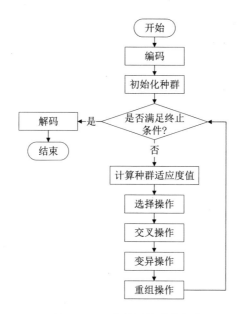

图7.2　GA求解问题的常规流程

7.3 求解策略

7.3.1 编码与解码

使用GA求解VRPTW的关键一步是如何对染色体进行编码,简洁的编码有助于提高求解速度,为此本章采用整数编码方式。本章采用将配送中心与顾客在染色体中同时进行体现的方式来进行编码。

假设现在有5个顾客,并且最多允许3辆货车来服务这些顾客,那么一种可行的染色体表达为1263475,那么1263475究竟代表什么意思? 接下来将染色体1263475解码为配送方案。

染色体1263475中的6和7代表配送中心,6和7将顾客12345划分为3段,即划分为3条路径(0代表配送中心),具体如下。

第1条路径:$0 \rightarrow 1 \rightarrow 2 \rightarrow 0$

第2条路径:$0 \rightarrow 3 \rightarrow 4 \rightarrow 0$

第3条路径:$0 \rightarrow 5 \rightarrow 0$

如果染色体表达为1236745,那么该染色体解码的配送方案为2条配送路径(0代表配送中心),具体如下。

第1条路径:$0 \rightarrow 1 \rightarrow 2 \rightarrow 3 \rightarrow 0$

第2条路径:$0 \rightarrow 4 \rightarrow 5 \rightarrow 0$

可以看出当顾客数目为N且最大车辆使用数目为K时,染色体长度为$N + K - 1$,染色体表达形式为$1 \sim (N + K - 1)$的随机排列,在MATLAB中使用$randperm(N + K - 1)$进行表示。

7.3.2　适应度函数

当然,采用上述编码方式不能保证解码的各条配送路径都满足装载量约束和时间窗约束,所以为了能够简单解决违反约束这一问题,本章使用惩罚函数的办法来进行求解。因此,配送方案总成本的计算公式如下:

$$f(s) = c(s) + \alpha \times q(s) + \beta \times w(s)$$

$$q(s) = \sum_{k=1}^{K} \max \left\{ \left(\sum_{i \in N} d_i \sum_{j \in \Delta^+(i)} x_{ijk} - C \right), 0 \right\}$$

$$w(s) = \sum_{i=1}^{n} \max \left\{ (l_i - b_i), 0 \right\}$$

式中,s为配送方案;$f(s)$为当前配送方案的总成本;$c(s)$为车辆总行驶距离;$q(s)$为各条路径违反的装载量约束之和;$w(s)$为所有顾客违反的时间窗约束之和;α为违反装载量约束的惩罚因子;β为违反时间窗约束的惩罚因子;K为配送车辆集合;$N = V \setminus \{0, n + 1\}$为顾客集合;$\Delta^+(i)$为从节点$i$出发的弧的集合;$d_i$为顾客$i$的需求量;$x_{ijk}$为货车$k$是否从节点$i$出发前往节点$j$;$C$为货车最大装载量;$n$为顾客数目;$l_i$为货车到达顾客$i$的时间;$b_i$为顾客$i$的右时间窗。

因为总成本越小越好,而在选择操作时通常将适应度值大的个体选择出来,所以这里将适应度函数设为成本函数的倒数,即$fitness = 1/f(s)$。

7.3.3 种群初始化

在初始化种群之前,需要先构造VRPTW问题的初始解。那么如何构造VRPTW问题的初始解?

这里需要注意的一点是,构造的初始解并不一定能够满足装载量约束和时间窗约束,但是一个高质量的初始解能够在一定程度上降低GA的搜索难度。

假设顾客数目为n。

STEP1:从所有顾客中随机选择一个顾客$j,j \in \{1, \cdots, n\}$。

STEP2:初始化车辆使用数目$k \leftarrow 1$。

STEP3:生成一个遍历顾客的序列$\text{Seq} \leftarrow [j, j + 1, \cdots, n, 1, \cdots, j - 1]$。

STEP4:遍历序号为i,一直遍历到n即生成初始解。按遍历顺序,Seq遍历顾客$\text{Seq}(i)$,将顾客$\text{Seq}(i)$添加到第k条路径中,然后分以下2种情况。

(1)如果第k条路径满足装载量约束,那么这里又分为3种情况。

①如果当前路径为空,直接将顾客$\text{Seq}(i)$添加到路径中。

②如果当前路径只有一个顾客,再添加新顾客$\text{Seq}(i)$时,需要按照左时间窗从小到大的顺序进行添加。

③如果当前路径访问的顾客数目lr大于1,则需要先遍历首尾2个插入位置。如果顾客$\text{Seq}(i)$的左时间窗小于等于当前路径第一个顾客的左时间窗,则将顾客$\text{Seq}(i)$插到当前路径首位。如果顾客$\text{Seq}(i)$的左时间窗大于等于当前路径最后一个顾客的左时间窗,则将顾客$\text{Seq}(i)$插到当前路径末尾。如果顾客$\text{Seq}(i)$的左时间窗在当前首尾顾客的左时间窗之间,则需要遍历$lr - 1$对连续的顾客的中间插入位置,然后确认顾客$\text{Seq}(i)$的左时间窗能否在中间插入位置前后的顾客的左时间窗之间。如果存在这样的中间插入位置,则将顾客$\text{Seq}(i)$插入该位置。

(2)如果第k条路径不满足装载量约束,则先储存第k辆车在访问顾客$\text{Seq}(i)$之前访问的顾客,然后更新$k \leftarrow k + 1$。

这个初始解实际上是一个完整的配送方案,那么在构造完初始解之后,如何初始化种群?接下来用一个实例演示如何用初始解来初始化种群。假设有5个顾客,最多能使用3辆车,且构造的初始解如下。

第1条路径:$0 \rightarrow 1 \rightarrow 2 \rightarrow 0$

第2条路径:$0 \rightarrow 3 \rightarrow 4 \rightarrow 0$

第3条路径:$0 \rightarrow 5 \rightarrow 0$

在初始解的基础上,初始化种群的步骤如下。

①将这个配送方案中的各条路径进行合并,即为01200340050(0代表配送中心)。

②将紧挨着的2个0删除1个,同时也删除首尾的2个0,则上述序列变为1203405。

③因为最多使用3辆车,所以此时用6和7将1203405中的0依次替换,结果为1263475,即为一个个体。

④将这个种群的所有个体全部赋值为初始解转换的个体,即种群中的所有个体都为1263475。

7.3.4 二元锦标赛选择操作

为了能够理解二元锦标赛选择操作的含义,将二元锦标赛选择拆成两部分,一部分是二元,一部分是锦标赛选择。首先来看锦标赛选择,锦标赛其实就是一种比赛,有多个选手参加比赛,一般情况下最后只有一个冠军。所以在这里可以将多个选手看作多个个体,最后的一个冠军可以看作这些个体中最好的那个个体。

既然有二元,那么就有三元、四元……二元相当于有两个选手参加锦标赛,三元相当于有三个选手参加锦标赛……

所以,二元锦标赛选择就是比较两个个体,然后选择适应度值更大的那一个个体,放到子代种群当中。如果种群数目为NIND,那么需要循环NIND次,每次循环随机选出两个个体进行比较,然后选择适应度值更大的个体。当然,新选择出的NIND个体可能会有重复个体,那么只保留重复个体中的一个个体,然后删除其他重复个体即可。

7.3.5 交叉操作

本章采用的交叉方式如下,假设有如下两个父代个体。

父代1:1 2 3 4 5 6 7 8

父代2:8 7 6 5 4 3 2 1

这时随机选择两个交叉位置x_1和x_2,如$x_1 = 3, x_2 = 6$,那么交叉的片段为

父代1:1 2 | 3 4 5 6 | 7 8

父代2:8 7 | 6 5 4 3 | 2 1

然后将父代2的交叉片段移动到父代1的前面,将父代1的交叉片段移动到父代2的前面,则这两个父代个体变为

父代1:6 5 4 3 1 2 3 4 5 6 7 8

父代2:3 4 5 6 8 7 6 5 4 3 2 1

从前到后把第2个重复的基因位删除,先把两个父代个体中重复的基因位标记出来:

父代1:6 5 4 3 1 2 3 4 5 6 7 8

父代2:3 4 5 6 8 7 6 5 4 3 2 1

然后把第2个重复的基因位删除,形成两个子代个体。

子代1:6 5 4 3 1 2 7 8

子代2:3 4 5 6 8 7 2 1

7.3.6 变异操作

变异操作比较简洁,即交换两个位置上的基因。假设有如下个体。

父代:1 2 3 4 5 6 7 8

这时随机选择两个变异位置x_1和x_2,如$x_1 = 3, x_2 = 6$,那么变异后的个体为

子代:1 2 6 4 5 3 7 8

7.3.7 局部搜索操作

本章设计的局部搜索操作采用了LNS中"破坏"和"修复"的思想。简单来说,就是使用破坏算子从当前解中移除若干个顾客,然后使用修复算子将被移除的顾客重新插回到破坏的解中。

当然,破坏算子并不是随随便便地移除若干个顾客,而是根据相似性计算公式移除若干个相似的顾客。同理,修复算子不是将移除的顾客随随便便地插入某条路径的某个插入位置,而是在满足装载量约束和时间窗约束的前提下,尽可能将移除的顾客插回到使车辆行驶总距离增加最少的插入位置。

1. 破坏算子

破坏算子按照如下公式移除若干个相关的顾客:

$$R(i,j) = 1/(c'_{ij} + V_{ij})$$

式中,c'_{ij}为将c_{ij}标准化后的值,范围在$[0,1]$;c_{ij}为i与j之间的欧式距离。

$$c'_{ij} = \frac{c_{ij}}{\max c_{ij}}$$

式中,V_{ij}为i与j是否在同一条路径上,即是否由同一辆车服务。如果i与j在同一条路径上则为0,否则为1。

从上述公式可以看出$R(i,j)$越大,顾客i与顾客j之间的相关性越大。在上述相关性计算公式的基础上,假设顾客数目为N,要移除的顾客数目为q,随机元素为D,则破坏算子的伪代码如表7.4所示。

表7.4 破坏算子伪代码

破坏算子:
输入:当前解S(配送方案)、要移除的顾客数目q、随机元素D
输出:破坏后的解S_d、移除顾客的集合I
1 从解S中随机选出顾客i_{seed},并把i_{seed}放入集合I中
2 while $|I| < q$ do
3   从集合I中随机选出顾客i_{curr}
4   将在当前解S中但不在集合I中的顾客按以下方式进行排序: $i < j \Rightarrow R(i_{curr}, L[i]) < R(i_{curr}, L[j])$,然后将排序结果存储在排序序列$L$中

5	计算出随机选择顾客的序号 $k \leftarrow \lceil rand^D \lvert L \rvert \rceil$（rand 为 0~1 的随机数，$\lvert L \rvert$ 为集合 L 中顾客的数目，$\lceil \; \rceil$ 表示向上取整）
6	$I \leftarrow I \cup \{L_k\}$
7 end while
8 将集合 I 中的顾客从解 S 中移除，得到破坏后的解 S_d
9 return S_d 和 I

2. 修复算子

在介绍完破坏算子后，在得到被移除的顾客集合 I 和破坏解 S_d 的基础上，进一步介绍修复算子。修复算子伪代码如表7.5所示。

表7.5　修复算子伪代码

修复算子：
输入：破坏后的解 S_d、移除顾客的集合 I
输出：修复后的解 S（配送方案）
1 $S \leftarrow S_d$
2 while $\lvert I \rvert > 0$ do
3 　计算 I 中各个顾客的最小插入成本 $z_i = \min_{k \in K} \Delta f_{i,k}$ 及 z_i 对应的插回路径编号 r_i 和该路径上的插回位置 pos_i，$\Delta f_{i,k}$ 是指在满足约束条件下将顾客 i 插入路径 k 中使总行驶距离增加最小的位置后的距离增量，如果当前解没有路径可以接受顾客 i，则新建一条路径接受顾客 i
4 　从 I 中选择 $\max_{i \in I} z_i$ 的顾客 i_m，即从 I 中选出最小插入成本最大的顾客
5 　将顾客 i_m 插回到 S 中第 r_{i_m} 条路径上的第 pos_{i_m} 个位置，即将顾客 i_m 插回到插回成本最小的位置
6 　$I \leftarrow I \backslash \{i_m\}$，即将顾客 i_m 从 I 中移除
7 end while
8 return S

7.3.8　重组操作

因为在二元锦标赛选择操作中只保留重复个体中的一个个体，然后删除其他重复个体，所以选择出子代个体的数目一定不大于原始种群数目。那么在对这些子代个体进行交叉操作、变异操作、局部搜索操作后得到的新子代的数目依然不大于原始种群数目。因此，此时需要使用重组操作将局部搜索操作后的子代个体与当前迭代开始时的原始种群进行结合，目的是保证种群数目不发生变化。

假设种群数目为 NIND，二元锦标赛选择出的个体数目为 $NIND_1$，那么重组操作遵循一个原则：当前迭代中局部搜索后的 $NIND_1$ 个子代个体全部保留，对于当前迭代开始时的原始种群只保留适应度值排在前 $NIND\sim NIND_1$ 位的个体。

7.3.9　遗传算法求解带时间窗的车辆路径问题流程

GA求解VRPTW流程如图7.3所示。

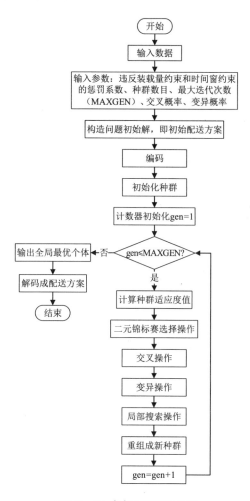

图7.3　GA求解VRPTW流程

7.4　MATLAB程序实现

7.4.1　构造VRPTW初始解函数

本节采用一种启发式的方法先构造VRPTW的初始解（初始配送方案），然后将初始配送方案转换成个体,最后将初始种群全部赋值为初始配送方案转换成的个体。

这里需要强调的一点是,所构造的VRPTW的初始解不一定能同时满足时间窗约束和装载量约束。构造初始解的步骤如下。

STEP1:假设顾客数目为5,每个顾客的需求量为demands = [1,2,3,4,5],每个顾客的左时间窗为 a =[7:00,8:00,9:00,10:00,11:00],货车最大装载量为cap = 8。那么需要先生成一个1~5的排列seq,生成seq的方法如下。

(1)从5个顾客中随机选择一个顾客 j 。

(2)根据 j 的取值不同,排列seq取值分为以下3种类型:

①如果 j = 1,那么seq = [1:5],即seq = [1,2,3,4,5]。

②如果 j = 5,那么seq = [5,1:4],即seq = [5,1,2,3,4]。

③如果1< j <5,假设 j = 3,那么seq =[3:5,1:2],即seq = [3,4,5,1,2]。

STEP2:假设 j = 3,那么seq = [3,4,5,1,2]。初始路径route = [ ],初始路径上在配送中心的装载量load = 0,初始车辆使用数目 k = 1,初始车辆配送方案init_vc = cell(k,1),然后按照排列seq的顺序开始构造配送方案中的各条路径。

STEP 3:构造第一条路线。

(1)判断load + demands(3) = 0 + 3 = 3 和 cap 的大小,因为此时load + demands(3) ≤ cap ,所以load = load + demands(3) = 3。因为此时route为空集,所以将顾客3直接添加到空集route中,即route = [3]。

(2)判断load + demands(4) = 3 + 4 = 7 和 cap 的大小,因为此时load + demands(4) ≤ cap ,所以load = load + demands(4) = 7。因为此时route中只有一个顾客,所以需要比较顾客3和顾客4的左时间窗的大小,即比较 a(3) =9:00和 a(4) =10:00的大小。因为 a(4) ≥ a(3),所以把顾客4添加到顾客3的后面,即route = [3,4]。

(3)判断load + demands(5) = 7 + 5 = 12 和 cap 的大小,因为此时load + demands(5) ≥ cap ,所以此时需要先储存第一条路线经过的顾客,即init_vc{k,1} = [3,4],然后更新route = [ ]、load = 0和 k = k + 1 = 2。

STEP 4:构造第二条路线

(1)判断load + demands(5) = 0 + 5 = 5 和 cap 的大小,因为此时load + demands(5) ≤ cap ,所以load = load + demands(5) = 5。因为此时route为空集,所以将顾客5直接添加到空集route中,即route = [5]。

(2)判断load + demands(1) = 5 + 1 = 6 和 cap 的大小,因为此时load + demands(1) ≤ cap ,所以load = load + demands(1) = 6。因为此时route中只有一个顾客,所以需要比较顾客1和顾客5的左时间窗的大小,即比较 a(1) =7:00和 a(5) =11:00的大小。因为 a(1) ≤ a(5),所以把顾客1添加到顾客5的前面,即route = [1,5]。

（3）判断 load + demands(2) = 6 + 2 = 8 和 cap 的大小，因为此时 load + demands(2) ≤ cap，所以 load = load + demands(2) = 8。因为此时 route 中有两个顾客，所以首先需要判断顾客2的左时间窗是否小于顾客1的左时间窗，即比较 $a(2)$ =8：00 与 $a(1)$ =7：00 的大小，此时 $a(2) ≥ a(1)$，即不能将顾客2插到当前路径的首位；然后继续判断顾客2的左时间窗是否大于顾客5的左时间窗，即比较 $a(2)$ =8：00 与 $a(5)$ =11：00 的大小，此时 $a(2) ≤ a(5)$，即不能将顾客2插到当前路径的末尾；最后需要判断顾客2的左时间窗是否在顾客1的左时间窗和顾客5的左时间窗之间，即判断 $a(2)$ =8：00 是否在 $a(1)$ =7：00 和 $a(5)$ =11：00 之间，此时 $a(1) ≤ a(2) ≤ a(5)$，满足条件，所以把顾客2插到顾客1和顾客5的中间，即 route = $[1, 2, 5]$。

（4）因为顾客全部分配完毕，所以更新 init_vc$\{k, 1\}$ = $[1, 2, 5]$，此时 init_vc = $\{[3, 4]; [1, 2, 5]\}$。

STEP 5：至此，初始配送方案构造完毕，init_vc = $\{[3, 4]; [1, 2, 5]\}$，如下所示。

配送路线 1：$0 \rightarrow 3 \rightarrow 4 \rightarrow 0$

配送路线 1：$0 \rightarrow 1 \rightarrow 2 \rightarrow 5 \rightarrow 0$

初始解构造函数 init 的代码如下，该函数的输入为顾客数目 cusnum、顾客左时间窗 a、顾客需求量 demands、车辆最大装载量 cap，输出为初始解 init_vc。

```
%% 构造VRPTW初始解
%输入 cusnum:          顾客数目
%输入 a:              顾客左时间窗
%输入 demands:         顾客需求量
%输入 cap:            车辆最大装载量
%输出 init_vc:         初始解
function init_vc=init(cusnum,a,demands,cap)
j=ceil(rand*cusnum);    %从所有顾客中随机选择一个顾客
k=1;                    %使用车辆数目,初始设置为1
init_vc=cell(k,1);
% 按照如下序列遍历每个顾客,并执行以下步骤
if j==1
    seq=1:cusnum;
elseif j==cusnum
    seq=[cusnum,1:j-1];
else
    seq1=1:j-1;
    seq2=j:cusnum;
    seq=[seq2,seq1];
end
% 开始遍历
route=[];                %存储每条路径上的顾客
load=0;                  %初始路径上在仓库的装载量为0
i=1;
while i<=cusnum
    %如果没有超过容量约束,则按照左时间窗大小将顾客添加到当前路径
    if load+demands(seq(i))<=cap
        load=load+demands(seq(i));    %初始在仓库的装载量增加
```

```
    %如果当前路径为空,直接将顾客添加到路径中
    if isempty(route)
        route=[seq(i)];
        %如果当前路径只有一个顾客,再添加新顾客时,需要根据左时间窗大小进行添加
    elseif length(route)==1
        if a(seq(i))<=a(route(1))
            route=[seq(i),route];
        else
            route=[route,seq(i)];
        end
    else
        lr=length(route);          %当前路径经过的顾客数目
        flag=0;                    %标记是否存在这样一对顾客,能让seq(i)插入两者之间
        if a(seq(i))<a(route(1))
            route=[seq(i),route];
        elseif a(seq(i))>a(route(end))
            route=[route,seq(i)];
        else
            %遍历lr-1对连续的顾客的中间插入位置
            for m=1:lr-1
                if (a(seq(i))>=a(route(m)))&&(a(seq(i))<=a(route(m+1)))
                    route=[route(1:m),seq(i),route(m+1:end)];
                    break
                end
            end
        end
    end
    %如果遍历到最后一个顾客,则更新init_vc,并跳出程序
    if i==cusnum
        init_vc{k,1}=route;
        break
    end
    i=i+1;
    else    %一旦超过车辆装载量约束,则需要增加一辆车
        %先储存上一辆车经过的顾客
        init_vc{k,1}=route;
        %然后将route清空,load清零,k加1
        route=[];
        load=0;
        k=k+1;
    end
end
end
```

7.4.2 种群初始化函数

在构造完初始解后,首先需要将初始配送方案转换成个体,然后将初始种群全部赋值为初始配送

方案转换成的个体。首先需要将 init_vc = {[3,4]; [1,2,5]} 这个初始解转换成个体,转换方法如下。

(1)在初始配送方案中,顾客数目 cusnum= 5,最多允许使用车辆数目 v_num = 3,那么个体长度 N = cusnum+v_num − 1 = 5 + 3 − 1 = 7,车辆使用数目 NV = 2,初始个体 $individual$ = [ ]。

(2)逐条路线进行遍历:

① 当 i = 1 时,需要比较 cusnum+i = 5 + 1 = 6 与 N = 7 的大小,此时 $(cusnum + i) \leqslant N$,则 $individual = \left[individual, init\_vc\{i\}, cusnum + i\right] = [3,4,6]$。

② 当 i = 2 时,需要比较 cusnum + i = 5 + 2 = 7 与 N = 7 的大小,此时 $(cusnum + i) \leqslant N$,则 $individual = \left[individual, init\_vc\{i\}, cusnum + i\right] = [3,4,6,1,2,5,7]$。

(3)至此,初始解已经转换成个体,即 $individual = [3,4,6,1,2,5,7]$。

转换函数 change 的代码如下,该函数的输入为配送方案 VC、染色体长度 N、顾客数目 cusnum,输出为由配送方案转换成的个体 individual。

```
%% 配送方案与个体之间进行转换
%输入VC:          配送方案
%输入N:           染色体长度
%输入cusnum:      顾客数目
%输出individual:  由配送方案转换成的个体
function individual=change(VC,N,cusnum)
NV=size(VC,1);                %车辆使用数目
individual=[];
for i=1:NV
    if (cusnum+i)<=N
        individual=[individual,VC{i},cusnum+i];
    else
        individual=[individual,VC{i}];
    end
end
if length(individual)<N       %如果染色体长度小于N,则需要向染色体添加配送中心编号
    supply=(cusnum+NV+1):N;
    individual=[individual,supply];
end
end
```

在将初始配送方案转换成个体后,还需将初始种群全部赋值为初始配送方案转换成的个体。如果初始种群 Chrom 数目 NIND = 5,那么 Chrom = $\begin{bmatrix} 3,4,6,1,2,5,7 \\ 3,4,6,1,2,5,7 \\ 3,4,6,1,2,5,7 \\ 3,4,6,1,2,5,7 \\ 3,4,6,1,2,5,7 \end{bmatrix}$。种群初始化函数 init_pop 的代码如下,该函数的输入为种群数目 NIND、染色体长度 N、顾客数目 cusnum、初始配送方案 init_vc,输出为初始种群 Chrom。

```
%% 初始化种群
%输入 NIND:                    种群数目
%输入 N:                       染色体长度
%输入 cusnum:                  顾客数目
%输入 init_vc:                 初始配送方案
%输出 Chrom:                   初始种群
function Chrom=init_pop(NIND,N,cusnum,init_vc)
Chrom=zeros(NIND,N);           %用于存储种群
individual=change(init_vc,N,cusnum);
for j=1:NIND
    Chrom(j,:)=individual;
end
```

7.4.3 解码函数

解码函数的作用是将一条染色体转换成配送方案。解码函数decode的代码如下，该函数的输入为个体individual、顾客数目cusnum、车辆最大装载量cap、顾客需求量demands、顾客左时间窗a、顾客右时间窗b、配送中心右时间窗L、客户点的服务时间s、距离矩阵dist、车辆行驶速度v，输出为配送方案VC、车辆使用数目NV、车辆行驶总距离TD、违反约束路径数目violate_num、违反约束顾客数目violate_cus。

```
%% 将个体解码成配送方案
%输入 individual:             个体
%输入 cusnum:                 顾客数目
%输入 cap:                    车辆最大装载量
%输入 demands:                顾客需求量
%输入 a:                      顾客左时间窗
%输入 b:                      顾客右时间窗
%输入 L:                      配送中心右时间窗
%输入 s:                      客户点的服务时间
%输入 dist:                   距离矩阵
%输入 v:                      车辆行驶速度
%输出 VC:                     配送方案
%输出 NV:                     车辆使用数目
%输出 TD:                     车辆行驶总距离
%输出 violate_num:            违反约束路径数目
%输出 violate_cus:            违反约束顾客数目
function [VC,NV,TD,violate_num,violate_cus]=decode(individual,cusnum,cap,demands,a,b,
L,s,dist,v)
violate_num=0;                               %违反约束路径数目
violate_cus=0;                               %违反约束顾客数目
VC=cell(cusnum,1);                           %每辆车经过的顾客
count=1;                                     %车辆计数器,表示当前车辆使用数目
location0=find(individual > cusnum);         %找出个体中配送中心的位置
for i=1:length(location0)
    if i==1                                  %第1个配送中心的位置
```

```
        route=individual(1:location0(i));              %提取两个配送中心之间的路径
        route(route==individual(location0(i)))=[];     %删除路径中配送中心序号
    else
        route=individual(location0(i-1):location0(i)); %提取两个配送中心之间的路径
        route(route==individual(location0(i-1)))=[];   %删除路径中配送中心序号
        route(route==individual(location0(i)))=[];     %删除路径中配送中心序号
    end
    VC{count}=route;                                    %更新配送方案
    count=count+1;                                      %车辆使用数目
end
route=individual(location0(end):end);                   %最后一条路径
route(route==individual(location0(end)))=[];            %删除路径中配送中心序号
VC{count}=route;                                         %更新配送方案
[VC,NV]=deal_VC(VC);                                     %将VC中空的数组移除
for j=1:NV
route=VC{j};
%判断当前方案是否满足时间窗约束和装载量约束,0表示违反约束,1表示满足全部约束
    flag=judge_route(route,cap,demands,a,b,L,s,dist,v);
if flag==0
%如果这条路径不满足约束,则违反约束顾客数目加该条路径顾客数目
        violate_cus=violate_cus+length(route);
        violate_num=violate_num+1;     %如果这条路径不满足约束,则违反约束路径数目加1
    end
end
TD=travel_distance(VC,dist);                            %该方案车辆行驶总距离
end
```

在函数 decode 中使用 deal_VC 函数删除配送方案中的空路径,deal_VC 函数的代码如下,该函数的输入为配送方案 VC,输出为删除空路线后的配送方案 FVC、车辆使用数目 NV。

```
%% 根据VC整理出FVC,将VC中空的配送路线删除
%输入VC:              配送方案
%输出FVC:             删除空路线后的配送方案
%输出NV:              车辆使用数目
function [FVC,NV]=deal_VC(VC)
VC(cellfun(@isempty,VC))=[];   %删除cell数组中的空元胞
FVC=VC;                        %将VC赋值给FVC
NV=size(FVC,1);                %新方案中车辆使用数目
end
```

在函数 decode 中使用 judge_route 函数判断当前配送路线是否同时满足装载量约束和时间窗约束,judge_route 函数的代码如下,该函数的输入为当前配送路径 route、车辆最大装载量 cap、顾客需求量 demands、顾客左时间窗 a、顾客右时间窗 b、配送中心右时间窗 L、客户点的服务时间 s、距离矩阵 dist、车辆行驶速度 v,输出为 flagR,(flagR = 0 表示违反约束,flagR = 1 表示满足全部约束)。

```
%% 判断当前路径是否满足时间窗约束和装载量约束,0表示违反约束,1表示满足全部约束
%输入route:              当前配送路径
%输入cap:                车辆最大装载量
```

```
%输入demands:              顾客需求量
%输入a:                    顾客左时间窗
%输入b:                    顾客右时间窗
%输入L:                    配送中心右时间窗
%输入s:                    客户点的服务时间
%输入dist:                 距离矩阵
%输入v:                    车辆行驶速度
%输出flagR:                0表示违反约束,1表示满足全部约束
function flagR=judge_route(route,cap,demands,a,b,L,s,dist,v)
flagR=1;                   %假设满足约束
lr=length(route);          %该条路径上顾客数目
%% 计算每辆车的装载量
Ld=leave_load(route,demands);
%如果满足装载量约束,需用进行时间窗判断
if Ld<=cap
    %% 计算该路径上在各个点开始服务的时间,还计算返回配送中心时间
    [bs,back]=begin_s(route,a,s,dist,v);
    %如果满足配送中心右时间窗约束,需用判断各个顾客的时间窗是否满足时间窗约束
    if back<=L
        for i=1:lr
            %一旦发现某个顾客的时间窗是否满足时间窗约束,则直接判为违反约束,将flag设为0
            if bs(i)>b(route(i))
                flagR=0;
            end
        end
    else
        %如果不满足配送中心右时间窗约束,直接判为违反约束,将flag设为0
        flagR=0;
    end
else
    %如果不满足装载量约束,不用进行时间窗判断,直接判为违反约束,将flag设为0
    flagR=0;
end
end
```

在函数judge_route中使用函数leave_load计算每辆车的装载量,leave_load函数的代码如下,该函数的输入为当前配送路径route、顾客需求量demands,输出为车辆离开配送中心时的装载量Ld。

```
%% 计算某一条路径上离开配送中心时的装载量
%输入route:                当前配送路径
%输入demands:              顾客需求量
%输出Ld:                   车辆离开配送中心时的装载量
function Ld=leave_load(route,demands)
n=length(route);          %配送路线经过顾客的数目
Ld=0;                     %初始车辆在配送中心时的装载量为0
if n~=0
    for i=1:n
```

```
        if route(i)~=0
            Ld=Ld+demands(route(i));
        end
    end
end
end
```

在函数 judge_route 中还使用函数 begin_s 计算一条配送路径上货车对各个顾客开始服务的时间和返回配送中心时间,begin_s 函数的代码如下,该函数的输入为当前配送路径 route、顾客左时间窗 a、客户点的服务时间 s、距离矩阵 dist、车辆行驶速度 v,输出为车辆对顾客的开始服务时间 bs、车辆返回配送中心的时间 back。

```
%% 计算一条路线上车辆对顾客的开始服务时间,还计算车辆返回配送中心的时间
%输入route:              当前配送路线
%输入a:                 顾客左时间窗
%输入s:                 客户点的服务时间
%输入dist:              距离矩阵
%输入v:                 车辆行驶速度
%输出bs:                车辆对顾客的开始服务时间
%输出back:              车辆返回配送中心的时间
function [bs,back]= begin_s(route,a,s,dist,v)
n=length(route);           %配送路线上经过顾客的总数量
bs=zeros(1,n);             %车辆对顾客的开始服务时间
bs(1)=max(a(route(1)),(dist(1,route(1)+1))/v);
for i=1:n
    if i~=1
        bs(i)=max(a(route(i)),bs(i-1)+s(route(i-1))+(dist(route(i-1)+1,route(i)+1)/v);
    end
end
back=bs(end)+s(route(end))+(dist(route(end)+1,1))/v;
end
```

在函数 decode 中最后使用 travel_distance 函数计算当前配送方案车辆行驶总距离,travel_distance 函数的代码如下,该函数的输入为配送方案 VC、距离矩阵 dist,输出为所有车行驶的总距离 sumTD、每辆车行驶的距离 everyTD。

```
%% 计算每辆车行驶的距离,以及所有车行驶的总距离
%输入VC:                配送方案
%输入dist:              距离矩阵
%输出sumTD:             所有车行驶的总距离
%输出everyTD:           每辆车所行驶的距离
function [sumTD,everyTD]=travel_distance(VC,dist)
n=size(VC,1);              %车辆数目
everyTD=zeros(n,1);
for i=1:n
    part_seq=VC{i};        %每辆车经过的顾客
    if ~isempty(part_seq)
```

```
                everyTD(i)=part_length(part_seq,dist);
    end
end
sumTD=sum(everyTD);        %所有车行驶的总距离
end
```

在函数travel_distance中使用part_length函数计算当前一条配送路线的车辆行驶距离,part_length函数的代码如下,该函数的输入为当前配送路径route、距离矩阵dist,输出为当前配送路线行驶距离p_l。

```
%% 计算当前一条配送路线的车辆行驶距离
%输入route:             当前配送路径
%输入dist:              距离矩阵
%输出p_l:               当前配送路线行驶距离
function p_l=part_length(route,dist)
n=length(route);
p_l=0;
if n~=0
    for i=1:n
        %因为配送中心在dist矩阵中的第一行(列),所以在计算两个节点距离时需要将坐标加1
        if i==1
            p_l=p_l+dist(1,route(i)+1);
        else
            p_l=p_l+dist(route(i-1)+1,route(i)+1);
        end
    end
    p_l=p_l+dist(route(end)+1,1);
end
end
```

7.4.4   适应度函数

适应度函数fitness的代码如下,该函数的输入为种群目标函数值Obj,输出为种群适应度值fit。

```
%% 计算种群适应度值
%输入Obj:            种群目标函数值
%输出fit:            种群适应度值
function fit=fitness(Obj)
fit=1./Obj;
end
```

适应度函数的输入为种群的目标函数值,计算种群目标函数值的函数cal_obj的代码如下,该函数的输入为种群Chrom、顾客数目cusnum、车辆最大装载量cap、顾客需求量demands、顾客左时间窗a、顾客右时间窗b、配送中心右时间窗L、客户点的服务时间s、距离矩阵dist、违反的容量约束的惩罚函数系数alpha、违反时间窗约束的惩罚函数系数belta、车辆行驶速度v,输出为种群的目标函数值Obj。

```
%% 计算种群的目标函数值
%输入Chrom:                    种群
%输入cusnum:                   顾客数目
%输入cap:                      车辆最大装载量
%输入demands:                  顾客需求量
%输入a:                        顾客左时间窗
%输入b:                        顾客右时间窗
%输入L:                        配送中心右时间窗
%输入s:                        客户点的服务时间
%输入dist:                     距离矩阵
%输入alpha:                    违反的容量约束的惩罚函数系数
%输入belta:                    违反时间窗约束的惩罚函数系数
%输入v:                        车辆行驶速度
%输出Obj:                      每个个体的目标函数值,即该个体解码后配送方案的总成本
function Obj=cal_obj(Chrom,cusnum,cap,demands,a,b,L,s,dist,alpha,belta,v)
NIND=size(Chrom,1);                        %种群数目
Obj=zeros(NIND,1);                         %储存每个个体的目标函数值
for i=1:NIND
    %将第i个个体解码成配送方案
    VC=decode(Chrom(i,:),cusnum,cap,demands,a,b,L,s,dist,v);
    %计算解码出的配送方案的总成本
    costF=cost_fuction(VC,a,b,s,L,dist,demands,cap,alpha,belta,v);
    Obj(i)=costF;
end
end
```

个体的目标函数值定义为个体解码出配送方案的总成本,因此在函数 cal_obj 中使用 cost_fuction 函数计算个体解码出配送方案的总成本。cost_fuction 函数的代码如下,该函数的输入为配送方案 VC、顾客左时间窗 a、顾客右时间窗 b、客户点的服务时间 s、配送中心右时间窗 L、距离矩阵 dist、顾客需求量 demands、车辆最大装载量 cap、违反的容量约束的惩罚函数系数 alpha、违反时间窗约束的惩罚函数系数 belta、车辆行驶速度 v,输出为当前配送方案的总成本 cost。

```
%% 计算当前配送方案的总成本
%输入VC:                       配送方案
%输入a:                        顾客左时间窗
%输入b:                        顾客右时间窗
%输入s:                        客户点的服务时间
%输入L:                        配送中心右时间窗
%输入dist:                     距离矩阵
%输入demands:                  顾客需求量
%输入cap:                      车辆最大装载量
%输入alpha:                    违反的容量约束的惩罚函数系数
%输入belta:                    违反时间窗约束的惩罚函数系数
%输入v:                        车辆行驶速度
%输出cost:                     当前配送方案的总成本(f=TD+alpha*q+belta*w)
function cost=cost_fuction(VC,a,b,s,L,dist,demands,cap,alpha,belta,v)
TD=travel_distance(VC,dist);               %计算当前配送方案总行驶距离
```

```
q=violate_load(VC,demands,cap);        %计算当前配送方案中各条路径违反的装载量约束之和
w=violateTW(VC,a,b,s,L,dist,v);        %计算当前配送方案中所有顾客违反的时间窗约束之和
cost=TD+alpha*q+belta*w;               %计算当前配送方案总成本
end
```

在函数 cost_fuction 中使用 violate_load 函数计算当前配送方案中各条路径违反的装载量约束之和,violate_load 函数的代码如下,该函数的输入为配送方案 VC、顾客需求量 demands、车辆最大装载量 cap,输出为当前配送方案中各条路径违反的装载量约束之和 q。

```
%% 计算当前配送方案违反的装载量约束之和
%输入VC:               配送方案
%输入demands:          顾客需求量
%输入cap:              车辆最大装载量
%输出q:                当前配送方案中各条路径违反的装载量约束之和
function q=violate_load(VC,demands,cap)
NV=size(VC,1);                %车辆使用数目
q=0;
for i=1:NV
    route=VC{i};
    Ld=leave_load(route,demands);     %计算第i条路径上离开配送中心时的装载量
    if Ld > cap
        q=q+Ld-cap;
    end
end
end
```

在函数 cost_fuction 中使用 violateTW 函数计算当前配送方案中所有顾客违反的时间窗约束之和,violateTW 函数的代码如下,该函数的输入为配送方案 VC、顾客左时间窗 a、顾客右时间窗 b、客户点的服务时间 s、配送中心右时间窗 L、距离矩阵 dist、车辆行驶速度 v,输出为当前配送方案中所有顾客违反的时间窗约束之和 w。

```
%% 计算当前配送方案中所有顾客违反的时间窗约束之和
%输入VC:               配送方案
%输入a:                顾客左时间窗
%输入b:                顾客右时间窗
%输入s:                客户点的服务时间
%输入L:                配送中心右时间窗
%输入dist:             距离矩阵
%输入v:                车辆行驶速度
%输出w:                当前配送方案中所有顾客违反的时间窗约束之和
function w=violateTW(VC,a,b,s,L,dist,v)
NV=size(VC,1);           %车辆使用数目
w=0;
%计算货车在配送路线上各个点开始服务的时间,还计算返回配送中心时间
bsv=begin_s_v(VC,a,s,dist,v);
%% 只有晚于右时间窗到达才算违反时间窗约束
for i=1:NV
```

```
        route=VC{i};
        bs=bsv{i};
        l_bs=length(bsv{i});
        for j=1:l_bs-1
            if bs(j)>b(route(j))
                w=w+bs(j)-b(route(j));
            end
        end
        if bs(end)>L
            w=w+bs(end)-L;
        end
end
end
```

在函数 violateTW 中使用 begin_s_v 函数计算货车在配送路线上对各个顾客开始服务的时间和返回配送中心时间，begin_s_v 函数的代码如下，该函数的输入为配送方案 VC、顾客左时间窗 a、客户点的服务时间 s、距离矩阵 dist、车辆行驶速度 v，输出为货车在配送路线上对各个顾客开始服务的时间和返回配送中心时间 bsv。

```
%% 计算货车在配送路线上对各个顾客开始服务的时间和返回配送中心时间
%输入 VC:          配送方案
%输入 a:           顾客左时间窗
%输入 s:           客户点的服务时间
%输入 dist:        距离矩阵
%输入 v:           车辆行驶速度
%输出 bsv:         货车在配送路线上对各个顾客开始服务的时间和返回配送中心时间
function bsv= begin_s_v(VC,a,s,dist,v)
n=size(VC,1);               %车辆使用数目
bsv=cell(n,1);
for i=1:n
    route=VC{i};
    %计算货车在配送路线上对各个顾客开始服务的时间和返回配送中心时间
    [bs,back]=begin_s(route,a,s,dist,v);
    bsv{i}=[bs,back];
end
end
```

7.4.5 二元锦标赛选择操作函数

二元锦标赛选择操作采用两两比较择优选择的方法，从当前种群中选出若干个个体，组成子代种群。二元锦标赛选择操作函数 binary_tourment_select 的代码如下，该函数的输入为种群 Chrom、顾客数目 cusnum、车辆最大装载量 cap、顾客需求量 demands、顾客左时间窗 a、顾客右时间窗 b、配送中心右时间窗 L、客户点的服务时间 s、距离矩阵 dist、违反的容量约束的惩罚函数系数 alpha、违反时间窗约束的惩罚函数系数 belta、车辆行驶速度 v，输出为二元锦标赛选择出的子代种群 Selch。

```
%%  二元锦标赛选择
%输入Chrom:              种群
%输入cusnum:             顾客数目
%输入cap:                车辆最大装载量
%输入demands:            顾客需求量
%输入a:                  顾客左时间窗
%输入b:                  顾客右时间窗
%输入L:                  配送中心右时间窗
%输入s:                  客户点的服务时间
%输入dist:               距离矩阵
%输入alpha:              违反的容量约束的惩罚函数系数
%输入belta:              违反时间窗约束的惩罚函数系数
%输入v:                  车辆行驶速度
%输出Selch:              二元锦标赛选择出的子代种群
function Selch=binary_tourment_select(Chrom,cusnum,cap,demands,a,b,L,s,dist,alpha,
belta,v)
%计算种群目标函数值,即每个个体的总成本
Obj=cal_obj(Chrom,cusnum,cap,demands,a,b,L,s,dist,alpha,belta,v);
fit=fitness(Obj);               %计算每个个体的适应度值
NIND=size(Chrom,1);             %种群数目
index=[];                       %储存被选中的个体编号
for i=1:NIND
    R=randperm(NIND);           %生成一个1~NIND的随机排列
    index1=R(1);                %第一个比较的个体序号
    index2=R(2);                %第二个比较的个体序号
    fit1=fit(index1,:);         %第一个比较的个体的适应度值(适应度值越大,说明个体质量越高)
    fit2=fit(index2,:);         %第二个比较的个体的适应度值
    %如果个体1的适应度值大于等于个体2的适应度值,则将个体1作为第i选择出的个体
    if fit1 >=fit2
        index=[index;index1];
    else
        %如果个体1的适应度值小于个体2的适应度值,则将个体2作为第i选择出的个体
        index=[index;index2];
    end
end
index=unique(index);
Selch=Chrom(index,:);
end
```

7.4.6 交叉操作函数

在选择出子代种群后,需要对子代种群中的个体进行交叉操作。交叉操作函数 crossover 的代码如下,该函数的输入为子代种群 SelCh、交叉概率 P_c,输出为交叉后的子代种群 SelCh。

```
%%  交叉操作
%输入SelCh:              被选中的子代种群
%输入Pc:                 交叉概率
```

```
%输出 SelCh:        交叉后的子代种群
function SelCh=crossover(SelCh,Pc)
NSel=size(SelCh,1);
for i=1:2:NSel-mod(NSel,2)
    if Pc >=rand %交叉概率 Pc
        [SelCh(i,:),SelCh(i+1,:)]=cross_operator(SelCh(i,:),SelCh(i+1,:));
    end
end
end
```

在函数crossover中使用交叉算子函数cross_operator实现两个个体之间的交叉操作,cross_operator
函数的代码如下,该函数的输入为第1个待交叉个体individual1、第2个待交叉个体individual2,输出
为交叉后的第1个个体individual1、交叉后的第2个个体individual2。

```
%% 交叉算子
%输入 individual1:     第1个待交叉个体
%输入 individual2:     第2个待交叉个体
%输入 individual1:     交叉后的第1个个体
%输入 individual2:     交叉后的第2个个体
function [individual1,individual2]=cross_operator(individual1,individual2)
L=length(individual1);          %个体长度
while 1
    r1=randsrc(1,1,[1:L]);
    r2=randsrc(1,1,[1:L]);
    if r1~=r2
        s=min([r1,r2]);
        e=max([r1,r2]);
        a0=[individual2(s:e),individual1];
        b0=[individual1(s:e),individual2];
        for i=1:length(a0)
            aindex=find(a0==a0(i));
            bindex=find(b0==b0(i));
            if length(aindex)>1
                a0(aindex(2))=[];
            end
            if length(bindex)>1
                b0(bindex(2))=[];
            end
            if i==length(individual1)
                break
            end
        end
        individual1=a0;
        individual2=b0;
        break
    end
end
end
```

7.4.7 变异操作函数

在对子代种群进行交叉操作后,还需对子代种群进行变异操作,确保种群的多样性。变异操作函数 mutate 的代码如下,该函数的输入为被选中的子代种群 SelCh、变异概率 P_m,输出为变异后的子代种群 SelCh。

```
%% 变异操作
%输入 SelCh:        被选中的子代种群
%输入 Pm:           变异概率
%输出 SelCh:        变异后的子代种群
function SelCh=mutate(SelCh,Pm)
NSel=size(SelCh,1);
for i=1:NSel
    if Pm>=rand
        individual1=SelCh(i,:);
        individual2=mutate_operator(individual1);
        SelCh(i,:)=individual2;
    end
end
end
```

在函数 mutate 中使用变异算子函数 mutate_operator 实现一个个体之间的变异操作, mutate_operator 函数的代码如下,该函数的输入为待变异个体 individual1,输出为变异后的个体 individual2。

```
%% 变异算子
%输入 individual1:    待变异个体
%输出 individual2:    变异后的个体
function individual2=mutate_operator(individual1)
n=length(individual1);
seq=randperm(n);
I=seq(1:2);
i1=I(1);
i2=I(2);
individual2=individual1;
individual2([i1 i2])=individual1([i2 i1]);
end
```

7.4.8 局部搜索操作

在对子代种群进行交叉操作和变异操作后,为进一步提高种群的质量,本节对子代种群中的个体进行局部搜索操作。局部搜索操作分为破坏操作和修复操作两个阶段,首先给出局部搜索操作函数 local_search 的代码,其次给出破坏操作函数 remove 的代码,最后给出修复操作函数 re_inserting 的代码。

1. 局部搜索操作函数 local_search

local_search 函数的代码如下,该函数的输入为变异操作后的子代种群 Selch、顾客数目 cusnum、车辆最大装载量 cap、顾客需求量 demands、顾客左时间窗 a、顾客右时间窗 b、配送中心右时间窗 L、客户点的服务时间 s、距离矩阵 dist、违反的容量约束的惩罚函数系数 alpha、违反时间窗约束的惩罚函数系数 belta、车辆行驶速度 v,输出为局部搜索后的子代种群 Selch。

```
%% 局部搜索操作
%输入SelCh:        变异操作后的子代种群
%输入cusnum:       顾客数目
%输入cap:          车辆最大装载量
%输入demands:      顾客需求量
%输入a:            顾客左时间窗
%输入b:            顾客右时间窗
%输入L:            配送中心右时间窗
%输入s:            客户点的服务时间
%输入dist:         距离矩阵
%输入alpha:        违反的容量约束的惩罚函数系数
%输入belta:        违反时间窗约束的惩罚函数系数
%输入v:            车辆行驶速度
%输出SelCh:        局部搜索后的子代种群
function SelCh=local_search(SelCh,cusnum,cap,demands,a,b,L,s,dist,alpha,belta,v)
D=15;                           %破坏过程中的随机元素
toRemove=min(ceil(cusnum/2),15);    %将要移除的顾客数量
[row,N]=size(SelCh);
for i=1:row
    %% 将第i个子代个体解码成配送方案
    VC=decode(SelCh(i,:),cusnum,cap,demands,a,b,L,s,dist,v);
    %% 计算解码出配送方案的总成本
    CF=cost_fuction(VC,a,b,s,L,dist,demands,cap,alpha,belta,v);
    %% 破坏操作
    [removed,rfvc]=remove(cusnum,toRemove,D,dist,VC);
    %% 修复操作
    ReIfvc=re_inserting(removed,rfvc,cap,demands,a,b,L,s,dist,v);
    %计算惩罚函数
    RCF=cost_fuction(ReIfvc,a,b,s,L,dist,demands,cap,alpha,belta,v);
    if RCF < CF
        chrom=change(ReIfvc,N,cusnum);
        SelCh(i,:)=chrom;
    end
end
```

2. 破坏操作函数 remove

remove 函数的代码如下,该函数的输入为顾客数目 cusnum、将要移除的顾客数目 toRemove、随机元素 D、距离矩阵 dist、破坏前的配送方案 VC,输出为被移除的顾客集合 removed、破坏后的配送方案 rfvc。

```matlab
%% 破坏操作,先从原有顾客集合中随机选出一个顾客,然后根据相关性再依次移除需要数量的顾客
%输入cusnum:          顾客数目
%输入toRemove:        将要移除的顾客数目
%输入D:               随机元素
%输入dist:            距离矩阵
%输入VC:              破坏前的配送方案
%输出removed:         被移除的顾客集合
%输出rfvc:            破坏后的配送方案
function [removed,rfvc]=remove(cusnum,toRemove,D,dist,VC)
inplan=1:cusnum;                  %所有顾客的集合
visit=ceil(rand*cusnum);          %随机从所有顾客中随机选出一个顾客
inplan(inplan==visit)=[];         %将被移除的顾客从原有顾客集合中移除
removed=[visit];                  %被移除的顾客集合
while length(removed)<toRemove
    nr=length(removed);           %当前被移除的顾客数量
    vr=ceil(rand*nr);             %从被移除的顾客集合中随机选择一个顾客
    nip=length(inplan);           %原来顾客集合中顾客的数量
    R=zeros(1,nip);               %存储removed(vr)与inplan中每个元素的相关性的数组
for i=1:nip
%计算removed(vr)与inplan中每个元素的相关性
    R(i)=relatedness(removed(vr),inplan(i),dist,VC);
    end
    [SRV,SRI]=sort(R,'descend');
    lst=inplan(SRI);              %将inplan中的数组按removed(vr)与其的相关性从高到低排序
    vc=lst(ceil(rand^D*nip));     %从lst数组中选择一个客户
    removed=[removed vc];         %向被移除的顾客集合中添加被移除的顾客
    inplan(inplan==vc)=[];        %将被移除的顾客从原有顾客集合中移除
end
rfvc=VC;                          %移除removed中的顾客后的final_vehicles_customer
nre=length(removed);             %最终被移除顾客的总数量
NV=size(VC,1);                    %车辆使用数目
for i=1:NV
    route=VC{i};
    for j=1:nre
        findri=find(route==removed(j),1,'first');
        if ~isempty(findri)
            route(route==removed(j))=[];
        end
    end
    rfvc{i}=route;
end
rfvc=deal_VC(rfvc);
end
```

在函数remove中使用relatedness函数计算两个顾客之间的相关性,relatedness函数的代码如下,该函数的输入为顾客i、j、距离矩阵dist、配送方案VC,输出为顾客i和顾客j的相关性R_{ij}。

```matlab
%% 求顾客i与顾客j之间的相关性
%输入i、j:            顾客
```

```
%输入dist:            距离矩阵
%输入VC:              配送方案
%输出Rij:            顾客i和顾客j的相关性
function Rij=relatedness(i,j,dist,VC)
n=size(dist,1)-1;     %顾客数量,-1是因为减去配送中心
NV=size(VC,1);        %车辆使用数目
%计算cij'
d=dist(i+1,j+1);
[md,mindex]=max((dist(i+1,2:end)));
c=d/md;
%判断i和j是否在一条路径上
V=1;                  %设初始顾客i与顾客j不在同一条路径上
for k=1:NV
    route=VC{k};          %该条路径上经过的顾客
    findi=find(route==i,1,'first');      %判断该条路径上是否经过顾客i
    findj=find(route==j,1,'first');      %判断该条路径上是否经过顾客j
    %如果findi和findj同时非空,则证明该条路径上同时经过顾客i和顾客j,则V=0
    if ~isempty(findi)&&~isempty(findj)
        V=0;
    end
end
%计算顾客i与顾客j的相关性
Rij=1/(c+V);
end
```

3. 修复操作函数 re_inserting

re_inserting 函数的代码如下,该函数的输入为被移除的顾客集合 removed、破坏后的配送方案 rfvc、车辆最大装载量 cap、顾客需求量 demands、顾客左时间窗 a、顾客右时间窗 b、配送中心右时间窗 L、客户点的服务时间 s、距离矩阵 dist、车辆行驶速度 v,输出为修复后的配送方案 ReIfvc、修复后的配送方案的总行驶距离 RTD。

```
%% 修复操作,将被移除的顾客重新插回破坏后的配送方案
%输出removed:          被移除的顾客集合
%输出rfvc:            破坏后的配送方案
%输入cap:             车辆最大装载量
%输入demands:          顾客需求量
%输入a:               顾客左时间窗
%输入b:               顾客右时间窗
%输入L:               配送中心右时间窗
%输入s:               客户点的服务时间
%输入dist:            距离矩阵
%输入v:               车辆行驶速度
%输出ReIfvc:          修复后的配送方案
%输出RTD:             修复后的配送方案的总行驶距离
function [ReIfvc,RTD]=re_inserting(removed,rfvc,cap,demands,a,b,L,s,dist,v)
while ~isempty(removed)
    %% 最远插入启发式:将最小插入目标距离增量最大的元素找出来
```

```
    [fv,fviv,fvip,fvC]=farthest_ins(removed,rfvc,cap,demands,a,b,L,s,dist,v);
    removed(removed==fv)=[];
    %% 根据插入点将元素插回到原始解中
    rfvc=insert(fv,fviv,fvip,fvC,rfvc,dist);
end
rfvc=deal_VC(rfvc);
ReIfvc=rfvc;
RTD=travel_distance( ReIfvc,dist);
end
```

在函数 re_inserting 中使用 farthest_ins 函数将最小插入成本最大的顾客插回到当前配送方案，farthest_ins 函数的代码如下，该函数的输入为被移除的顾客集合 removed、破坏后的配送方案 rfvc、车辆最大装载量 cap、顾客需求量 demands、顾客左时间窗 a、顾客右时间窗 b、配送中心右时间窗 L、客户点的服务时间 s、距离矩阵 dist、车辆行驶速度 v，输出为 removed 中最小插入成本中最大的顾客 fv、将该顾客插回到当前配送方案的路线编号 fviv、将该顾客插回到当前配送方案的对应路线中的插入位置 fvip、该顾客的最小插入成本 fvC。

```
%% 最远插入启发式:将最小插入成本最大的顾客插回到当前配送方案
%输出 removed:              被移除的顾客集合
%输出 rfvc:                破坏后的配送方案
%输入 cap:                 车辆最大装载量
%输入 demands:             顾客需求量
%输入 a:                   顾客左时间窗
%输入 b:                   顾客右时间窗
%输入 L:                   配送中心右时间窗
%输入 s:                   客户点的服务时间
%输入 dist:                距离矩阵
%输入 v:                   车辆行驶速度
%输出 fv:                  removed 中最小插入成本中最大的顾客
%输出 fviv:                将该顾客插回到当前配送方案的路线编号
%输出 fvip:                将该顾客插回到当前配送方案的对应路线中的插入位置
%输出 fvC:                 该顾客的最小插入成本
function [fv,fviv,fvip,fvC]=farthest_ins(removed,rfvc,cap,demands,a,b,L,s,dist,v)
nr=length(removed);        %被移除的顾客数量
outcome=zeros(nr,3);
for i=1:nr
    %[车辆序号 插入位置序号 插入成本]
    [civ,cip,C]= cheapest_ip(removed(i),rfvc,cap,demands,a,b,L,s,dist,v);
    outcome(i,1)=civ;
    outcome(i,2)=cip;
    outcome(i,3)=C;
end
[mc,mc_index]=max(outcome(:,3));
temp=outcome(mc_index,:);
fviv=temp(1,1);
fvip=temp(1,2);
fvC=temp(1,3);
```

```
fv=removed(mc_index);
end
```

在函数 farthest_ins 中使用 cheapest_ip 函数计算 removed 中每个顾客的最小插入成本及对应的插入路线编号和该路线上的插入位置,cheapest_ip 函数的代码如下,该函数的输入为 removed 集合中的任一个元素 rv、破坏后的配送方案 rfvc、车辆最大装载量 cap、顾客需求量 demands、顾客左时间窗 a、顾客右时间窗 b、配送中心右时间窗 L、客户点的服务时间 s、距离矩阵 dist、车辆行驶速度 v,输出为将 rv 插入 rfvc 中在满足约束下的插入成本最小的路线编号 civ、插回到对应路线上的插入位置 cip、rv 的最小插入成本 C。

```
%% 计算 removed 中每个顾客的最小插入成本及对应的插入路线编号和该路线上的插入位置
%输入 rv:                removed 集合中的任一个元素
%输出 rfvc:              破坏后的配送方案
%输入 cap:               车辆最大装载量
%输入 demands:           顾客需求量
%输入 a:                 顾客左时间窗
%输入 b:                 顾客右时间窗
%输入 L:                 配送中心右时间窗
%输入 s:                 客户点的服务时间
%输入 dist:              距离矩阵
%输入 v:                 车辆行驶速度
%输出 civ:               将 rv 插入 rfvc 中在满足约束下的插入成本最小的路线编号
%输出 cip:               插回到对应路线上的插入位置
%输出 C:                 rv 的最小插入成本
function [civ,cip,C]= cheapest_ip(rv,rfvc,cap,demands,a,b,L,s,dist,v)
NV=size(rfvc,1);                         %车辆使用数目
outcome=[];   %存储每一个合理的插入点及对应的距离增量 [车辆序号 插入位置序号 插入成本]
for i=1:NV
    route=rfvc{i};                       %第 i 条路径
    len=length(route);                   %该路径上经过的顾客数目
    LB=part_length(route,dist);          %插入 rv 之前该条路径的距离
    %先将 rv 插入 route 中的任何空隙,共(len+1)个,
    for j=1:len+1;
        %将 rv 插入配送中心后
        if j==1
            temp_r=[rv route];
            LA=part_length(temp_r,dist);         %插入 rv 之后该条路径的距离
            delta=LA-LB;                         %插入 rv 之后该条路径的距离增量
            %判断当前路径是否满足时间窗约束和载重量约束
            %0 表示违反约束,1 表示满足全部约束
            flagR=judge_route(temp_r,cap,demands,a,b,L,s,dist,v);
            %如果同时满足时间窗约束和容量约束,则该插入点合理,并记录下来
            if flagR==1
                outcome=[outcome;i j delta];
            end
            %将 rv 插入配送中心前
        elseif j==len+1
```

```
            temp_r=[route rv];
            LA=part_length(temp_r,dist);              %插入rv之后该条路径的距离
            delta=LA-LB;                              %插入rv之后该条路径的距离增量
        %判断当前路径是否满足时间窗约束和载重量约束,0表示违反约束,1表示满足全部约束
            flagR=judge_route(temp_r,cap,demands,a,b,L,s,dist,v);
            %如果同时满足时间窗约束和容量约束,则该插入点合理,并记录下来
            if flagR==1
                outcome=[outcome;i j delta];
            end
            %将rv插入顾客之间的任意空隙
        else
            temp_r=[route(1:j-1) rv route(j:end)];
            LA=part_length(temp_r,dist);              %插入rv之后该条路径的距离
            delta=LA-LB;                              %插入rv之后该条路径的距离增量
        %判断当前路径是否满足时间窗约束和载重量约束,0表示违反约束,1表示满足全部约束
            flagR=judge_route(temp_r,cap,demands,a,b,L,s,dist,v);
            %如果同时满足时间窗约束和容量约束,则该插入点合理,并记录下来
            if flagR==1
                outcome=[outcome;i j delta];
            end
        end
    end
end
%% 如果存在合理的插入点,则找出最优插入点,否则新增加一辆车运输
if ~isempty(outcome)
    addC=outcome(:,3);                                %每个插入点的距离增量
    [saC,sindex]=sort(addC);                          %将距离增量从小到大排序
    temp=outcome(sindex,:); %将距离增量从小到大排序后的[车辆序号 插入位置序号 插入成本]
    civ=temp(1,1);                                    %第一行即为最佳插入点及对应的距离增量
    cip=temp(1,2);
    C=temp(1,3);
else
    civ=NV+1;
    cip=1;
    C=part_length(rv,dist);
end
end
```

在函数re_inserting中使用insert函数将顾客插回到破坏的配送方案中,insert函数的代码如下,该函数的输入为removed中最小插入成本中最大的顾客fv、将该顾客插回到当前配送方案的路线编号fviv、将该顾客插回到当前配送方案的对应路线中的插入位置fvip、该顾客的最小插入成本fvC、破坏后的配送方案rfvc、距离矩阵dist,输出为插回顾客后的配送方案ifvc、插回顾客后的配送方案的总行驶距离iTD。

```
%% 根据插入车辆序号及该路线上的插入位置,将顾客插回到破坏的配送方案中
%输入 fv:            removed中最小插入成本中最大的顾客
%输入 fviv:          将该顾客插回到当前配送方案的路线编号
```

```
%输入fvip:            将该顾客插回到当前配送方案的对应路线中的插入位置
%输入fvC:             该顾客的最小插入成本
%输入rfvc:            破坏后的配送方案
%输入dist:            距离矩阵
%输出ifvc:            插回顾客后的配送方案
%输出iTD:             插回顾客后的配送方案的总行驶距离
function [ifvc,iTD]=insert(fv,fviv,fvip,fvC,rfvc,dist)
ifvc=rfvc;
sumTD=travel_distance(rfvc,dist);          %插回前的总距离
iTD=sumTD+fvC;                             %插回后的总距离
%% 如果插回车辆属于rfvc中的车辆
if fviv<=size(rfvc,1)
    route=rfvc{fviv};                      %将顾客插回的路径
    len=length(route);
    if fvip==1
        temp=[fv route];
    elseif fvip==len+1
        temp=[route fv];
    else
        temp=[route(1:fvip-1) fv route(fvip:end)];
    end
    ifvc{fviv}=temp;
%否则,新增加一辆车
else
    ifvc{fviv,1}=[fv];
end
end
```

7.4.9 重组操作函数

在对子代种群进行局部搜索操作后,需要使用重组操作将子代种群与当前迭代起始的父代种群进行合并。重组操作函数reins的代码如下,该函数的输入为父代种群Chrom、子代种群SelCh、父代适应度值fit,输出为组合父代与子代后得到的新种群Chrom。

```
%% 重组操作
%输入Chrom:           父代种群
%输入SelCh:           子代种群
%输入fit:             父代适应度
%输出Chrom:           组合父代与子代后得到的新种群
function Chrom=reins(Chrom,SelCh,fit)
NIND=size(Chrom,1);
NSel=size(SelCh,1);
[~,index]=sort(fit,'descend');
Chrom=[Chrom(index(1:NIND-NSel),:);SelCh];
end
```

7.4.10　VRPTW配送路线图函数

在求出 VRPTW 的最优路线后,为了能使所得结果直观地显示,可将最优配送路线进行可视化。

VRPTW 配送路线可视化函数 draw_Best 的具体代码如下,该函数的输入为配送方案 VC、各个点的横纵坐标 vertexs。

```matlab
%% 绘制最优配送方案路线
%输入VC:              配送方案
%输入vertexs:         各个节点的x、y坐标
function draw_Best(VC,vertexs)
customer=vertexs(2:end,:);          %顾客的x、y坐标
NV=size(VC,1);                      %车辆使用数目
figure
hold on;box on
title('最优配送方案路线图')
hold on;
C=hsv(NV);
for i=1:size(vertexs,1)
    text(vertexs(i,1)+0.5,vertexs(i,2),num2str(i-1));
end
for i=1:NV
    part_seq=VC{i};                 %每辆车经过的顾客
    len=length(part_seq);           %每辆车经过的顾客数目
    for j=0:len
        %当j=0时,车辆从配送中心出发到达该路径上的第一个顾客
        if j==0
            fprintf('%s','配送路线',num2str(i),':');
            fprintf('%d->',0);
            c1=customer(part_seq(1),:);
            plot([vertexs(1,1),c1(1)],[vertexs(1,2),c1(2)],'-','color',C(i,:),
                'linewidth',1);
        %当j=len时,车辆从该路径上的最后一个顾客出发到达配送中心
        elseif j==len
            fprintf('%d->',part_seq(j));
            fprintf('%d',0);
            fprintf('\n');
            c_len=customer(part_seq(len),:);
            plot([c_len(1),vertexs(1,1)],[c_len(2),vertexs(1,2)],'-','color',C(i,:),
                'linewidth',1);
        %否则,车辆从路径上的前一个顾客到达该路径上紧邻的下一个顾客
        else
            fprintf('%d->',part_seq(j));
            c_pre=customer(part_seq(j),:);
            c_lastone=customer(part_seq(j+1),:);
            plot([c_pre(1),c_lastone(1)],[c_pre(2),c_lastone(2)],'-','color',C(i,:),
                'linewidth',1);
```

```
        end
    end
end
plot(customer(:,1),customer(:,2),'ro','linewidth',1);hold on;
plot(vertexs(1,1),vertexs(1,2),'s','linewidth',2,'MarkerEdgeColor',…
'b','MarkerFaceColor','b','MarkerSize',10);
end
```

7.4.11 主函数

主函数的第一部分是从 xlsx 文件中导入数据,并且根据原始数据计算出距离矩阵;第二部分是初始化各个参数;第三部分是主循环,通过选择操作、交叉操作、变异操作、局部搜索操作对种群进行更新,直至达到终止条件结束搜索;第四部分为将求解过程和所得的最优配送路线可视化。

主函数代码如下:

```
tic
clear
clc
%% 用xlsread函数读取xlsx文件
dataset=xlsread('实例验证数据.xlsx','转换后数据','A2:G17');
cap=100;                            %车辆最大装载量
v=30/60;                            %车辆行驶速度=30km/h=30/60km/min
%% 提取数据信息
E=dataset(1,5);                     %配送中心时间窗开始时间
L=dataset(1,6);                     %配送中心时间窗结束时间
vertexs=dataset(:,2:3);             %所有点的x和y坐标
customer=vertexs(2:end,:);          %顾客坐标
cusnum=size(customer,1);            %顾客数目
v_num=min(25,cusnum);               %车辆最多使用数目
demands=dataset(2:end,4);           %需求量
a=dataset(2:end,5);                 %顾客时间窗开始时间[a[i],b[i]]
b=dataset(2:end,6);                 %顾客时间窗结束时间[a[i],b[i]]
s=dataset(2:end,7);                 %客户点的服务时间
h=pdist(vertexs);                   %计算各个节点之间的距离
dist=squareform(h);                 %距离矩阵
%% 遗传算法参数设置
alpha=10;                           %违反的容量约束的惩罚函数系数
belta=100;                          %违反时间窗约束的惩罚函数系数
NIND=50;                            %种群大小
MAXGEN=250;                         %迭代次数
Pc=0.9;                             %交叉概率
Pm=0.05;                            %变异概率
N=cusnum+v_num-1;                   %染色体长度=顾客数目+车辆最多使用数目-1
%% 初始化种群
init_vc=init(cusnum,a,demands,cap); %构造初始解
Chrom=init_pop(NIND,N,cusnum,init_vc);
```

```
%% 输出随机解的路线和总距离
disp('初始种群中的一个随机值:')
[VC,NV,TD,violate_num,violate_cus]=decode(Chrom(1,:),cusnum,cap,demands,a,b,L,s,
dist,v);
disp(['车辆使用数目:',num2str(NV),',车辆行驶总距离:',num2str(TD),'…
,违反约束路径数目:',num2str(violate_num),',违反约束顾客数目:',num2str(violate_cus)]);
disp('~~~~~~~~~~~~~~~~~~~~~~~~~~~~~~~~~~~~~~~~~~~~~~~~~~~~~~~~~~~~~~~~~~~~~')
%% 优化
gen=1;
bestChrom=Chrom(1,:);                           %初始全局最优个体
%初始全局最优个体解码的配送方案
bestVC=decode(bestChrom,cusnum,cap,demands,a,b,L,s,dist,v);
%初始全局最优个体的总成本
bestCost=cost_fuction(bestVC,a,b,s,L,dist,demands,cap,alpha,belta,v);
BestChrom=zeros(MAXGEN,N);                       %记录每次迭代过程中全局最优个体
BestCost=zeros(MAXGEN,1);                        %记录每次迭代过程中全局最优个体的总成本
while gen<=MAXGEN
    %% 计算当前代所有个体的目标函数值
    Obj=cal_obj(Chrom,cusnum,cap,demands,a,b,L,s,dist,alpha,belta,v);
    %% 计算种群适应度值
    fit=fitness(Obj);
    %% 选择操作
    SelCh=binary_tourment_select(Chrom,cusnum,cap,demands,a,b,L,s,dist,alpha,belta,v);
    %% 交叉操作
    SelCh=crossover(SelCh,Pc);
    %% 变异操作
    SelCh=mutate(SelCh,Pm);
    %% 局部搜索操作
    SelCh=local_search(SelCh,cusnum,cap,demands,a,b,L,s,dist,alpha,belta,v);
    %% 重插入子代的新种群
    Chrom=reins(Chrom,SelCh,Obj);
    %% 计算当前代所有个体总成本
    Obj=cal_obj(Chrom,cusnum,cap,demands,a,b,L,s,dist,alpha,belta,v);
    %% 找出当前代中最优个体
    [minObj,minIndex]=min(Obj);
%% 将当前代中最优个体与全局最优个体进行比较,
%如果当前代最优个体更好,则将全局最优个体进行替换
    if minObj<=bestCost
        bestChrom=Chrom(minIndex(1),:);
        bestCost=minObj;
    end
    %记录每一代全局最优个体及其总距离
    BestChrom(gen,:)=bestChrom;
    BestCost(gen,:)=bestCost;
    %% 输出当前最优解
    disp(['第',num2str(gen),'代最优解:'])
    [bestVC,bestNV,bestTD,best_vionum,best_viocus]=decode(bestChrom,cusnum,…
      cap,demands,a,b,L,s,dist,v);
disp(['车辆使用数目:',num2str(bestNV),',车辆行驶总距离:',num2str(bestTD),…
```

```
',违反约束路径数目:',num2str(best_vionum),',违反约束顾客数目:',num2str(best_viocus)]);
    fprintf('\n')
    %% 更新迭代次数
    gen=gen+1 ;
end
%% 输出每次迭代的全局最优个体的总距离变化趋势
figure;
plot(BestCost,'LineWidth',1);
title('优化过程')
xlabel('迭代次数');
ylabel('总成本');
%% 输出最优解的路线和总距离
disp('最优解:')
[bestVC,bestNV,bestTD,best_vionum,best_viocus]=decode(bestChrom,…
cusnum,cap,demands,a,b,L,s,dist,v);
disp(['车辆使用数目:',num2str(bestNV),',车辆行驶总距离:',num2str(bestTD),…
',违反约束路径数目:',num2str(best_vionum),',违反约束顾客数目:',num2str(best_viocus)]);
disp('---------------------------------------------------------')
%% 绘制最终路线
draw_Best(bestVC,vertexs);
save solution.mat bestVC bestNV bestTD
toc
```

7.5 实例验证

7.5.1 输入数据

实例验证的输入数据共有1个配送中心和15个顾客,每个点的数据如表7.6所示。每辆车的车辆行驶速度都为30km/h,每辆车的最大装载量都为150kg。

表7.6 实例验证输入数据

序号	x坐标/km	y坐标/km	需求量/kg	左时间窗	右时间窗	服务时间/min
0	40	50	0	7:00	21:00	0
1	45	68	40	17:00	17:30	20
2	45	70	10	16:30	17:00	20
3	42	66	40	8:00	9:30	20
4	42	68	10	16:00	16:30	20
5	42	65	20	7:20	8:00	20

续表

序号	x坐标/km	y坐标/km	需求量/kg	左时间窗	右时间窗	服务时间/min
6	40	69	10	15:00	15:40	20
7	40	66	40	9:40	10:20	20
8	38	68	30	10:40	11:30	20
9	38	70	10	14:40	15:20	20
10	35	66	5	12:00	12:30	20
11	35	69	17	13:30	14:20	20
12	25	85	3	15:10	16:10	20
13	22	75	16	8:30	9:30	20
14	22	85	23	14:10	15:10	20
15	20	80	31	12:40	13:40	20

7.5.2　数据预处理

在使用上述数据前需要将上述数据进行预处理,主要是将上述各个点的左、右时间窗进行变换,方便在MATLAB中进行运算。处理方式如下,因为配送中心0的左时间窗最小,所以以配送中心0的左时间窗为基准,将上述各个点的左、右时间窗全部减去配送中心0的左时间窗,结果如表7.7所示。

表7.7　实例验证输入数据预处理(1)

序号	x坐标/km	y坐标/km	需求量/kg	左时间窗	右时间窗	服务时间/min
0	40	50	0	0:00	14:00	0
1	45	68	40	10:00	10:30	20
2	45	70	10	9:30	10:00	20
3	42	66	40	1:00	2:30	20
4	42	68	10	9:00	9:30	20
5	42	65	20	0:20	1:00	20
6	40	69	10	8:00	8:40	20
7	40	66	40	2:40	3:20	20
8	38	68	30	3:40	4:30	20
9	38	70	10	7:40	8:20	20
10	35	66	5	5:00	5:30	20
11	35	69	17	6:30	7:20	20
12	25	85	3	8:10	9:10	20
13	22	75	16	1:30	2:30	20
14	22	85	23	7:10	8:10	20
15	20	80	31	5:40	6:40	20

然后将上述所有点转换后的左、右时间窗乘以60,转换成分钟,最终预处理的结果如表7.8所示。

在Excel中可以使用如下公式将时间转换为分钟的数值:

$$60HOUR(J3) + MINUTE(J3) + SECOND(J3)/60$$

表7.8 实例验证输入数据预处理(2)

序号	x坐标/km	y坐标/km	需求量/kg	左时间窗	右时间窗	服务时间/min
0	40	50	0	0	840	0
1	45	68	40	600	630	20
2	45	70	10	570	600	20
3	42	66	40	60	150	20
4	42	68	10	540	570	20
5	42	65	20	20	60	20
6	40	69	10	480	520	20
7	40	66	40	160	200	20
8	38	68	30	220	270	20
9	38	70	10	460	500	20
10	35	66	5	300	330	20
11	35	69	17	390	440	20
12	25	85	3	490	550	20
13	22	75	16	90	150	20
14	22	85	23	430	490	20
15	20	80	31	340	400	20

7.5.3 遗传算法参数设置

在运行GA之前,需要对GA的参数进行设置,各个参数如表7.9所示。

表7.9 GA参数设置

参数名称	取值
车辆最大装载量	100kg
车辆行驶速度	30km/h
违反的装载量约束的惩罚函数系数	10
违反时间窗约束的惩罚函数系数	100
种群大小	50
最大迭代次数	250
交叉概率	0.9
变异概率	0.05

7.5.4　实验结果展示

　　GA求解VRPTW优化过程如图7.4所示，GA求得VRPTW最优配送方案路线如图7.5所示。

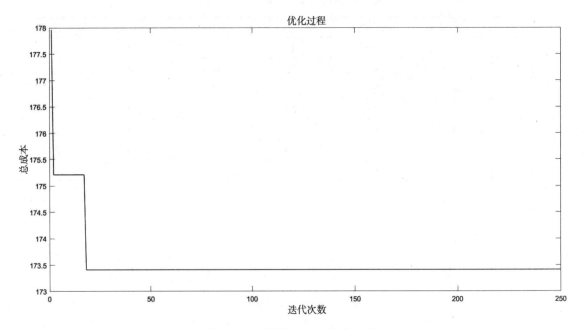

图7.4　GA求解VRPTW优化过程

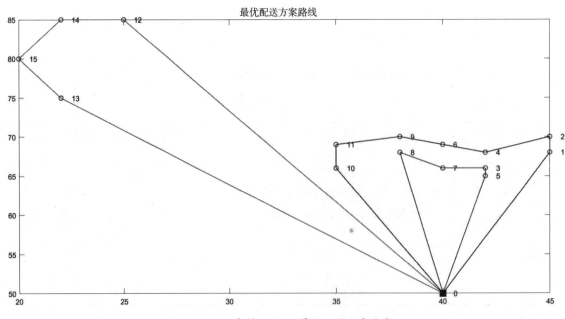

图7.5　GA求得VRPTW最优配送方案路线

　　最终优化结果为3条配送路线,车辆行驶总距离为173.41km,每条配送路线详细信息如表7.10所示。

表7.10　最终配送方案路线

配送路线1	$0 \to 5 \to 3 \to 7 \to 8 \to 0$
配送路线2	$0 \to 10 \to 11 \to 9 \to 6 \to 4 \to 2 \to 1 \to 0$
配送路线3	$0 \to 13 \to 15 \to 14 \to 12 \to 0$

第 8 章

萤火虫算法求解订单分批问题

订单分批问题(Order Batching Problem,OBP)就是将若干个订单按照某种规则合并到一批进行拣选,以缩短拣选订单时行走的距离或消耗的时间。订单分批问题是确定每一批次订单具体包含哪些订单,以及确定每批订单的拣选路径,使得拣选距离最短或拣选时间最小。假设已知仓库布局模型、仓库中每个储位上物品的质量、若干个订单包含的物品信息和拣货设备的最大装载量,则OBP可以简单描述为:在满足一个订单只能由一辆拣货设备服务,即不能将一个订单拆成两个批次进行拣选,且在满足装载量约束的前提下,拣选人员使用拣货设备分批次拣选订单,拣选人员每次都从仓库入口出发,在拣选完某一批次订单包含的所有物品后,最后返回仓库出口,制定出总拣选距离最小的订单分批方案,即确定每一批次订单包含的订单,以及每一批次订单的拣选路线,使得这些拣选人员的拣选距离之和最小。

萤火虫算法(Firefly Algorithm,FA)是一种群智能优化算法,具有操作方便、实现简单、参数较少等优点,其中每一只萤火虫都代表一个问题的解,萤火虫之间通过相互吸引,从而使萤火虫位置进行更新,最终通过反复迭代求得问题的最终解。FA大部分用于求解连续优化问题,较少应用于离散优化问题。因此,本章创新性地使用FA求解OBP。

本章主要涉及的知识点

♦ OBP概述

♦ 算法简介

♦ 使用FA求解OBP的算法求解策略

♦ MATLAB程序实现

♦ 实例验证

8.1 问题描述

OBP模型中涉及的参数如表8.1所示,决策变量如表8.2所示。

表8.1　参数

变量符号	参数含义
N	订单集合
K	订单分批集合
D_k	拣选完订单分批k中所有物品需要行走的距离
M	仓库中的储位(物品)数目
q_{nm}	订单n中物品m的质量
C	拣货设备最大装载量

表8.2　决策变量

变量符号	变量含义
a_{nk}	订单n是否在订单分批k中,如果是,则$a_{nk}=1$,否则$a_{nk}=0$
x_k	订单分批k是否被拣选,如果是,则$x_k=1$,否则$x_k=0$

综上所述,OBP数学模型如下:

$$\min \sum_{k \in K} D_k x_k \tag{8.1}$$

$$\sum_{n \in N} \sum_{m=1}^{M} q_{nm} a_{nk} \leqslant C \quad \forall k \in K \tag{8.2}$$

$$\sum_{m=1}^{M} q_{nm} \leqslant C \quad \forall n \in N \tag{8.3}$$

$$\sum_{k \in K} a_{nk} x_k = 1 \quad \forall n \in N \tag{8.4}$$

$$x_k \in \{0,1\} \quad \forall k \in K \tag{8.5}$$

目标函数(8.1)表示最小化拣选人员行走总距离;约束(8.2)限制每一批次订单所需拣选物品的总质量不大于拣货设备最大装载量;约束(8.3)限制每一个订单所包含物品的总质量不大于拣货设备最大装载量;约束(8.4)和(8.5)确保每一个订单仅被分配到一个订单批次中。

接下来以一个实例讲解OBP模型。现有如布局图8.1所示的单区型仓库,该仓库由10条拣选通道和2条通道组成,每条拣选通道两侧各有15个储位,仓库中一共有300个储位。出/入口(在仓库布局中用0表示)位于仓库的左下角,它是拣选人员拣选订单的起点和终点。出/入口与拣选通道1的横向距离为1.5单位长度(Length Unit,LU),纵向相邻储位之间的距离为1LU,从通道进入拣选通道或从拣选通道进入通道的距离为1LU,相邻两条拣选通道的横向距离为5LU。

	拣选通道1		拣选通道2		拣选通道3		拣选通道4		拣选通道5		拣选通道6		拣选通道7		拣选通道8		拣选通道9		拣选通道10
15	30	45	60	75	90	105	120	135	150	165	180	195	210	225	240	255	270	285	300
14	29	44	59	74	89	104	119	134	149	164	179	194	209	224	239	254	269	284	299
13	28	43	58	73	88	103	118	133	148	163	178	193	208	223	238	253	268	283	298
12	27	42	57	72	87	102	117	132	147	162	177	192	207	222	237	252	267	282	297
11	26	41	56	71	86	101	116	131	146	161	176	191	206	221	236	251	266	281	296
10	25	40	55	70	85	100	115	130	145	160	175	190	205	220	235	250	265	280	295
9	24	39	54	69	84	99	114	129	144	159	174	189	204	219	234	249	264	279	294
8	23	38	53	68	83	98	113	128	143	158	173	188	203	218	233	248	263	278	293
7	22	37	52	67	82	97	112	127	142	157	172	187	202	217	232	247	262	277	292
6	21	36	51	66	81	96	111	126	141	156	171	186	201	216	231	246	261	276	291
5	20	35	50	65	80	95	110	125	140	155	170	185	200	215	230	245	260	275	290
4	19	34	49	64	79	94	109	124	139	154	169	184	199	214	229	244	259	274	289
3	18	33	48	63	78	93	108	123	138	153	168	183	198	213	228	243	258	273	288
2	17	32	47	62	77	92	107	122	137	152	167	182	197	212	227	242	257	272	287
1	16	31	46	61	76	91	106	121	136	151	166	181	196	211	226	241	256	271	286
0																			

（通道2在顶部，通道1在底部）

图8.1　单区型仓库布局

为了简化描述,假设每个储位储存的物品各不相同,每个储位储存物品的数量足够多,且每个物品的质量都为1单位质量(WeightUnit,WU)。此外,拣选人员使用的拣货设备的最大装载量都为15WU。

拣选人员采用简洁的S形拣选策略完成订单的拣选工作,该策略可简单描述为:如果一个拣选通道两侧至少包含一个需要拣选的物品,则拣选人员必须进入并完全穿过该拣选通道,然后前往下一个拣选通道,最后返回出/入口。在上述拣选过程中存在一种特殊情况,如果拣选通道数目为奇数,则拣选人员将到达最后一个拣选通道上最远端存放物品的储位,然后原路返回至通道1,最后返回至出/入口。S形拣选路径策略如图8.2所示,其中灰色储位表示待拣选的物品所在的储位。

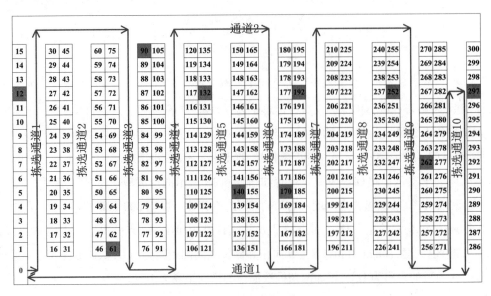

图8.2　S形拣选路径策略

仓库现接收到5个需要即刻拣选的订单,这5个订单包含的物品信息如表8.3所示。

表8.3　5个订单包含的物品信息

订单编号	包含的物品编号
1	118,147,31,152,154
2	47,71,186,93,65
3	164,216,12,195,240
4	126,185,256,192,138
5	92,165,63,106,213

现将上述5个订单分为2个批次进行拣选,订单分批方案如表8.4所示。

表8.4　订单分批方案

订单分批序号	每批订单包含的订单编号	拣选路线
1	1,4	0,31,118,138,126,147,154,152,185,192,256,0
2	2,3,5	0,12,47,63,65,71,93,92,106,164,165,195,186,213,216,240,0

其中第1批订单的拣选路线如图8.3所示,拣选人员在拣选这批订单时拣货设备的装载量为10WU,即满足拣货设备的装载量约束。此外,这条拣选路线长度的计算步骤如下。

STEP1:计算横向行走距离。横向行走距离 =(出/入口与拣选通道1的横向距离+拣选通道1至拣选通道9的横向距离)×2=(1.5+(9−1)×5)×2 = 83(LU)。

STEP2:计算纵向行走距离。纵向行走距离=穿越拣选通道2,4,5,6,7,9的距离=(进入拣选通道的距离+穿越15个储位的行走距离+离开拣选通道的距离)× 6 =(1 + 14 + 1)× 6 = 96(LU)。

因此,这条拣选路线的长度为83 + 96 = 179(LU)。

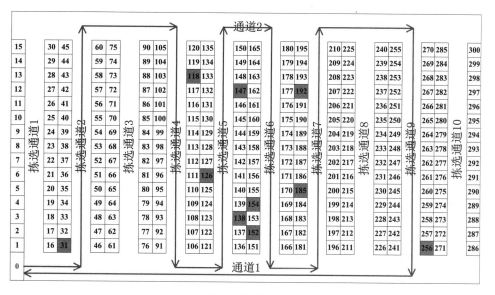

图8.3　第1批订单的拣选路线

第2批订单的拣选路线如图8.4所示,拣选人员在拣选这批订单时拣货设备的装载量为15WU,即满足拣货设备的装载量约束。

STEP1:计算横向行走距离。横向行走距离 = 出/入口与拣选通道1的横向距离+拣选通道1至拣选通道8的横向距离×2 = $\left[1.5 + (8-1) \times 5\right] \times 2 = 73(LU)$。

STEP2:计算纵向行走距离。纵向行走距离=穿越拣选通道1,2,3,4,6,7的距离 + 在拣选通道8往返的距离=(进入拣选通道的距离+穿越15个储位的行走距离+离开拣选通道的距离)×6 + (进入拣选通道的距离 + 穿越15个储位的行走距离)×2 = 1 + 14 + 1×6 + 1 + 14 × 2 = 96 + 30 = 126(LU)。

因此,这条拣选路线的长度为 73 + 126 = 199(LU)。

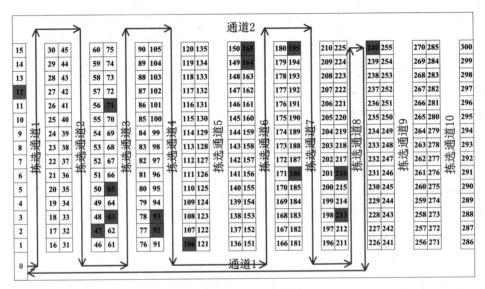

图8.4　第2批订单的拣选路线

综上所述,上述制定的订单分批方案满足装载量约束,拣选人员拣选这两批订单的总行走距离为179 + 199 = 378(LU)。仔细观察上述两条拣选路线,仍有较大的改进空间,即可以进一步缩短拣选路线的长度。因此,对OBP的优化实际上是不断调整各个订单究竟划分到哪一批次,以及调整每条拣选路线上物品的拣选顺序。

8.2 算法简介

FA通过模拟自然界中萤火虫个体之间的相互吸引从而达到寻优的目的。其中,萤火虫的发光机制和行为方式较为独特,具体如下。

(1)萤火虫的发光强度与到光源的距离的平方成反比。

（2）发光强度弱的萤火虫会被发光强度强的萤火虫吸引。

（3）两只萤火虫之间的吸引力会随着两只萤火虫之间的距离增大而降低。

（4）光会被空气吸收，即萤火虫发出的光只会在一定范围内被其他萤火虫感知。

对于用FA求解一个 d 维连续优化问题而言，有4个值得注意的要素：①发光强度；②两只萤火虫之间的距离；③吸引力；④萤火虫位置的更新。

1. 发光强度

如果求解的连续优化问题是求最小值问题，则处于空间位置为 $x_i\left(x_{i,1}, x_{i,2}, \cdots, x_{i,d}\right)$ 的萤火虫的发光强度 I_i 的计算公式如下：

$$I_i = 1 / f\left(x_i\right)$$

如果求解的连续优化问题是求最大值问题，则第 i 只萤火虫 x_i 的发光强度 I_i 的计算公式如下：

$$I_i = f\left(x_i\right)$$

式中，$f\left(x_i\right)$ 为当变量为 x_i 时的目标函数值。

2. 两只萤火虫之间的距离

第 i 只萤火虫和第 j 只萤火虫之间的距离 r_{ij} 的计算公式如下：

$$r_{ij} = \left\| x_i - x_j \right\| = \sqrt{\sum_{k=1}^{d}\left(x_{i,k} - x_{j,k}\right)^2}$$

式中，$x_{i,k}$ 为第 i 只萤火虫空间坐标 x_i 的第 k 个分量；d 为问题的维数。

3. 吸引力

一只萤火虫的吸引力计算公式如下：

$$\beta(r) = \beta_0 e^{-\gamma r^2}$$

式中，r 为这只萤火虫与另外一点的距离；β_0 为常数，表示最大吸引力；γ 为光吸收系数。

4. 萤火虫位置的更新

如果第 j 只萤火虫的光强度大于第 i 只萤火虫的光强度，那么第 i 只萤火虫会被第 j 只萤火虫吸引，即第 i 只萤火虫所在的空间位置 x_i 会发生变化。x_i 的更新公式如下：

$$x_i = x_i + \beta_0 e^{-\gamma r_{ij}^2}\left(x_j - x_i\right) + \alpha(rand - 0.5)$$

式中，α 为随机项系数；rand 为均匀分布在 $[0, 1]$ 的随机数。

综上所述，FA求解问题的流程如图 8.5 所示。

通过图 8.5 可以清晰地了解到，FA求解问题的关键在于对萤火虫位置及发光强度的

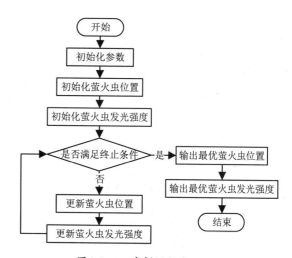

图 8.5　FA求解问题流程

更新,为了进一步展示如何使用上述公式求解连续优化问题,现将上述公式体现在表8.5的伪代码中。

表8.5　FA求解连续优化问题伪代码

1 定义目标函数 $f(x)$

2 初始化参数:光吸收强度 γ、最大吸引力 β_0、随机项系数 α、最大迭代次数 MAXGEN、计数器 gen

3 初始化 n 只萤火虫位置 $x_i(i = 1, 2, \cdots, n)$

4 初始化 n 只萤火虫的发光强度 $I_i(i = 1, 2, \cdots n)$

5 while gen ≤ MAXGEN

6　for $i = 1: n$

7　　for $j = 1: n$

8　　　if $I_j > I_i$

9　　　　$x_i = x_i + \beta_0 e^{-\gamma r_{ij}^2}\left(x_j - x_i\right) + \alpha(\text{rand} - 0.5)$

10　　　　$I_i = f\left(x_i\right)$

11　　　end

12　　end

13　end

14　gen = gen + 1

15 end

16 将 n 只萤火虫按照发光强度从强到弱的顺序进行排序,返回那只最优的萤火虫

8.3　求解策略

因为本章求解的OBP是离散优化问题,所以需要对8.2节讲述的FA进行适当修改。FA求解OBP主要包含以下几个关键步骤:

(1)编码与解码。

(2)拣选路径策略。

(3)目标函数与发光强度。

(4)种群初始化。

(5)计算两只萤火虫之间的距离。

(6)萤火虫位置更新。

(7)局部搜索操作。

(8)合并操作。

8.3.1 编码与解码

对每只萤火虫个体进行编码是FA求解OBP的第一步,简洁的编码有助于提高求解速度。本章采用的编码方式与GA求解VRPTW这一章(第7章)使用的编码方式完全相同,即将订单批次分隔数字与订单同时在萤火虫个体中进行体现。

假设现在有5个编号分别为1、2、3、4、5的订单,仓库允许订单拣选人员最多将这5个订单分成3批次进行拣选,即最多制定出3条拣选路线。因此,将6和7这两个数字插入这5个订单的排列中。

在将萤火虫个体解码为订单分批方案时,分以下5种情况:

(1)如果萤火虫个体表示为1263475,那么6和7将12345分割成3批订单,即这3批订单分别为12、34、5。

(2)如果萤火虫个体表示为1267345,那么6和7将12345分割成2批订单,即这2批订单分别为12、345。

(3)如果萤火虫个体表示为6712345,那么6和7将12345分割成1批订单,即这1批订单为12345。

(4)如果萤火虫个体表示为1234567,那么6和7将12345分割成1批订单,即这1批订单为12345。

(5)如果萤火虫个体表示为6123457,那么6和7将12345分割成1批订单,即这1批订单为12345。

综上所述,若订单数目为N,仓库允许订单拣选人员将这N个订单最多分成K批次进行拣选,那么FA求解OBP中的萤火虫个体就表示为$1 \sim (N + K - 1)$的随机排列,并且上述5种情况包括将萤火虫个体解码为订单分批方案时会遇到的5种情况。

8.3.2 拣选路径策略

在确定一批需要拣选的订单后,拣选人员按照何种路线拣选这批订单包含的所有物品是核心问题。本章采用简洁的S形拣选路径策略,在8.1节已经对该策略进行了详细的描述。

假设单区型仓库的参数如下:

出/入口位于仓库的左下角;拣选通道的数目为m,从左向右依次编号为$1 \sim m$;每条拣选通道两侧的储位数目都为n;横向通道的数目为2;出/入口与最左侧拣选通道的横向距离为a;从横向通道进入拣选通道的距离为b,或从拣选通道进入横向通道的距离为b;相邻两个储位之间的距离为c;相邻两条拣选通道之间的距离为d。

假设这批订单包含的物品数目为x,则按照S形拣选路径策略拣选这x个物品行走的距离的计算步骤如下。

STEP1:确定这x个物品所在的储位集合I,即将这x个物品中重复的储位编号进行删除。假设删除重复储位编号后的储位数目为y,则储位集合$I = \left\{I_1, I_2, \cdots, I_y\right\}$。

STEP2:计算储位集合I中的每个储位处于哪一条拣选通道,即求出拣选人员需要穿过的拣选通道集合$P = \left\{P_1, P_2, \cdots, P_y\right\}$。储位$I_i$处于第$\left\lceil I_i / (2 \times n) \right\rceil$条拣选通道,其中$\lceil \rceil$表示向上取整。

STEP3:删除拣选通道集合P中的重复元素,求出拣选人员需要穿过的拣选通道数目z,同时也求出拣选人员需要穿过的最右侧拣选通道的编号 q。

STEP4:如果拣选人员需要穿过的拣选通道数目 z 为偶数,则转至STEP5,否则转至STEP6。

STEP5:计算拣选人员拣选所有物品时纵向行走的距离 L_1,L_1 的计算公式为 $L_1 = z \times \left[b + (n - 1) \times c + b \right]$,然后转至STEP7。

STEP6:找出位于最右侧拣选通道且距离下方横向通道最远的物品的编号 r,进而求出物品 r 与下方横向通道的纵向距离 $h = \left(r - \left\lfloor \dfrac{r}{n} \right\rfloor \times n - 1 \right) \times c + b$,其中 $\lfloor \ \rfloor$ 表示向下取整。计算出拣选人员拣选所有物品时纵向行走的距离 L_1,L_1 的计算公式为 $L_1 = (z - 1) \times \left[b + (n - 1) \times c + b \right] + h \times 2$,然后转至STEP7。

STEP7:计算拣选人员拣选所有物品时横向行走的距离 L_2,L_2 的计算公式为 $L_2 = \left(q - 1 \right) \times d \times 2 + a \times 2$。

STEP8:计算拣选人员拣选所有物品时行走的总距离 L,L 的计算公式为 $L = L_1 + L_2$。

接下来以8.1节的例子讲解上述拣选路径距离的计算步骤,拣选路线如图8.2所示。仓库参数如下:拣选通道的数目为 $m = 10$,每条拣选通道两侧的储位数目都为 $n = 15$,出/入口与最左侧拣选通道的横向距离为 $a = 1.5$,从横向通道进入拣选通道的距离(从拣选通道进入横向通道的距离)为 $b = 1$,相邻两个储位之间的距离为 $c = 1$,相邻两条拣选通道之间的距离为 $d = 5$,则该条拣选路线行走距离的计算步骤如下:

STEP1:物品数目 $x = 10$,储位集合 $I = \{12, 61, 90, 132, 140, 170, 192, 252, 262, 297\}$。

STEP2:拣选人员需要穿过的拣选通道集合 $P = \{1, 3, 3, 5, 5, 6, 7, 9, 9, 10\}$。

STEP3:删除拣选通道集合 P 中的重复元素,则 $P = \{1, 3, 5, 6, 7, 9, 10\}$,则拣选人员需要穿过的拣选通道数目 $z = 7$,拣选人员需要穿过的最右侧拣选通道的编号 $q = 10$。

STEP4:拣选人员需要穿过的拣选通道数目 z 为奇数,则找出位于最右侧拣选通道且距离下方横向通道最远的物品的编号 $r = 297$,进而求出物品 r 与下方横向通道的纵向距离 $h = \left(r - \left\lfloor \dfrac{r}{n} \right\rfloor \times n - 1 \right) \times$

$c + b = \left(297 - \left\lfloor \dfrac{297}{15} \right\rfloor \times 15 - 1 \right) \times 1 + 1 = (297 - 19 \times 15 - 1) \times 1 + 1 = 12$。在此基础上,求出拣选人员拣选所有物品时纵向行走的距离 $L_1 = (z - 1) \times \left[b + (n - 1) \times c + b \right] + h \times 2 = (7 - 1) \times \left(1 + (15 - 1) \times 1 + 1 \right) + 12 \times 2 = 120$。

STEP5:拣选人员拣选所有物品时横向行走的距离 $L_2 = \left(q - 1 \right) \times d \times 2 + a \times 2 = (10 - 1) \times 5 \times 2 + 1.5 \times 2 = 93$。

STEP6:拣选人员拣选所有物品时行走的总距离 $L = L_1 + L_2 = 120 + 93 = 213$。

8.3.3　目标函数与发光强度

当然,采用上述编码方式不能保证解码的各批次订单都满足拣货设备的装载量约束,所以为了能够简单解决违反约束这一问题,本章采用给违反约束的订单批次施加惩罚的办法来使解码出的各批次订单都满足装载量约束。因此,订单分批方案总成本的计算公式如下:

$$f(s) = c(s) + \alpha \times q(s)$$

$$q(s) = \sum_{k \in K} \max\left\{ \left(\sum_{n \in N} \sum_{m=1}^{M} q_{nm} a_{nk} - C \right), 0 \right\}$$

式中,s 为萤火虫个体转换成的订单分批方案;$f(s)$ 为萤火虫个体转换成的订单分批方案的总成本,即订单分批方案 s 的目标函数值;$c(s)$ 为拣选人员的总行走距离;$q(s)$ 为各批次订单违反的装载量约束之和;α 为违反装载量约束的权重;N 为订单集合;K 为订单分批集合;M 为仓库中的储位(物品)数目;q_{nm} 为订单 n 中物品 m 的质量;a_{nk} 为订单 n 是否在订单分批 k 中;C 为拣货设备最大装载量。

假设现在有5个编号分别为1、2、3、4、5的订单,每辆拣货设备的最大装载量 cap 都为25kg。5个订单包含的物品信息如表8.6所示,其中括号前的数字表示物品编号,括号里的数字表示该物品的质量(单位是kg)。

表8.6　5个订单包含的物品信息

订单序号	订单包含的物品信息
1	1(5),2(3),3(4),4(2),5(1)
2	22(1),23(2),24(2),25(2),26(1)
3	7(3),13(3),28(4),34(2),45(1)
4	61(2),72(3),83(1),94(2),105(1)
5	91(1),52(3),13(1),74(1),85(1)

假设将上述5个订单分成2批次进行拣选,订单分批方案如下。

第1批订单:1, 3

第2批订单:2, 4, 5

首先计算拣选人员拣选完第1批订单包含的所有物品后返回仓库出/入口时的拣货设备装载量 load1,即等于第1批订单包含的所有物品的质量之和,计算公式如下:

$$load1 = 5 + 3 + 4 + 2 + 1 + 3 + 3 + 4 + 2 + 1 = 28(kg)$$

第1批订单违反的装载量约束之和 Vload1 的计算公式如下:

$$Vload1 = \max\left[0, (load1 - cap) \right] = 3kg$$

其次计算拣选人员拣选完第2批订单包含的所有物品后返回仓库出/入口时的拣货设备装载量

load2，即等于第2批订单包含的所有物品的质量之和，计算公式如下：

$$load2 = 1 + 2 + 2 + 2 + 1 + 2 + 3 + 1 + 2 + 1 + 1 + 3 + 1 + 1 + 1 = 24(kg)$$

第2批订单违反的装载量约束之和Vload2的计算公式如下：

$$Vload2 = \max\left[0,\left(load2 - cap\right)\right] = 0kg$$

因此，上述订单分批方案违反的装载量约束之和$q(s)$的计算公式如下：

$$q(s) = Vload1 + Vload2 = 3 + 0 = 3(kg)$$

在计算出违反装载量约束之和$q(s)$之后，可根据目标函数公式进一步计算出当前订单分批方案的目标函数值。目标函数值越小，表示当前订单分批方案的质量越好。

因为OBP问题是求最小值问题，所以萤火虫发光强度的计算公式如下：

$$I = \frac{1}{f(s)}$$

式中，I为当前萤火虫的发光强度；$f(s)$为当前萤火虫解码出的订单分批方案的目标函数值。

萤火虫的发光强度越大，表示当前萤火虫对其他萤火虫的吸引力越强。

8.3.4 种群初始化

本章采用随机初始化的方式构造初始种群。假设种群数目为NIND，订单数目为N，仓库允许订单拣选人员最多将这N个订单分成K批次进行拣选，那么初始种群中的任意一个萤火虫个体都是$1\sim(N + K - 1)$的随机排列。

8.3.5 计算两只萤火虫之间的距离

在使用FA求解连续优化问题时，第i只萤火虫和第j只萤火虫之间的距离r_{ij}的计算公式为$r_{ij} = \|x_i - x_j\| = \sqrt{\sum_{k=1}^{d}\left(x_{i,k} - x_{j,k}\right)^2}$，其中$x_{i,k}$是第$i$只萤火虫空间坐标$x_i$的第$k$个分量，$d$表示问题的维数。

但是对于本章的OBP而言，按照上述公式计算两只萤火虫之间的距离显然不合理。因此，对于OBP而言，本小节使用一种不同的计算两只萤火虫之间的距离的方法。假设订单数目为N，仓库允许订单拣选人员最多将这N个订单分成K批次进行拣选，两只萤火虫分别为x_i和x_j，此时x_i和x_j都是$1\sim(N + K - 1)$的随机排列。因此，计算萤火虫x_i和x_j之间距离r_{ij}的计算方法为：求出两只萤火虫x_i和x_j对应位置上不同元素数目之和，这个数字就是萤火虫x_i和x_j之间的距离r_{ij}。

假设订单数目为5，仓库允许订单拣选人员最多将这5个订单分成3批次进行拣选，现有如下两只萤火虫x_1和x_2。

萤火虫x_1：1 2 6 5 4 7 3

萤火虫x_2:2 1 7 3 4 5 6

按照上述方法计算出两只萤火虫之间的距离$r_{12} = 6$。因为x_1和x_2只有在第5个位置上的元素都为4,其余6个位置上的元素都两两不同,所以$r_{12} = 6$。

8.3.6 萤火虫位置更新

对连续优化问题而言,萤火虫x_i的更新公式为$x_i = x_i + \beta_0 e^{-\gamma r_{ij}^2}(x_j - x_i) + \alpha(\mathrm{rand} - 0.5)$,其中$x_j$是吸引$x_i$的萤火虫,$\alpha$是随机项系数,rand是均匀分布在$[0, 1]$的随机数。

但对于OBP而言,假设订单数目为N,仓库允许订单拣选人员最多将这N个订单分成K批次进行拣选。如果采用上述公式更新萤火虫的位置,可能会出现更新位置后的萤火虫个体无法满足$1 \sim (N + K - 1)$的随机排列这一限制条件。因此,本节结合OBP的特点,同时引入GA的交叉操作,提出一种新的更新萤火虫位置的方法。如果萤火虫x_i被萤火虫x_j吸引,则萤火虫x_i的位置更新步骤如下。

STEP1:计算萤火虫x_i和x_j之间的距离r_{ij}。

STEP2:确定萤火虫x_i和x_j交叉片段的长度n。n的计算公式为$n = \mathrm{Random}\left(1, r_{ij} \times \gamma^{\mathrm{gen}}\right)$,其中$\gamma$为光吸收系数,gen表示当前迭代次数,Random( )表示取两个数之间的随机整数,n取值为$1 \sim \left(r_{ij} \times \gamma^{\mathrm{gen}}\right)$的随机整数。

STEP3:在满足交叉片段的长度为n的前提下,确定x_i和x_j的交叉位置a_1和a_2。

STEP4:将x_j的交叉片段移动到x_i前,然后从头至尾删除第2个位置的重复元素,最终形成新的x_i。

假设订单数目为5,仓库允许订单拣选人员最多将这5个订单分成3批次进行拣选,现有如下两只萤火虫x_1和x_2。

萤火虫x_1:1 2 6 5 4 7 3

萤火虫x_2:2 1 7 3 4 5 6

假设萤火虫x_1被萤火虫x_2吸引,则萤火虫x_1的位置更新步骤如下。

STEP1:萤火虫x_1和x_2之间的距离$r_{12} = 6$。

STEP2:假设当前迭代次数gen = 1,光吸收系数$\gamma = 0.95$,则萤火虫x_1和萤火虫x_2交叉片段的长度$n = \mathrm{Random}\left(1, 6 \times 0.95^1\right) = \mathrm{Random}(1, 5.7)$,假设取$n = 3$。

STEP3:在满足交叉片段的长度为3的前提下,假设x_1和x_2的交叉位置$a_1 = 2$和$a_2 = 4$。

STEP4:x_2的交叉片段为7,3,4,将7,3,4移动到x_1前,此时$x_1 = 7, 3, 4, 1, 2, 6, 5, 4, 7, 3$。从头至尾删除第2个位置的重复元素,最终形成新的$x_1 = 7, 3, 4, 1, 2, 6, 5$。

8.3.7　局部搜索操作

假设萤火虫更新位置后的种群为Population,那么Population中发光强度在前10%的萤火虫个体为局部搜索操作的对象,即对这10%的个体使用局部搜索操作以获得更优的萤火虫个体,从而整体上使种群向更优的方向更新。

局部搜索操作使用了LNS中的"破坏"和"修复"的思想。简单来说,就是使用破坏算子从当前解中移除若干个订单,然后使用修复算子将被移除的订单重新插回到破坏的解中。

其中破坏算子按照如下公式移除若干个高成本的订单:

$$\text{cost}(i) = c(s) - c_{-i}(s)$$

式中,$\text{cost}(i)$为订单i的成本;$c(s)$为当前解s的总行走距离;$c_{-i}(s)$为从当前解s移除订单i后的总行走距离。

假设订单数目为N,要移除的订单数目为q,随机元素为D,则破坏算子的步骤如下。

STEP1:初始化被移除的订单集合$I = [\ \ ]$。

STEP2:判断I中订单数目是否小于等于要移除的订单数目q,如果是,则转至STEP3;如果不是,转至STEP6。

STEP3:将当前解s中所有订单按照$\text{cost}(i)$从大到小的顺序排序,并将排序结果储存在集合L中。

STEP4:根据公式$\lceil \text{rand}^D \times |L| \rceil$计算出$L$中被移除的订单序号$k$,其中$\text{rand} \in (0, 1)$,$|L|$是集合$L$中订单的数目,$\lceil\ \rceil$表示向上取整。

STEP5:首先将订单L_k从当前解s中移除;其次将被移除的订单L_k添加到集合I中,即$I \leftarrow I \cup \{L_k\}$;然后转至STEP2。

STEP6:返回被移除的订单集合I,以及被破坏的解S_{destroy}。

在介绍完破坏算子后,在得到被移除的订单集合R和破坏解S_{destroy}的基础上,进一步介绍修复算子。

在介绍修复算子的步骤前,先阐述"插入成本"这一概念。如果当前"破坏"后的解为S_{destroy},那么在不违反装载量约束的前提下,将I中的一个订单插回到S_{destroy}中的某一批次订单以后,此时修复后解的总行走距离减去S_{destroy}的总行走距离即为将该订单插入该批次订单的"插入成本"。这里需要强调的一点是,"插入成本"实际上是总行走距离的差值,因为将一个订单插入某一批次订单的任意两个订单之间并不影响总行走距离,所以默认将一个订单添加到某一批次订单的首位,即将该订单添加到该批次订单所有订单之前。

在阐述"插入成本"的概念后,接下来详细描述修复算子的具体步骤。假设被移除的订单集合为I,破坏解为S_{destroy},则修复算子的伪代码如表8.7所示。

表8.7　修复算子伪代码

输入:被移除的订单集合为I,破坏解为S_{destroy}

输出:修复解S_{repair}

1 $I \leftarrow \text{sort}(I)$($I$表示被移除订单的集合)

2 $S_{\text{repair}} \leftarrow S_{\text{destroy}}$

3 for $i \in I$ do

4　　$P \leftarrow \text{null}$(P表示订单i的初始最佳插入批次,null为空)

5　　$\text{costAt}(P) \leftarrow \text{inf}$($\text{costAt}(P)$表示初始插入成本,inf为无穷大的数)

6　　for $P_t \in S_{\text{repair}}$ do (P_t表示在解S_{repair}中能够接受订单i的订单批次)

7　　　if $\text{costAt}(P_t) < \text{costAt}(P)$ then(costAt表示插入成本)

8　　　　$P \leftarrow P_t$

9　　　end if

10　　end for

11　　if $P = \text{null}$ then

12　　　$P_t \leftarrow$ 新增一批订单

13　　　$P \leftarrow P_t$

14　　end if

15　　将订单i插回到P的首位,更新修复解S_{repair}

16 end for

17 return S_{repair}

8.3.8　合并操作

假设萤火虫更新位置后得到的种群为Population,种群数目为NIND,然后在此基础上对目标函数值在前10%的个体进行局部搜索操作,得到的局部种群为offspring。

合并操作的目的是将Population与offspring进行合并以形成新的Population,但种群的数目是一定的,所以需要在Population和offspring中删除部分个体,以保证种群数目依然为NIND。

因为offspring中的每个个体至少不差于局部搜索操作之前的个体,所以将offspring中的个体全部保留。既然将offspring中的个体全部保留,那么就需要从Population选择出目标函数值在前90%的个体。因此,新种群Population的组成分为两部分:①offspring中全部个体;②原Population中目标函数值在前90%的个体。

8.3.9　萤火虫算法求解订单分批问题流程

FA求解OBP流程如图8.6所示。

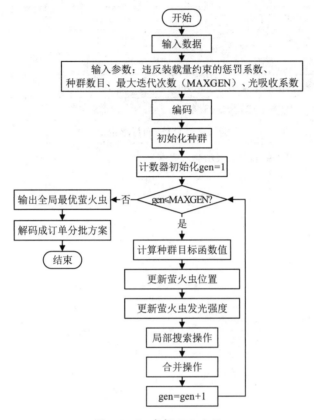

图8.6　FA求解OBP流程

8.4　MATLAB程序实现

8.4.1　解码函数

种群中的萤火虫个体没有明确体现出各个订单批次包含订单的具体信息，即种群中的萤火虫个体并不能完全等同于订单分批方案。只有将种群中的萤火虫个体解码为具体的订单分批方案后，才能清晰地展示各个订单批次的详细情况，以便于计算当前订单分批方案的总成本。

解码函数decode的代码如下，该函数的输入为当前萤火虫个体firefly、每个订单包含的物品信息

orders、允许分批的最大数目 batches_maxnum、订单数目 orders_num、设备最大装载量 capacity、每个储位物品的质量 item_weight、每条拣选通道一侧的储位数目 side_num、仓库与第1条拣选通道的距离 depot_leftAisle、从通道进入拣选通道或从拣选通道进入通道需要行走的距离 enter_leave_aisle、同一条拣选通道的两个相邻储位之间的距离 adjacent_location、两个相邻拣选通道的距离 adjacent_aisle,输出为订单分批方案 batches、订单分批数目 batches_num、总行走距离 TD、违反约束订单分批数目 violate_batch、违反约束订单数目 violate_order。

```
%% 将当前萤火虫个体解码为订单分批方案
%输入 firefly:                  当前萤火虫个体
%输入 orders:                   每个订单包含的物品信息
%输入 batches_maxnum:           允许分批的最大数目
%输入 orders_num:               订单数目
%输入 capacity:                 设备最大装载量
%输入 item_weight:              每个储位物品的重量
%输入 side_num:                 每条拣选通道一侧的储位数目
%输入 depot_leftAisle:          仓库与第1条拣选通道的距离(1.5LU)
%输入 enter_leave_aisle:        从通道进入拣选通道或从拣选通道进入通道需要行走的距离(1LU)
%输入 adjacent_location:        同一条拣选通道的两个相邻储位之间的距离(1LU)
%输入 adjacent_aisle:           两个相邻拣选通道的距离(5LU)
%输出 batches:                  订单分批方案
%输出 batches_num:              订单分批数目
%输出 TD:                       总行走距离
%输出 violate_batch:            违反约束订单分批数目
%输出 violate_order:            违反约束订单数目
function [batches,batches_num,TD,violate_batch,violate_order]=decode(firefly,…
orders,batches_maxnum,orders_num,capacity,item_weight,side_num,…
depot_leftAisle,enter_leave_aisle,adjacent_location,adjacent_aisle)
violate_batch=0;                          %违反约束订单批次数目
violate_order=0;                          %违反约束订单数目
batches=cell(batches_maxnum,1);           %初始化订单分批方案
count=1;                                  %订单批次计数器
split=find(firefly>orders_num);           %找出萤火虫个体中订单批次分隔数字的位置
n=numel(split);                           %订单批次分隔数字的数目
for i=1:n
    if i==1                               %第1个订单批次分隔数字的位置
        batch=firefly(1:split(i));        %提取两个订单批次分隔数字之间的订单
        batch(batch==firefly(split(i)))=[];   %删除订单批次中订单批次分隔数字
    else
        batch=firefly(split(i-1):split(i));    %提取两个订单批次分隔数字之间的订单
        batch(batch==firefly(split(i-1)))=[];  %删除订单批次中订单批次分隔数字
        batch(batch==firefly(split(i)))=[];    %删除订单批次中订单批次分隔数字
    end
    batches{count}=batch;                 %更新订单分批方案
    count=count+1;                        %更新订单批次数目
end
batch=firefly(split(end):end);            %最后一批订单
```

```
batch(batch==firefly(split(end)))=[];              %删除订单批次中订单批次分隔数字
batches{count}=batch;                              %更新订单分批方案
[batches,batches_num]=deal_batches(batches);       %将batches中空的数组移除
for j=1:batches_num
    batch=batches{j};
    %判断第j批订单中是否都满足装载量约束,1表示满足,0表示不满足
    flagR=judge_batch(batch,orders,item_weight,capacity);
if flagR==0
%如果第j批订单不满足约束,则违反约束订单数目加第j批订单包含的订单数目
        violate_order=violate_order+length(batch);
%如果第j批订单不满足约束,则违反约束的订单批次数目加1
        violate_batch=violate_batch+1;
    end
end
TD=travel_distance(batches,orders,side_num,depot_leftAisle,...
    enter_leave_aisle,adjacent_location,adjacent_aisle);      %该方案总行走距离
end
```

8.4.2　删除订单分批方案中空订单批次函数

因为最终订单分批方案包含的订单批次数目一定不大于允许分批的最大数目,同时为了保证制定出的订单分批方案合理,所以在将萤火虫个体转换为订单分批方案时,会假设按照允许分批的最大数目进行分批,然后将转换过程中空的订单批次删除。

将空的订单批次从订单分批删除的过程中就使用了函数deal_batchesr,该函数的代码如下,输入为订单分批方案batches,输出为删除空批次后的订单分批方案fbatches、订单分批数目batches_num。

```
%% 根据batches整理出fbatches,将batches中空的批次删除
%输入batches:           订单分批方案,即每批订单包含的订单
%输出fbatches:          删除空批次后的订单分批方案
%输出batches_num:       订单分批数目
function [fbatches,batches_num]=deal_batches(batches)
batches(cellfun(@isempty,batches))=[];     %删除cell数组中的空元胞
fbatches=batches;                          %将batches赋值给fbatches
batches_num=size(fbatches,1);              %删除空元胞数组后,订单分批方案中的订单批次数目
end
```

8.4.3　判断函数

在将萤火虫个体转换为订单分批方案后,需要判断此订单分批方案是否满足装载量约束,即判断拣选人员使用拣货设备拣选完某一批次订单返回出/入口时拣货设备的装载量是否不大于拣货设备最大装载量。

判断函数 judge_batch 的代码如下,该函数的输入为当前订单批次 batch、各个订单包含的物品信息 orders、每个储位品项的质量 item_weight、设备最大装载量 capacity,输出为标记当前订单批次是否满足装载量约束 flagB(flagB 或者为 1,或者为 0)。

```
%% 判断一个订单分批是否满足装载量约束,1表示满足,0表示不满足
%输入batch:              当前订单批次
%输入orders:             各个订单包含的物品信息
%输入item_weight:        每个储位品项的质量
%输入capacity:           设备最大装载量
%输出flagB:              标记当前订单批次是否满足装载量约束,1表示满足,0表示不满足
function flagB=judge_batch(batch,orders,item_weight,capacity)
flagB=1;                                                  %初始满足装载量约束
batch_weight=cal_batch_weight(batch,orders,item_weight);  %计算某一批次订单总装载量
%如果不满足装载量,则将flagR设为0
if batch_weight > capacity
    flagB=0;
end
end
```

8.4.4　装载量计算函数

在使用判断函数时,需要计算出每一批次订单包含所有物品的总质量,即需要计算出拣选人员使用拣货设备拣选完某一批次订单返回出/入口时拣货设备的装载量。因此,需要使用装载量计算函数 cal_batch_weight。

装载量计算函数 cal_batch_weight 的代码如下,该函数的输入为当前订单批次 batch、各个订单包含的物品信息 orders、每个储位中物品的质量 item_weight,输出为该批次总装载量 batch_weight。

```
%% 计算某一批次订单的总装载量
%输入batch:              当前订单批次
%输入orders:             每个订单包含的物品信息
%输入item_weight:        每个储位中物品的质量
%输出batch_weight:       该批次总装载量
function batch_weight=cal_batch_weight(batch,orders,item_weight)
order_num=numel(batch);              %该批次订单包含的订单数目
batch_weight=0;                      %初始该批次订单包含物品装载量为0
for i=1:order_num
    order_no=batch(i);               %该批次中订单的编号
    item_set=orders{order_no};       %该订单包含的物品编号
    item_num=numel(item_set);        %该订单包含的物品数目
    for j=1:item_num
        batch_weight=batch_weight+item_weight(item_set(j));
                                     %将当前物品质量加到总装载量中
    end
```

```
end
end
```

8.4.5　一批次订单的拣选行走距离计算函数

　　订单分批方案拣选行走总距离等于各批次订单拣选行走距离之和,则计算一批次订单拣选距离的函数 shpath 的代码如下,该函数的输入为一批次订单 batch、每个订单包含的物品信息 orders、每条拣选通道一侧的储位数目 side_num、仓库与第 1 条拣选通道的距离 depot_leftAisle、从通道进入拣选通道或从拣选通道进入通道需要行走的距离 enter_leave_aisle、同一条拣选通道的两个相邻储位之间的距离 adjacent_location、两个相邻拣选通道的距离 adjacent_aisle,输出为按照 S 形拣选路径策略拣选完这批订单行走的距离 s_len。

```
%% 计算在S形路线下完成一批次订单的总行走距离
%输入batch:                一批次订单
%输入orders:               每个订单包含的物品信息
%输入side_num:             每条拣选通道一侧的储位数目
%输入depot_leftAisle:      仓库与第1条拣选通道的距离
%输入enter_leave_aisle:    从通道进入拣选通道或从拣选通道进入通道需要行走的距离
%输入adjacent_location:    同一条拣选通道的两个相邻储位之间的距离
%输入adjacent_aisle:       两个相邻拣选通道的距离
%输出s_len:                按照S形拣选路径策略拣选完这批订单行走的距离
function s_len=shpath(batch,orders,side_num,depot_leftAisle,…
enter_leave_aisle,adjacent_location,adjacent_aisle)
%% 将订单分批转换为经过的储位
locs=batch_to_location(batch,orders);
%% 计算出经过所有货物的纵向通道编号
aisle_no=ceil(locs/(2*side_num));
%% 最大纵向通道编号
max_No=max(aisle_no);
%% 找出在最后一列纵向通道的货物编号
index= aisle_no==max_No;
loc_final=locs(index);
%% 找出loc_final中纵向距离最大的储位编号
right_len=rem(loc_final,side_num);
for j=1:numel(right_len)
    if right_len(1,j)==0
        right_len(1,j)=side_num;
    end
end
[~,max_index]=max(right_len);
maxLoc=right_len(max_index);
%% 删除重复纵向通道
aisle_no=unique(aisle_no);
%% 计算经过纵向通道的数量
long_num=numel(aisle_no);
```

```
%% 经过所有初始货物的纵向距离
if rem(long_num,2)==0
    long_len=long_num*((side_num-1)*adjacent_location+enter_leave_aisle*2);
else
    long_len1=(long_num-1)*((side_num-1)*adjacent_location+enter_leave_aisle*2);
    a=rem(maxLoc,side_num);
    if(a==0)
        long_len2=2*((side_num-1)*adjacent_location+enter_leave_aisle);
    else
        long_len2=2*((a-1)*adjacent_location+enter_leave_aisle);
    end
    long_len=long_len1+long_len2;
end
%% 计算总的横向距离
cross_len=(max_No-1)*adjacent_aisle*2+depot_leftAisle*2;
%% 总距离
s_len=long_len+cross_len;
end
```

在使用拣选行走距离计算函数 shpath 时，需使用 batch_to_location 函数将订单分批转换为经过的储位。该函数的代码如下，输入为当前批次订单 batch、每个订单包含的物品信息 orders，输出为该批次订单包含的拣选位置集合 pickloc_set。

```
%% 将一批次订单转换为该批次订单包含的拣选位置集合
%输入 batch:              当前批次订单
%输入 orders:             每个订单包含的物品信息
%输出 pickloc_set:        该批次订单包含的拣选位置集合
function pickloc_set=batch_to_location(batch,orders)
order_num=numel(batch);                        %该批次订单包含订单数目
pickloc_set=[];                                %初始化批次订单包含的拣选位置集合为空集
for i=1:order_num
%逐个将每个订单包含的物品编号添加到pick_set中
    pickloc_set=[pickloc_set,orders{batch(i)},1];
end
pickloc_set=unique(pickloc_set);               %删除重复储位
end
```

8.4.6　一个订单分批方案的拣选行走总距离计算函数

在计算出一个订单分批方案各批次订单的拣选行走距离之后，自然可以求出该订单分批方案的拣选行走总距离。

订单分批方案的拣选行走总距离计算函数 travel_distance 的代码如下，该函数的输入为订单分批方案 batches、每个订单包含的物品信息 orders、每条拣选通道一侧的储位数目 side_num、仓库与第 1 条拣选通道的距离 depot_leftAisle、从通道进入拣选通道或从拣选通道进入通道需要行走的距离 enter_leave_aisle、同一条拣选通道的两个相邻储位之间的距离 adjacent_location、两个相邻拣选通道的距离 adjacent_aisle,输出为拣选总行走距离 sumTD、拣选每批次订单行走的距离 everyTD。

```
%% 计算订单分批方案的拣选总行走距离,以及每批次订单的拣选行走距离
%输入batches:                     订单的分批方案
%输入orders:                      每个订单包含的物品信息
%输入side_num:                    每条拣选通道一侧的储位数目
%输入depot_leftAisle:             仓库与第1条拣选通道的距离
%输入enter_leave_aisle:           从通道进入拣选通道或从拣选通道进入通道需要行走的距离
%输入adjacent_location:           同一条拣选通道的两个相邻储位之间的距离
%输入adjacent_aisle:              两个相邻拣选通道的距离
%输出sumTD:                       拣选总行走距离
%输出everyTD:                     拣选每批次订单行走的距离
function [sumTD,everyTD]=travel_distance(batches,orders,side_num,depot_leftAisle,...
    enter_leave_aisle,adjacent_location,adjacent_aisle)
H=size(batches,1);               %订单批次数目
everyTD=zeros(H,1);
for i=1:H
    batch=batches{i,1};          %第i批次订单
    if ~isempty(batch)
        %每批次订单的拣选行走距离
        everyTD(i)=shpath(batch,orders,side_num,depot_leftAisle,…
enter_leave_aisle,adjacent_location,adjacent_aisle);
    end
end
sumTD=sum(everyTD);              %订单分批方案的拣选总行走距离
end
```

8.4.7　成本函数

在将当前萤火虫个体解码为订单分批方案时,存在订单分批方案违反装载量约束的可能性,但是这种违反约束的情况在解码时难以避免。因此,需要给违反装载量约束的订单批次施加较大的惩罚,从而使得解码的订单分批方案满足约束。因此,在评价一个订单分批方案时需要将成本函数分为两部分进行计算:①拣选总行走距离;②惩罚成本。

成本函数 cost_function 的代码如下,该函数的输入为订单分批方案 batches、每个订单包含的物品信息 orders、每个储位物品的质量 item_weight、设备最大装载量 capacity、每条拣选通道一侧的储位数目 side_num、仓库与第1条拣选通道的距 depot_leftAisle、从通道进入拣选通道或从拣选通道进入通道需要行走的距离 enter_leave_aisle、同一条拣选通道的两个相邻储位之间的距离 adjacent_location、两个相邻拣选通道的距离 adjacent_aisle、违反拣货设备装载量约束的惩罚因子 alpha,输出为当前订单分批方案的总成本 cost。

```
%% 计算一个订单分批方案的总成本
%即等于该订单方案的总行走距离+alpha*违反设备装载量约束成本之和
%输入batches:                     订单分批方案
%输入orders:                      每个订单包含的物品信息
```

```
%输入item_weight:              每个储位物品的质量
%输入capacity:                 设备大装载量
%输入side_num:                 每条拣选通道一侧的储位数目
%输入depot_leftAisle:          仓库与第1条拣选通道的距离
%输入enter_leave_aisle:        从通道进入拣选通道或从拣选通道进入通道需要行走的距离
%输入adjacent_location:        同一条拣选通道的两个相邻储位之间的距离
%输入adjacent_aisle:           两个相邻拣选通道的距离
%输入alpha:                    违反拣货设备装载量约束的惩罚因子
%输出cost:                     当前订单分批方案的总成本
function cost=cost_function(batches,orders,item_weight,capacity,side_num,
depot_leftAisle,...
    enter_leave_aisle,adjacent_location,adjacent_aisle,alpha)
H=size(batches,1);                      %订单分批数目
%% 计算订单分批方案的总行走距离cost1
cost1=travel_distance(batches,orders,side_num,depot_leftAisle,enter_leave_aisle,
adjacent_location,adjacent_aisle);
%% 违反设备装载量约束成本之和cost2
cost2=0;                                %初始违反设备装载量约束之和
for i=1:H
    batch=batches{i,1};                 %第i批次订单
    batch_weight=cal_batch_weight(batch,orders,item_weight);        %第i批次订单装载量
    %如果第i批次订单装载量大于设备装载量,则对cost1进行累加
    if batch_weight > capacity
        cost2=cost2+batch_weight-capacity;
    end
end
%% 总成本=cost1+alpha*cost2
cost=cost1+alpha*cost2;
end
```

8.4.8 种群目标函数值计算函数

　　成本函数只是计算一个订单分批方案的成本,而种群中的所有萤火虫个体都需要进行评价。因此,目标函数应该先使用解码函数decode将个体解码为订单分批方案,然后使用成本函数cost_function计算订单分批方案的总成本,每个萤火虫个体解码出的订单分批方案的总成本即该个体的目标函数值。

　　种群目标函数值计算函数obj_function的代码如下,该函数的输入为种群Population、每个订单包含的物品信息orders、允许分批的最大数目batches_maxnum、订单数目orders_num、设备最大装载量capacity、每个储位物品的质量item_weight、每条拣选通道一侧的储位数目side_num、仓库与第1条拣选通道的距离depot_leftAisle、从通道进入拣选通道或从拣选通道进入通道需要行走的距离enter_leave_aisle、同一条拣选通道的两个相邻储位之间的距离adjacent_location、两个相邻拣选通道的距离adjacent_aisle、违反拣货设备装载量约束的惩罚因子alpha,输出为种群中每个萤火虫个体的目标函数值Obj。

```
%% 计算种群中每个萤火虫的目标函数值
%输入Population:              种群
%输入orders:                 每个订单包含的物品信息
%输入batches_maxnum:         最大允许分批的数目
%输入orders_num:             订单数目
%输入capacity:               设备最大装载量
%输入item_weight:            每个储位物品的质量
%输入side_num:               每条拣选通道一侧的储位数目
%输入depot_leftAisle:        仓库与第1条拣选通道的距离
%输入enter_leave_aisle:      从通道进入拣选通道或从拣选通道进入通道需要行走的距离
%输入adjacent_location:      同一条拣选通道的两个相邻储位之间的距离
%输入adjacent_aisle:         两个相邻拣选通道的距离
%输入alpha:                  违反拣货设备装载量约束的惩罚因子
%输出Obj:                    种群中每个萤火虫的目标函数值
function Obj=obj_function(Population,orders,batches_maxnum,orders_num,capacity,
item_weight,...
    side_num,depot_leftAisle,enter_leave_aisle,adjacent_location,adjacent_aisle,
    alpha)
NIND=size(Population,1);      %萤火虫数目
Obj=size(NIND,1);            %初始化目标函数值
for i=1:NIND
    Individual=Population(i,:); %第i个萤火虫
    batches=decode(Individual,orders,batches_maxnum,orders_num,capacity,
item_weight,...
        side_num,depot_leftAisle,enter_leave_aisle,adjacent_location,
        adjacent_aisle); %解码
%为第i个萤火虫目标函数值赋值
    Obj(i,1)=cost_function(batches,orders,item_weight,capacity,side_num,
depot_leftAisle,...
        enter_leave_aisle,adjacent_location,adjacent_aisle,alpha);
end
end
```

8.4.9 种群初始化函数

假设种群数目为NIND,订单数目为N,仓库允许订单拣选人员最多将这N个订单分成K批次进行拣选,那么初始种群中的任意一个萤火虫个体都是$1 \sim (N + K - 1)$的随机排列。

种群初始化函数init_pop的代码如下,该函数的输入为种群大小NIND、萤火虫个体长度N,输出为随机生成的初始种群Population。

```
%% 种群初始化
%输入NIND:        种群大小
%输入N:           萤火虫个体长度
%输出Population:   随机生成的初始种群
function Population=init_pop(NIND,N)
Population=zeros(NIND,N);                    %种群初始化为NIND行N列的零矩阵
```

```
for i=1:NIND
    Population(i,:)=randperm(N);              %每个个体为1~N的随机排列
end
end
```

8.4.10　两只萤火虫之间的距离计算函数

　　萤火虫算法的核心部分为对萤火虫位置的更新,本章通过对两只萤火虫进行交叉的方式对萤火虫位置进行更新,其中在交叉操作中需要确定交叉片段的长度,而交叉片段的长度又是通过计算两只萤火虫之间的距离得到的。

　　两只萤火虫之间的距离计算函数cal_rij的代码如下,该函数的输入为萤火虫个体1 firefly1、萤火虫个体2 firefly2,输出为两只萤火虫之间的距离 r_{ij}。

```
%% 交叉操作
%输入firefly1:              萤火虫个体1
%% 计算两只萤火虫个体之间的距离,距离定义为对应位置上不同元素的数目之和
%如果相对于位置上的元素相同,则为1,否则为0
%输入firefly1:              萤火虫个体1
%输入firefly2:              萤火虫个体2
%输出rij:                   两只萤火虫之间的距离
function rij=cal_rij(firefly1,firefly2)
rij=sum(firefly1~=firefly2);
end
```

8.4.11　萤火虫位置更新函数

　　在使用cal_rij函数求出两只萤火虫之间的距离后,可以确定两只萤火虫交叉片段的长度。然后通过交叉操作对萤火虫的位置进行更新,即通过将两个发光强度不同的萤火虫个体进行交叉,从而使发光强度弱的萤火虫个体向发光强度强的萤火虫个体靠近。

　　萤火虫位置更新函数crossover的代码如下,该函数的输入为萤火虫个体1 firefly1、萤火虫个体2 firefly2、交叉长度cross_len,输出为交叉后的萤火虫个体1 firefly1、交叉后的萤火虫个体2 firefly2。

```
%% 交叉操作
%输入firefly1:              萤火虫个体1
%输入firefly2:              萤火虫个体2
%输入cross_len:            交叉长度,大于等于2
%输出firefly1:              交叉后的萤火虫个体1
%输出firefly2:              交叉后的萤火虫个体2
function [firefly1,firefly2]=crossover(firefly1,firefly2,cross_len)
N=numel(firefly1);         %萤火虫个体编码长度
range=N-cross_len+1;       %起始交叉点选择范围
s=randi([1,range],1,1);    %随机选择起始点
e=s+cross_len-1;           %根据交叉长度确定交叉终点
```

```
a0=[firefly2(s:e),firefly1];        %将萤火虫2的交叉片段移动到萤火虫1前
b0=[firefly1(s:e),firefly2];        %将萤火虫1的交叉片段移动到萤火虫2前
for i=1:numel(a0)
    aindex=find(a0==a0(i));
    bindex=find(b0==b0(i));
    if numel(aindex)>1
        a0(aindex(2))=[];           %将萤火虫1个体中第2个重复的元素删除
    end
    if numel(bindex)>1
        b0(bindex(2))=[];           %将萤火虫1个体中第2个重复的元素删除
    end
    if i==numel(firefly1)
        break
    end
end
firefly1=a0;                        %删除重复元素的萤火虫个体1
firefly2=b0;                        %删除重复元素的萤火虫个体2
end
```

8.4.12　选择操作函数

在对萤火虫位置进行更新后,需要先选择出目标函数值在前10%的个体,选择出的这些萤火虫个体用于后续的局部搜索操作。

选择操作函数select的代码如下,该函数的输入为种群Population、每个订单包含的物品信息orders、允许分批的最大数目batches_maxnum、订单数目orders_num、设备最大装载量capacity、每个储位物品的质量item_weight、每条拣选通道一侧的储位数目side_num、仓库与第1条拣选通道的距离depot_leftAisle、从通道进入拣选通道或从拣选通道进入通道需要行走的距离enter_leave_aisle、同一条拣选通道的两个相邻储位之间的距离adjacent_location、两个相邻拣选通道的距离adjacent_aisle、违反拣货设备装载量约束的惩罚因子alpha,输出为目标函数值在前10%的萤火虫个体offspring。

```
%%  从种群中选出目标函数值在前10%的个体
%输入Population:              种群
%输入orders:                 每个订单包含的物品信息
%输入batches_maxnum:          允许分批的最大数目
%输入orders_num:             订单数目
%输入capacity:               设备最大装载量
%输入item_weight:            每个储位物品的质量
%输入side_num:               每条拣选通道一侧的储位数目
%输入depot_leftAisle:        仓库与第1条拣选通道的距离
%输入enter_leave_aisle:      从通道进入拣选通道或从拣选通道进入通道需要行走的距离
%输入adjacent_location:      同一条拣选通道的两个相邻储位之间的距离
%输入adjacent_aisle:         两个相邻拣选通道的距离
%输入alpha:                  违反设备装载量约束的惩罚因子
%输出offspring:              目标函数值在前10%的萤火虫个体
```

```
function offspring=select(Population,orders,batches_maxnum,orders_num,capacity,
item_weight,...
    side_num,depot_leftAisle,enter_leave_aisle,adjacent_location,adjacent_aisle,
alpha)
NIND=size(Population,1);                %种群数目
Obj=obj_function(Population,orders,batches_maxnum,orders_num,capacity,item_weight,...
    side_num,depot_leftAisle,enter_leave_aisle,adjacent_location,adjacent_aisle,
alpha);
[~,index]=sort(Obj);                    %将种群按照目标函数值从小到大的顺序进行排序
off_num=ceil(NIND*0.1);                 %选择出的后代个体数目
offspring=Population(index(1:off_num),:);        %选择出的后代个体
end
```

8.4.13　局部搜索操作函数

　　选择操作函数选择出了目标函数在前10%的个体,而后对这些个体进行局部搜索操作,以使这些个体向目标函数值更优的方向更新。

　　局部搜索操作采用了"破坏"和"修复"的思想,局部搜索操作函数local_search的代码如下,该函数的输入为被选择的萤火虫个体offspring、每个订单包含的物品信息orders、允许分批的最大数目batches_maxnum、订单数目orders_num、设备最大装载量capacity、每个储位物品的质量item_weight、违反设备装载量约束的惩罚因子alpha、每条拣选通道一侧的储位数目side_num、仓库与第1条拣选通道的距离depot_leftAisle、从通道进入拣选通道或从拣选通道进入通道需要行走的距离enter_leave_aisle、同一条拣选通道的两个相邻储位之间的距离 adjacent_location、两个相邻拣选通道的距离adjacent_aisle、违反拣货设备装载量约束的惩罚因子alpha,输出为局部搜索后的萤火虫个体offspring。

```
%% 局部搜索操作
%输入offspring:              被选择的萤火虫个体
%输入orders:                 每个订单所包含的物品信息
%输入batches_maxnum:         允许分批的最大数目
%输入orders_num:             订单数目
%输入capacity:               设备最大装载量
%输入item_weight:            每个储位物品的质量
%输入alpha:                  违反设备装载量约束的惩罚因子
%输入side_num:               每条拣选通道一侧的储位数目
%输入depot_leftAisle:        仓库与第1条拣选通道的距离
%输入enter_leave_aisle:      从通道进入拣选通道或从拣选通道进入通道需要行走的距离
%输入adjacent_location:      同一条拣选通道的两个相邻储位之间的距离
%输入adjacent_aisle:         两个相邻拣选通道的距离
%输入alpha:                  违反拣货设备装载量约束的惩罚因子
%输出offspring:              局部搜索后的萤火虫个体
Function offspring=local_search(offspring,orders,batches_maxnum,orders_num,…
capacity,item_weight,alpha,...side_num,depot_leftAisle,…
enter_leave_aisle,adjacent_location,adjacent_aisle)
D=15;                                        %Remove过程中的随机元素
toRemove=min(ceil(orders_num/2),15);         %将要移除订单数目
```

```
N=size(offspring,2);                                      %萤火虫个体长度
%计算局部搜索前offspring的目标函数值Obj1
Obj1=obj_function(offspring,orders,batches_maxnum,orders_num,capacity,item_weight,...
    side_num,depot_leftAisle,enter_leave_aisle,adjacent_location,adjacent_aisle,
alpha);
off_num=size(offspring,1);                        %offspring中萤火虫的数目
for i=1:off_num
    %% 解码
    batches=decode(offspring(i,:),orders,batches_maxnum,orders_num,capacity,
     item_weight,...
        side_num,depot_leftAisle,enter_leave_aisle,adjacent_location,adjacent_aisle);
    %% 移除操作
    [removed,r_batches]=worst_remove(toRemove,D,batches,orders,side_num,...
        depot_leftAisle,enter_leave_aisle,adjacent_location,adjacent_aisle);
    %% 插入操作
    ReBatches=greedy_ins(removed,r_batches,orders,capacity,item_weight,...
        side_num,depot_leftAisle,enter_leave_aisle,adjacent_location,adjacent_aisle);
    %% 计算修复后的订单分批方案总成本
    RCF=cost_function(ReBatches,orders,item_weight,capacity,side_num,
     depot_leftAisle,...
        enter_leave_aisle,adjacent_location,adjacent_aisle,alpha);
    %% 只有修复后的订单分批方案更优,才能接受修复后的订单分批方案
    if RCF < Obj1(i,1)
        offspring(i,:)=change(ReBatches,N,orders_num);
    end
end
end
```

其中破坏操作就是从当前订单分批方案中移除若干个高成本的订单。破坏函数worst_remove的代码如下,该函数的输入为移除订单的数目toRemove、随机元素D、当前订单分批方案batches、每个订单包含的物品信息orders、每条拣选通道一侧的储位数目side_num、仓库与第1条拣选通道的距离depot_leftAisle、从通道进入拣选通道或从拣选通道进入通道需要行走的距离enter_leave_aisle、同一条拣选通道的两个相邻储位之间的距离adjacent_location、两个相邻拣选通道的距离adjacent_aisle,输出为移除订单的集合removed、移除removed中订单后的订单分批方案r_batches。

```
%% WorstRemove操作,移除高成本的订单
%输入toRemove:            移除订单的数目
%输入D:                   随机元素
%输入batches:             当前订单分批方案
%输入orders:              每个订单包含的物品信息
%输入side_num:            每条拣选通道一侧的储位数目
%输入depot_leftAisle:     仓库与第1条拣选通道的距离
%输入enter_leave_aisle:   从通道进入拣选通道或从拣选通道进入通道需要行走的距离
%输入adjacent_location:   同一条拣选通道的两个相邻储位之间的距离
%输入adjacent_aisle:      两个相邻拣选通道的距离
%输出removed:             移除订单的集合
%输出r_batches:           移除removed中订单后的订单分批方案
```

```
function [removed,r_batches]=worst_remove(toRemove,D,batches,orders,side_num,...
        depot_leftAisle,enter_leave_aisle,adjacent_location,adjacent_aisle)
currB=batches;
removed=[];
while toRemove>0
%将当前解中的订单按照移除成本从大到小排序
    [SRC,Sindex]=sort_cost(currB,orders,side_num,depot_leftAisle,...
        enter_leave_aisle,adjacent_location,adjacent_aisle);
    ls=size(Sindex,1);                              %当前解中订单的数目
    rvc=Sindex(ceil(rand^D*ls));                    %选择被移除的订单
    removed=[removed rvc];                          %将被移除的订单添加到集合中
    currB=dealRemove(rvc,currB);                    %将订单从当前解中移除
    toRemove=toRemove-1;                            %更新被移除订单数目
end
r_batches=currB;
end
```

在 worst_remove 函数中使用 sort_cost 函数将当前订单分批方案中的订单按照移除成本从大到小排序,sort_cost 函数的代码如下,该函数的输入为当前订单分批方案 batches、每个订单包含的物品信息 orders、每条拣选通道一侧的储位数目 side_num、仓库与第1条拣选通道的距离 depot_leftAisle、从通道进入拣选通道或从拣选通道进入通道需要行走的距离 enter_leave_aisle、同一条拣选通道的两个相邻储位之间的距离 adjacent_location、两个相邻拣选通道的距离 adjacent_aisle,输出为移除成本降序排列结果 SRC、SRC 对应的订单编号 S_{index}。

```
%% 将当前订单分批方案中的订单按照移除成本从大到小排序
%输入 batches:                   当前订单分批方案
%输入 orders:                    每个订单包含的物品信息
%输入 side_num:                  每条拣选通道一侧的储位数目
%输入 depot_leftAisle:           仓库与第1条拣选通道的距离
%输入 enter_leave_aisle:         从通道进入拣选通道或从拣选通道进入通道需要行走的距离
%输入 adjacent_location:         同一条拣选通道的两个相邻储位之间的距离
%输入 adjacent_aisle:            两个相邻拣选通道的距离
%输出 SRC:                       移除成本降序排列结果
%输出 Sindex:                    SRC 对应的订单编号
function [SRC,Sindex]=sort_cost(batches,orders,side_num,depot_leftAisle,...
    enter_leave_aisle,adjacent_location,adjacent_aisle)
sNum=curr_num(batches);                              %当前解中订单的数目
SRC=zeros(sNum,1);                                   %存储移除成本从大到小排序
Sindex=zeros(sNum,1);                                %存储移除成本从大到小排序的序号
NV=size(batches,1);                                  %车辆数目
count=1;
for i=1:NV
    batch=batches{i};
    b_copy=batch;
    lr=numel(b_copy);
    for j=1:lr
        r_cost=remove_cost(b_copy(j),batches,orders,side_num,depot_leftAisle,...
```

```
            enter_leave_aisle,adjacent_location,adjacent_aisle);    %存储移除的成本
        SRC(count,1)=r_cost;
        Sindex(count)=b_copy(j);                        %存储移除的订单序号
        count=count+1;                                  %计数器加1
    end
end
[SRC,id]=sort(SRC,'descend');                           %将移除成本数组降序排列
Sindex=Sindex(id);                                      %将降序排列数组对应订单序号
end
```

在 sort_cost 函数中使用 curr_num 函数计算当前订单分批方案中订单的数目，curr_num 函数的代码如下，该函数的输入为当前订单分批方案 batches，输出为当前订单分批方案中订单数目 order_num。

```
%% 计算当前订单分批方案中订单的数目
%输入 batches:          当前订单分批方案
%输出 order_num:        当前订单分批方案中订单数目
function order_num=curr_num(batches)
H=size(batches,1);              %订单分批方案中订单批次数目
order_num=0;                    %初始订单数目为0
for i=1:H
    batch=batches{i};          %第i批次订单
    n=numel(batch);            %第i批次订单包含的订单数目
    order_num=order_num+n;     %累加
end
end
```

在 sort_cost 函数中还需使用 remove_cost 函数计算从当前订单分批方案中移除一个订单的成本，remove_cost 函数的代码如下，该函数的输入为被移除的订单 orders、当前订单分批方案 batches、每个订单包含的物品信息 orders、每条拣选通道一侧的储位数目 side_num、仓库与第1条拣选通道的距离 depot_leftAisle、从通道进入拣选通道或从拣选通道进入通道需要行走的距离 enter_leave_aisle、同一条拣选通道的两个相邻储位之间的距离 adjacent_location、两个相邻拣选通道的距离 adjacent_aisle，输出为该订单的移除成本 r_cost。

```
%% 计算从当前订单分批方案中移除一个订单的成本
%输入 order:            被移除的订单
%输入 batches:          当前订单分批方案
%输入 orders:           每个订单包含的物品信息
%输入 side_num:         每条拣选通道一侧的储位数目
%输入 depot_leftAisle:  仓库与第1条拣选通道的距离
%输入 enter_leave_aisle: 从通道进入拣选通道或从拣选通道进入通道需要行走的距离
%输入 adjacent_location: 同一条拣选通道的两个相邻储位之间的距离
%输入 adjacent_aisle:   两个相邻拣选通道的距离
%输出 r_cost:           该订单的移除成本
function r_cost=remove_cost(order,batches,orders,side_num,depot_leftAisle,...
    enter_leave_aisle,adjacent_location,adjacent_aisle)
H=size(batches,1);                      %订单批次数目
%% 先找到order属于哪一批次订单
```

```
for i=1:H
    batch=batches{i};                      %第i批次订单
    findi=find(batch==order,1,'first');    %判断当前订单批次是否有被移除的订单order
    if ~isempty(findi)
        at=i;                              %订单order所属的订单批次编号
        break;
    end
end
%% 再计算订单order的移除成本
batch=batches{at,1};                       %第at批次订单
s_len1=shpath(batch,orders,side_num,depot_leftAisle,…
enter_leave_aisle,adjacent_location,adjacent_aisle);
b_copy=batch;                              %复制batch
b_copy(b_copy==order)=[];                  %如果订单order恰好在当前订单批次中,则将其移除
if ~isempty(b_copy)
    s_len2=shpath(b_copy,orders,side_num,depot_leftAisle,…
enter_leave_aisle,adjacent_location,adjacent_aisle);
else
    s_len2=0;
end
r_cost=s_len1-s_len2;                      %计算移除订单前和移除订单后的行走距离差值
end
```

修复操作就是先将被移除的订单按照"插入成本"从大到小的顺序重新插回到破坏的订单分批方案中。修复操作函数greedy_ins的代码如下,该函数的输入为被移除订单的集合removed、移除若干个订单后的订单分批方案r_batches、每个订单包含的物品信息orders、设备最大装载量capacity、每个储位物品的质量item_weight、每条拣选通道一侧的储位数目side_num、仓库与第1条拣选通道的距离depot_leftAisle、从通道进入拣选通道或从拣选通道进入通道需要行走的距离enter_leave_aisle、同一条拣选通道的两个相邻储位之间的距离adjacent_location、两个相邻拣选通道的距离adjacent_aisle,输出为修复后的订单分批方案p_batches。

```
%% 将removed中的订单插回各订单分批中
%输入removed:               被移除订单的集合
%输入r_batches:             移除若干个订单后的订单分批方案
%输入orders:                每个订单所包含的物品信息
%输入capacity:              设备最大装载量
%输入item_weight:           每个储位物品的质量
%输入side_num:              每条拣选通道一侧的储位数目
%输入depot_leftAisle:       仓库与第1条拣选通道的距离
%输入enter_leave_aisle:     从通道进入拣选通道或从拣选通道进入通道需要行走的距离
%输入adjacent_location:     同一条拣选通道的两个相邻储位之间的距离
%输入adjacent_aisle:        两个相邻拣选通道的距离
%输出p_batches:             修复后的订单分批方案
function p_batches=greedy_ins(removed,r_batches,orders,capacity,item_weight,...
    side_num,depot_leftAisle,enter_leave_aisle,adjacent_location,adjacent_aisle)
%将removed中订单按照拣选行走距离由大到小排序
```

```
removed=removed_down_sort(removed,orders,side_num,…
    depot_leftAisle,enter_leave_aisle,adjacent_location,adjacent_aisle);
p_batches=r_batches;              %初始将修复后的订单分批方案赋值为破坏后的订单分批方案
nr=numel(removed);               %移除集合中订单数目
ri_no=zeros(nr,1);               %存储将removed中各个订单插回时的最佳插回订单批次编号
ri_cost=zeros(nr,1);             %存储将removed中各个订单插回时的最佳插入成本
ri_batch=cell(nr,1);             %存储将removed中各个订单插回时的最佳插回的订单批次
%% 将removed中的各个订单逐个插回当前订单分批方案中
for i=1:nr
    order=removed(i);            %当前要插回的订单
    dec=[];                      %记录order的插入成本
    ins_no=[];                   %记录order可以插回的订单批次序号
    count=1;                     %计数器
    ins_b=cell(count,1);         %记录order可以插回的订单批次结果
    for j=1:size(p_batches,1)
        batch=p_batches{j};      %第j批次订单分批
        [new_batch,flag,deltaC]=ins_batch(order,orders,batch,capacity,item_weight,...
            side_num,depot_leftAisle,enter_leave_aisle,adjacent_location,
             adjacent_aisle);
        %flag=1表示能插入,flag=0表示不能插入
        if flag==1
            ins_b{count,1}=new_batch;
            dec=[dec;deltaC];
            ins_no=[ins_no;j];
            count=count+1;  %计数器增加
        end
    end
%如果存在满足约束的ins_batch,则更新插回订单批次编号ri_no
%最佳插入成本ri_cost、插回的订单批次ri_batch
    if ~isempty(ins_no)
        [sd,sdi]=sort(dec);              %将dec升序排列
        insc=ins_no(sdi);               %将ins_no的序号与dec排序后的序号对应
        ri_no(i)=insc(1);               %更新order插回时的最佳插回订单批次编号
        ri_cost(i)=sd(1);               %更新插回时的最佳插入成本
        ri_batch{i}=ins_b{sdi(1)};      %更新插回时的最佳插回的订单批次
    else
        %如果不存在满足约束的ins_batch,则新增加一批次订单
        ri_no(i)=size(p_batches,1)+1;   %新增加一批次订单
        ri_cost(i)=shpath(order,orders,side_num,depot_leftAisle,…enter_leave_aisle,
adjacent_location,adjacent_aisle);
        ri_batch{i}=order;
    end
    r_ins=ri_no(i);                     %插回订单批次的编号
    p_batches{r_ins}=ri_batch{i};       %更新p_batches
end
end
```

　　在使用修复操作函数greedy_ins时,先使用removed_down_sort函数将removed中订单按照拣选走距离由大到小排序。该函数的代码如下,该函数的输入为被移除订单的集合removed、每个订单包含的物品信息orders、每条拣选通道一侧的储位数目side_num、仓库与第1条拣选通道的距离

depot_leftAisle、从通道进入拣选通道或从拣选通道进入通道需要行走的距离 enter_leave_aisle、同一条拣选通道的两个相邻储位之间的距离 adjacent_location、两个相邻拣选通道的距离 adjacent_aisle,输出为将 removed 排序后的结果 sRemoved。

```
%% 将removed中订单按照拣选行走距离由大到小排序
%输入removed:              被移除的订单集合
%输入orders:              每个订单所包含的物品信息
%输入side_num:            每条拣选通道一侧的储位数目
%输入depot_leftAisle:     仓库与第1条拣选通道的距离
%输入enter_leave_aisle:   从通道进入拣选通道或从拣选通道进入通道需要行走的距离
%输入adjacent_location:   同一条拣选通道的两个相邻储位之间的距离
%输入adjacent_aisle:      两个相邻拣选通道的距离
%输出sRemoved:            将removed排序后的结果
function sRemoved=removed_down_sort(removed,orders,side_num,…
depot_leftAisle,enter_leave_aisle,adjacent_location,adjacent_aisle)
lr=numel(removed);          %被移除订单的数目
len=zeros(lr,1);            %存储removed中各订单的拣选行走距离
for i=1:lr
    order=removed(i);        %第i个被移除的订单
    %记录order的拣选行走距离
    len(i)=shpath(order,orders,side_num,depot_leftAisle,…
enter_leave_aisle,adjacent_location,adjacent_aisle);
end
[~,sindex]=sort(len,'descend');      %将len降序排列
sRemoved=removed(sindex);
end
```

在使用修复操作函数 greedy_ins 时,还需使用 ins_batch 将某个订单插回到最佳订单批次。该函数的代码如下,该函数的输入为待插回的订单 order、每个订单包含的物品信息 orders、当前批次订单 batch、设备最大装载量 capacity、每个储位物品的质量 item_weight、每条拣选通道一侧的储位数目 side_num、仓库与第1条拣选通道的距离 depot_leftAisle、从通道进入拣选通道或从拣选通道进入通道需要行走的距离 enter_leave_aisle、同一条拣选通道的两个相邻储位之间的距离 adjacent_location、两个相邻拣选通道的距离 adjacent_aisle,输出为新的订单批次 new_batch、标记是否能顺利插回 flag、将 order 插回到 batch 中的最佳插回插入成本 deltaC。

```
%% 判断能否将一个订单插入一批次订单中,如果能,则将该订单插入最佳订单批次
%输入order:              待插回的订单
%输入orders:            每个订单包含的物品信息
%输入batch:             当前批次订单
%输入capacity:          设备最大装载量
%输入item_weight:       每个储位物品的质量
%输入side_num:          每条拣选通道一侧的储位数目
%输入depot_leftAisle:   仓库与第1条拣选通道的距离
%输入enter_leave_aisle: 从通道进入拣选通道或从拣选通道进入通道需要行走的距离
```

```
%输入 adjacent_location:       同一条拣选通道的两个相邻储位之间的距离
%输入 adjacent_aisle:          两个相邻拣选通道的距离
%输出 new_batch:               输出为新的订单批次(如果插入成功,则为新订单分批;如果插入失败,则
                              为原订单分批)
%输出 flag:                    标记是否能顺利插回,flag=1表示能插入,flag=0表示不能插入
%输出 deltaC:                  将order插回到batch中的最佳插回插入成本
function [new_batch,flag,deltaC]=ins_batch(order,orders,batch,capacity,
item_weight,...
    side_num,depot_leftAisle,enter_leave_aisle,adjacent_location,adjacent_aisle)
r_batch=[order batch];         %将order添加到batch首位
%判断一个订单分批是否满足装载量约束,1表示满足,0表示不满足
flagR=judge_batch(r_batch,orders,item_weight,capacity);
if flagR==1
    %计算将order插回到batch后的总行走距离
    s_len1=shpath(r_batch,orders,side_num,depot_leftAisle,…
enter_leave_aisle,adjacent_location,adjacent_aisle);
    %计算将order插回到batch前的总行走距离
    s_len2=shpath(batch,orders,side_num,depot_leftAisle,…
enter_leave_aisle,adjacent_location,adjacent_aisle);
    flag=1;
    new_batch=r_batch;
    deltaC=s_len1-s_len2;     %计算orde的插入成本
else
%如果不能将order插回batch,则flag赋值为0,
%将new_batch赋值为batch,deltaC赋值为无穷大
    flag=0;
    new_batch=batch;
    deltaC=inf;
end
end
```

8.4.14 合并操作函数

合并操作函数就是将萤火虫更新位置后得到的种群与局部搜索操作后得到的子代种群进行合并。合并操作函数merge的代码如下,该函数的输入为萤火虫更新位置后得到的种群Population、局部搜索操作后得到的种群offspring、萤火虫更新位置后得到的种群的目标函数值Obj,输出为合并两个种群后得到的新种群Population。

```
%% 将更新操作后得到的种群与局部搜索操作后得到的子代种群进行合并
%输入 Population:              萤火虫更新位置后得到的种群
%输入 offspring:              局部搜索操作后得到的种群
%输入 Obj:                     萤火虫更新位置后得到的种群的目标函数值
%输出 Population:              合并两个种群后得到的新种群
function Population=merge(Population,offspring,Obj)
NIND=size(Population,1);
NSel=size(offspring,1);
[~,index]=sort(Obj);
```

```
Population=[Population(index(1:NIND-NSel),:);offspring];
end
```

8.4.15　主函数

主函数的第一部分是导入数据;第二部分是初始化各个参数;第三部分是主循环,即在每一次迭代过程中,首先对萤火虫位置进行更新,其次对部分萤火虫进行局部搜索操作,最后使用合并操作对种群进行更新,进行若干次迭代,直至达到终止条件结束循环;第四部分为将求解过程可视化。

主函数代码如下:

```
tic
clear
clc
%% 导入订单数据和各个储位物品的质量数据
load orders.mat orders
load item_weight.mat item_weight
%% 仓库参数初始化
depot_leftAisle=1.5;              %仓库与第1条拣选通道的距离(1.5LU)
enter_leave_aisle=1;              %从通道进入拣选通道或从拣选通道进入通道需要行走的距离(1LU)
adjacent_location=1;             %同一条拣选通道的两个相邻储位之间的距离(1LU)
adjacent_aisle=5;               %两个相邻拣选通道的距离(5LU)
aisle_num=10;                  %拣选通道数目
side_num=15;                  %每条拣选通道一侧的储位数目
capacity=100;                 %设备最大装载量,单位kg
%% 订单数据初始化
orders_num=20;                %订单数目
batches_maxnum=10;            %允许分批的最大数目
%% 萤火虫算法参数初始化
MAXGEN=100;                  %最大迭代次数
NIND=50;                     %萤火虫数目
N=batches_maxnum+orders_num-1; %编码长度
alpha=2000;                   %违反设备装载量约束的惩罚因子
gama=0.95;                   %光吸收系数
%% 初始化
Population=init_pop(NIND,N);    %随机初始化
best_firefly=Population(1,:);    %初始全局最优
[batches,batches_num,bestTD,violate_batch,violate_order]=decode(best_firefly,orders,…
batches_maxnum,orders_num,capacity,item_weight,side_num,…
depot_leftAisle,enter_leave_aisle,adjacent_location,adjacent_aisle);
disp(['初始订单分批数目:',num2str(batches_num),…
',总行驶距离:',num2str(bestTD),',违反约束订单分批数目:',…
num2str(violate_batch),',违反约束订单数目:',num2str(violate_order)]);
%初始全局最优分批方案的总行驶距离
best_cost=cost_function(batches,orders,item_weight,capacity,side_num,
depot_leftAisle,...
    enter_leave_aisle,adjacent_location,adjacent_aisle,alpha);
```

```
Best_Cost=zeros(MAXGEN,1);                    %记录每一次迭代全局最优总距离
Best_TD=zeros(MAXGEN,1);                       %记录每一次迭代全局最优总距离
%% 主循环
gen=1;
while gen<=MAXGEN
    %% 计算种群目标函数值
    Obj=obj_function(Population,orders,batches_maxnum,orders_num,capacity,
     item_weight,...
        side_num,depot_leftAisle,enter_leave_aisle,adjacent_location,adjacent_aisle,
        alpha);
    %% 更新萤火虫位置
    for i=1:NIND
        Individual1=Population(i,:);           %第i个萤火虫
        for j=1:NIND
            Individual2=Population(j,:);       %第j个萤火虫
            %如果第j个萤火虫发光强度更大,则需要将第i个萤火虫向第j个萤火虫靠近
            if Obj(j,1)<Obj(i,1)
                rij=cal_rij(Individual1,Individual2);              %计算两个萤火虫之间的距离
                cross_len=randi([1,ceil(rij*gama^gen)],1,1); %计算交叉片段长度
                %交叉操作,得到新的第i个萤火虫
                [Individual1,Individual2]=crossover(Individual1,Individual2,
                  cross_len);
                newObj1=obj_function(Individual1,orders,batches_maxnum,…
                 orders_num,capacity,item_weight,side_num,depot_leftAisle,…
                 enter_leave_aisle,adjacent_location,adjacent_aisle,alpha);
                if newObj1<Obj(i,1)
                    Population(i,:)=Individual1;                   %更新新种群第i个萤火虫位置
                    Obj(i,1)=newObj1;
                    %更新新种群中第i个萤火虫的目标函数值
                end
            end
        end
    end
    %% 从更新后的Population中选择目标函数值在前10%的个体
    offspring=select(Population,orders,batches_maxnum,orders_num,capacity,
     item_weight,...
     side_num,depot_leftAisle,enter_leave_aisle,adjacent_location,adjacent_aisle,
     alpha);
    %% 局部搜索
    offspring=local_search(offspring,orders,batches_maxnum,orders_num,capacity,…
item_weight,alpha,side_num,depot_leftAisle,enter_leave_aisle,adjacent_location,
adjacent_aisle);
    %% 将局部搜索后的offspring与原来的Population进行合并
    Population=merge(Population,offspring,Obj);
    %% 找到全局最优的萤火虫
    Obj=obj_function(Population,orders,batches_maxnum,orders_num,capacity,
item_weight,...
        side_num,depot_leftAisle,enter_leave_aisle,adjacent_location,adjacent_aisle,
        alpha);
```

```
    [min_Obj,min_index]=min(Obj);                    %排在第1位的是最小目标函数值
    if min_Obj<best_cost
        best_firefly=Population(min_index,:);        %更新全局最优萤火虫
        best_cost=min_Obj;
    end
    Best_Cost(gen,1)=best_cost;                       %记录每次迭代全局最优目标函数值
    %% 输出
    [best_batches,batches_num,bestTD,violate_batch,violate_order]=decode
      (best_firefly,…
orders,batches_maxnum,orders_num,capacity,item_weight,...
                side_num,depot_leftAisle,enter_leave_aisle,adjacent_location,
adjacent_aisle);
disp(['第',num2str(gen),'代全局最优萤火虫订单分批数目:',…
num2str(batches_num),',总行驶距离:',num2str(bestTD),...
        ',违反约束订单分批数目:',num2str(violate_batch),',…
违反约束订单数目:',num2str(violate_order)]);
    %% 记录全局最优总行走距离
    Best_TD(gen,1)=bestTD;
    %% 计数器加1
    gen=gen+1;
end
%% 输出优化过程
figure;
plot(Best_TD,'LineWidth',1);
title('优化过程')
xlabel('迭代次数');
ylabel('拣选总行走距离');
%% 将全局最优萤火虫解码为订单分批方案
[best_batches,best_num,bestTD]=decode(best_firefly,orders,batches_maxnum,…
orders_num,capacity,item_weight,side_num,depot_leftAisle,…
enter_leave_aisle,adjacent_location,adjacent_aisle);
toc
```

8.5 实例验证

8.5.1 输入数据

输入数据为20个订单,其中每个订单包含的物品信息如表8.8所示。

表8.8 订单数据

订单序号	包含的物品编号
1	125, 184, 178, 197, 210, 82, 219
2	77, 216, 9, 83, 11, 101, 208, 98, 255, 118
3	79, 275, 116, 113, 197
4	143, 232, 122, 161, 230, 172, 182, 103, 64
5	208, 99, 265, 230, 32
6	241, 296, 79, 55, 216, 199, 154, 112, 11
7	22, 294, 11, 129, 114, 285, 143, 231
8	191, 216, 285, 24, 153, 65
9	63, 58, 41, 131, 121, 266, 167, 14, 232, 144
10	74, 231, 67, 72, 158, 182
11	177, 260, 4, 3, 141
12	122, 150, 295, 250, 82, 275
13	87, 177, 63, 66, 298, 160, 223, 93
14	276, 141, 229, 238, 148, 146
15	225, 176, 252, 262, 66, 211, 142
16	57, 155, 240, 97, 247, 222, 260, 19, 59
17	7, 151, 57, 136, 271
18	263, 186, 97, 205, 186, 54, 24
19	128, 63, 125, 34, 104, 11, 71, 166, 260
20	200, 182, 175, 247, 215, 142, 293, 148

在输入订单数据后,还需确定仓库参数。本节中的仓库参数与8.1节中的仓库参数完全相同,即仓库由10条拣选通道和2条通道组成,每条拣选通道两侧各有15个储位,仓库中一共有300个储位。出/入口(在仓库布局中用0表示)位于仓库的左下角,它是拣选人员拣选订单的起点和终点。出/入口与拣选通道1的横向距离为1.5LU,纵向相邻储位之间的距离为1LU,从通道进入拣选通道或从拣选通道进入通道的距离为1LU,相邻两条拣选通道的横向距离为5LU。

由上述仓库参数可知,本仓库一共有300个储位,先规定1~60号储位储存的物品质量都为1kg,61~120号储位储存的物品质量都为2kg,121~180号储位储存的物品质量都为3kg,181~240号储位储存的物品质量都为4kg,241~300号储位储存的物品质量都为5kg。此外,仓库允许订单拣选人员将这20个订单最多分成10批次进行拣选,每辆拣货设备的最大装载量都为100kg。

8.5.2 萤火虫算法参数设置

在运行FA之前,需要对FA的参数进行设置,各个参数如表8.9所示。

表8.9 FA参数设置

参数名称	取值
违反装载量约束的惩罚系数	2000
违反时间窗约束的惩罚系数	100
最大迭代次数	100
光吸收系数	0.95
订单移除数目	10
随机元素	15

8.5.3 实验结果展示

FA求解OBP优化过程如图8.7所示。

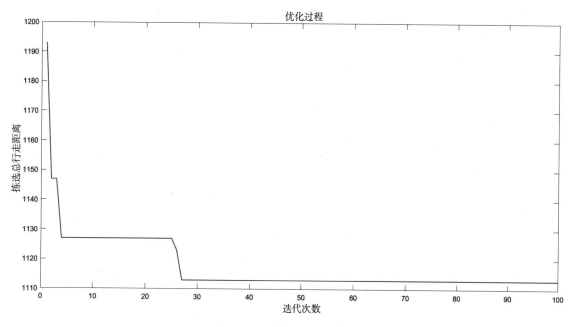

图8.7 FA求解OBP优化过程

FA求OBP得到的最优订单分批方案如下。

订单批次1:1,4,10

订单批次2:7,11,14,17

订单批次3:6,8,13,20

订单批次4:9,15,16,19

订单批次5:2,3,5,12,18

该订单分批方案的拣选总行走距离为1113LU。

第 9 章

头脑风暴优化算法求解带时间窗和同时取送货的车辆路径问题

带时间窗和同时取送货的车辆路径问题(Vehicle Routing Problem with Simulaneous Deliveryand Pickup and Time Windows,VRPSDPTW)是VRPSDP和VRPTW的结合问题。假设已知若干个顾客和1个配送中心的横纵坐标、需求量、回收量、时间窗(如9：00~17：00)和服务时间,则VRPSDPTW可以简单描述为：在满足一个顾客只能由一辆货车服务且满足装载量约束和时间窗约束的前提下,配送中心派遣若干辆车为顾客配送货物,每辆车都从配送中心出发,在对若干个顾客同时配送货物和回收货物后,再返回配送中心,规划出所有车辆行驶距离之和最小的配送方案,即为配送货物的每辆车都规划出一条路线,使得这些车的行驶总距离最小。

头脑风暴优化(Brain Storm Optimization,BSO)算法是一种新型群智能优化算法,其中的每一个个体都代表一个问题的解,通过个体的演化和融合进行个体的更新,通过反复迭代求解直到求得问题的最终解。BSO作为一种新型智能优化算法,较少应用于车辆路径问题。因此,本章创新性地使用BSO求解VRPSDPTW。

本章主要涉及的知识点

- VRPSDPTW 概述
- 算法简介
- 使用BSO 求解 VRPSDPTW 的算法求解策略
- MATLAB 程序实现
- 实例验证

9.1 **问题描述**

VRPSDPTW 可定义在有向图 $G = (V, A)$,其中 $V = \{0, 1, 2, \cdots, n, n+1\}$ 表示所有节点的集合,0 和 $n+1$ 表示配送中心,$1, 2, \cdots, n$ 表示顾客,A 表示弧的集合。规定在有向图 G 上,一条合理的配送路线必须始于节点 0,终于节点 $n+1$。VRPSDPTW 模型中涉及的参数如表 9.1 所示,涉及的决策变量如表 9.2 所示。此外,$\Delta^+(i)$ 表示从节点 i 出发的弧的集合,$\Delta_-(j)$ 表示回到节点 j 的弧的集合,$N = V \setminus \{0, n+1\}$ 表示顾客集合,K 表示配送车辆集合。

表 9.1　参数

变量符号	参数含义
c_{ij}	表示节点 i 和节点 j 之间的距离
v	配送车辆的行驶速度
s_i	顾客 i 的服务时间
t_{ij}	从节点 i 到节点 j 的行驶时间
a_i	顾客 i 的左时间窗
b_i	顾客 i 的右时间窗
E	配送中心的左时间窗
L	配送中心的右时间窗
d_i	顾客 i 的配送需求量
p_i	顾客 i 的回收量
C	货车最大装载量
M	足够大的正数

表 9.2　决策变量

变量符号	变量含义
w_{ik}	车辆 k 对节点 i 的开始服务时间
L_{0k}	车辆 k 离开配送中心的装载量
L_i	货车对顾客 i 服务结束后的车辆装载量
x_{ijk}	货车 k 是否从节点 i 出发前往节点 j,如果是,则 $x_{ijk} = 1$,否则 $x_{ijk} = 0$

在构建 VRPSDPTW 模型时,允许配送货车在顾客的左时间窗之前到达顾客,但需要等待至左时间窗才可以为顾客服务;不允许配送货车在顾客的右时间窗之后到达顾客。

综上所述,则 VRPSDPTW 模型如下:

$$\min \sum_{k \in K} \sum_{(i,j) \in A} c_{ij} x_{ijk} \tag{9.1}$$

$$\sum_{k \in K} \sum_{j \in \Delta^+(i)} x_{ijk} = 1 \quad \forall i \in N \tag{9.2}$$

$$\sum_{j \in \Delta^+(0)} x_{0jk} = 1 \quad \forall k \in K \tag{9.3}$$

$$\sum_{i \in \Delta_-(j)} x_{ijk} - \sum_{i \in \Delta^+(j)} x_{jik} = 0 \quad \forall j \in N, \forall k \in K \tag{9.4}$$

$$\sum_{i \in \Delta^-(n+1)} x_{i,n+1,k} = 1 \quad \forall k \in K \tag{9.5}$$

$$t_{ij} = \frac{c_{ij}}{v} \tag{9.6}$$

$$w_{ik} + s_i + t_{ij} - w_{jk} \le \left(1 - x_{ijk}\right)M \quad \forall (i,j) \in A, \forall k \in K \tag{9.7}$$

$$a_i \left(\sum_{j \in \Delta^+(i)} x_{ijk}\right) \le w_{ik} \le b_i \left(\sum_{j \in \Delta^+(i)} x_{ijk}\right) \quad \forall i \in N, \forall k \in K \tag{9.8}$$

$$E \le w_{ik} \le L \quad \forall i \in \{0, n+1\} \quad \forall k \in K \tag{9.9}$$

$$L_{0k} = \sum_{i \in N} d_i \sum_{j \in \Delta^+(i)} x_{ijk} \quad \forall k \in K \tag{9.10}$$

$$L_j \ge L_{0k} - d_j + p_j - M\left(1 - x_{0jk}\right) \quad \forall j \in N, \forall k \in K \tag{9.11}$$

$$L_j \ge L_i - d_j + p_j - M\left(1 - \sum_{k \in K} x_{ijk}\right) \quad \forall i \in N, \forall j \in N \tag{9.12}$$

$$L_{0k} \le C \quad \forall k \in K \tag{9.13}$$

$$L_j \le C + M\left(1 - \sum_{i \in V \setminus \{0\}} x_{ijk}\right) \quad \forall j \in N, \forall k \in K \tag{9.14}$$

$$x_{ijk} \in \{0,1\} \quad \forall (i,j) \in A, \forall k \in K \tag{9.15}$$

目标函数(9.1)表示最小化车辆行驶总距离,约束(9.2)限制每个顾客只能被分配到一条路径,约束(9.3)~(9.5)表示配送货车k在路径上的流量限制,约束(9.6)表示配送货车从节点i到节点j的行驶时间等于节点i和节点j之间的距离与货车行驶速度的比值,约束(9.7)表示配送货车k行驶时间的连续性,约束(9.8)表示配送货车k对顾客i的开始服务时间必须在顾客i的左右时间窗之间,约束(9.9)表示配送货车k对从配送中心出发的时间(返回配送中心的时间)必须在配送中心的左右时间窗之间,约束(9.10)为配送货车k初始在配送中心的装载量计算公式,约束(9.11)为配送货车k在对所在路线的第一个顾客服务结束后的车辆装载量的计算公式,约束(9.12)为配送货车k在对所在路线的任意一个顾客(不包含第一个顾客)服务结束后的车辆装载量的计算公式,约束(9.13)表示配送货车k初始在配送中心的装载量必须不大于配送货车的最大装载量,约束(9.14)表示配送货车k在对所在路线的任意一个顾客服务结束后的车辆装载量必须不大于配送货车的最大装载量。

接下来以一个实例讲解上述VRPSDPTW模型。现有3辆货车在配送中心等待为10个顾客同时配送及回收货物,这3辆货车的最大装载量均为200kg,且行驶速度都为60km/h = 60km/60min = 1km/min。假设配送中心和10个顾客的横纵坐标、需求量、回收量、左右时间窗和服务时间如表9.3所示(序号0表示配送中心的数据)。那么在满足装载量约束和时间窗约束条件下,如何为这3辆货车制定配送路线,才能使得所有配送路线的距离之和最小? 在制定配送路线时,所有配送路线必须满足以下3个条件:①一个顾客只能由一辆车配送货物;②所有顾客都能被货车访问;③不允许货车在顾客的右时间窗之后到达顾客,允许货车在顾客的左时间窗之前到达顾客,但需要等待至左时间窗后才能服务该顾客。此外,货车都从配送中心出发,再分别为所在路线上的顾客配送货物及回收货物,最后返回配送中心。

表9.3 配送中心和10个顾客的横纵坐标、需求量、回收量、左右时间窗和服务时间

序号	横坐标/km	纵坐标/km	需求量/kg	回收量/kg	左时间窗	右时间窗	服务时间/min
0	40	50	0	0	8:00	12:00	0
1	5	35	10	20	10:22	10:52	10
2	0	45	20	40	8:00	11:09	10
3	67	85	20	20	8:00	11:05	10
4	25	30	3	9	8:00	11:25	10
5	2	60	5	17	8:00	11:10	10
6	8	56	27	5	8:00	11:17	10
7	37	47	6	6	8:00	11:45	10
8	53	43	14	12	8:14	8:44	10
9	57	48	23	17	8:00	11:32	10
10	55	54	26	8	8:00	11:34	10

根据上述数据,先计算出每两点之间的距离,即11行11列的距离矩阵(用dist表示),距离矩阵中的距离取值全部向上取整,如表9.4所示。

表9.4 任意两点之间的距离

序号	0	1	2	3	4	5	6	7	8	9	10
0	0	39	41	45	25	40	33	5	15	18	16
1	39	0	12	80	21	26	22	35	49	54	54
2	41	12	0	79	30	16	14	38	54	58	56
3	45	80	79	0	70	70	66	49	45	39	34
4	25	21	30	70	0	38	32	21	31	37	39
5	40	26	16	70	38	0	8	38	54	57	54
6	33	22	14	66	32	8	0	31	47	50	48
7	5	35	38	49	21	38	31	0	17	21	20
8	15	49	54	45	31	54	47	17	0	7	12

续表

序号	0	1	2	3	4	5	6	7	8	9	10
9	18	54	58	39	37	57	50	21	7	0	7
10	16	54	56	34	39	54	48	20	12	7	0

在距离矩阵的基础上,初步制定出两条配送路线,如表9.5所示。

表9.5 初始配送方案

序号	1	2
配送路线	$0 \to 7 \to 2 \to 1 \to 4 \to 0$	$0 \to 8 \to 9 \to 10 \to 3 \to 5 \to 6 \to 0$
离开配送中心时的装载量/kg	39	115
离开各个顾客时的装载量/kg	$39 \to 59 \to 69 \to 75$	$113 \to 107 \to 89 \to$ $89 \to 101 \to 79$
货车离开配送中心的时间	8:00	8:00
货车开始为各个顾客进行服务的时间	$8:05 \to 8:53 \to 10:22 \to 10:53$	$8:15 \to 8:32 \to 8:49 \to$ $9:33 \to 10:53 \to 11:11$
货车返回至配送中心的时间	11:28	11:54
总距离/km	101	174

以配送路线1为例,计算在该条路线上货车离开各个节点时的装载量、开始为各个顾客进行服务的时间、返回至配送中心的时间及行驶距离。

1. 货车离开各个节点时的装载量

货车从配送中心0出发的货物装载量 Load_0 的计算公式为 $\text{Load}_0 = \text{demands}_7 + \text{demands}_2 + \text{demands}_1 + \text{demands}_4 = 6 + 20 + 10 + 3 = 39(\text{kg})$,其中 demands_i 表示顾客 i 的需求量。

货车从配送中心0前往顾客7,货车离开顾客7时的货物装载量 $\text{Load}_1 = \text{Load}_0 - \text{demands}_7 + \text{pdemands}_7 = 39 - 6 + 6 = 39(\text{kg})$,其中 pdemands_i 表示顾客 i 的回收量。

货车从顾客7前往顾客2,货车离开顾客2时的货物装载量 $\text{Load}_2 = \text{Load}_1 - \text{demands}_2 + \text{pdemands}_2 = 39 - 20 + 40 = 59(\text{kg})$。

货车从顾客2前往顾客1,货车离开顾客1时的货物装载量 $\text{Load}_3 = \text{Load}_2 - \text{demands}_1 + \text{pdemands}_1 = 59 - 10 + 20 = 69(\text{kg})$。

货车从顾客1前往顾客4,货车离开顾客4时的货物装载量 $\text{Load}_4 = \text{Load}_3 - \text{demands}_4 + \text{pdemands}_4 = 69 - 3 + 9 = 75(\text{kg})$。

2. 开始为各个顾客进行服务的时间

首先货车从配送中心到达顾客7,假设货车到达顾客7的时间为 l_1,则 l_1 的计算公式为:

$$l_1 = 0\text{的左时间窗} + \text{节点0和节点7之间的距离}\big/\text{行驶速度}$$

$$= 8:00+\sqrt{(40-37)^2+(50-47)^2}\Big/1 \approx 8:00+0:05 = 8:05$$

因为货车晚于顾客7的左时间窗8:00到达顾客7,所以货车可以直接为顾客7服务。同时,因为货车对顾客7的服务时间为10min,所以对顾客7的服务结束时间为8:15。

接下来货车从顾客7出发前往顾客2,假设货车到达顾客2的时间为l_2,则l_2的计算公式为

$$l_2 = \text{顾客7的服务结束时间} + \text{节点7和节点2之间的距离}\big/\text{行驶速度}$$

$$= 8:15+\sqrt{(37-0)^2+(47-45)^2}\Big/1 \approx 8:15+0:38 = 8:53$$

因为货车晚于顾客2的左时间窗8:00到达顾客2,所以货车可以直接为顾客2服务。同时,因为货车对顾客2的服务时间为10min,所以对顾客2的服务结束时间为9:03。

接下来货车从顾客2出发前往顾客1,假设货车到达顾客1的时间为l_3,则l_3的计算公式为:

$$l_3 = \text{顾客2的服务结束时间} + \text{节点2和节点1之间的距离}\big/\text{行驶速度}$$

$$= 9:03+\sqrt{(0-5)^2+(45-35)^2}\Big/1 \approx 9:03+0:12 = 9:15$$

因为货车早于顾客1的左时间窗10:22到达顾客1,所以货车需要等待至10:22开始为顾客1服务。同时,因为货车对顾客1的服务时间为10min,所以对顾客1的服务结束时间为10:32。

接下来货车从顾客1出发前往顾客4,假设货车到达顾客4的时间为l_4,则l_4的计算公式为:

$$l_4 = \text{顾客1的服务结束时间} + \text{节点1和节点4之间的距离}\big/\text{行驶速度}$$

$$= 10:32+\sqrt{(5-25)^2+(35-30)^2}\Big/1 \approx 10:32+0:21 = 10:53$$

因为货车晚于顾客4的左时间窗8:00到达顾客4,所以货车可以直接为顾客4服务。同时,因为货车对顾客4的服务时间为10min,所以对顾客4的服务结束时间为11:03。

3. 返回至配送中心的时间

最后货车从顾客4出发回到配送中心,假设货车返回至配送中心的时间为l_0,l_0的计算公式为:

$$l_0 = \text{顾客4的服务结束时间} + \text{节点4和节点0之间的距离}\big/\text{行驶速度}$$

$$= 11:03+\sqrt{(25-40)^2+(30-50)^2}\Big/1 \approx 11:03+0:25 = 11:28$$

4. 行驶距离

假设货车在配送路线1上的行驶距离为TD_1,则

$D_1 = $ 节点0和节点7之间的距离 + 节点7和节点2之间的距离 + 节点2和节点1之间的距离 + 节点1和节点4之间的距离 + 节点4和节点0之间的距离

$= \mathrm{dist}(0,7) + \mathrm{dist}(7,2) + \mathrm{dist}(2,1) + \mathrm{dist}(1,4) + \mathrm{dist}(4,0) = 5+38+12+21+25 = 101(\mathrm{km})$

配送路线2的计算方式与配送路线1的计算方式完全相同。同时,由上表可知,这两条配送路线总距离为275km。此外,这两辆货车在各自路线上离开配送中心和顾客时的装载量都没有超过最大装载量。同时,货车开始为顾客进行服务的时间都没有超过顾客的右时间窗,且货车返回配送中心的时间也没有超过配送中心的右时间窗,因此这两条配送路线都是合理配送路线。为了能进一步直观表现这两条配送路线,现将上述两条配送路线在坐标轴中绘制出来,如图9.1所示。

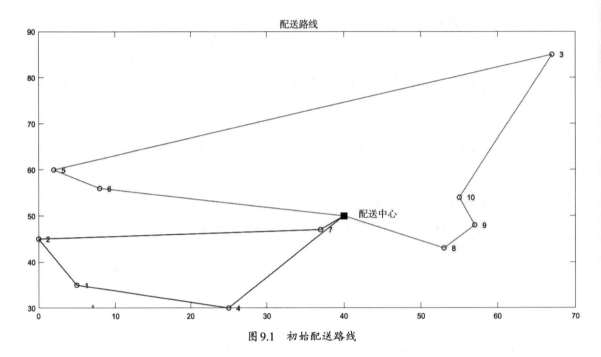

图9.1 初始配送路线

从表9.5可以看出,货车在离开配送中心和各个顾客时依然有较大的剩余装载量。此外,货车开始为各个顾客的服务时间远小于顾客的右时间窗。同时,从图9.1可以看出,这两条配送路线还有可以改进的空间。为了能进一步感受不同配送路线之间的差异,现制定出一种更优的配送方案,如表9.6所示。

表9.6 更优的配送方案

序号	1	2
配送路线	$0 \to 8 \to 9 \to 10 \to 3 \to 0$	$0 \to 6 \to 5 \to 2 \to 1 \to 4 \to 7 \to 0$
离开配送中心时的装载量/kg	83	71
离开各个顾客时的装载量/kg	$81 \to 75 \to 57 \to 57$	$49 \to 61 \to 81 \to 91 \to 97 \to 97$
货车离开配送中心的时间	8:00	8:00
货车开始为各个顾客进行服务的时间	8:15→8:32→8:49→9:33	8:33→8:51→9:17→10:22→10:53→11:24
货车返回至配送中心的时间	10:28	11:39
总距离/km	108	116

由表9.6可知,这两条配送路线总距离为224km。此外,这两辆货车在各自路线上离开配送中心和顾客时的装载量都没有超过最大装载量。同时,货车开始为顾客进行服务的时间都没有超过顾客的右时间窗,且货车返回配送中心的时间也没有超过配送中心的右时间窗,因此这两条配送路线也是合理配送路线。现将上述这个更优的配送方案在坐标轴中绘制出来,如图9.2所示。

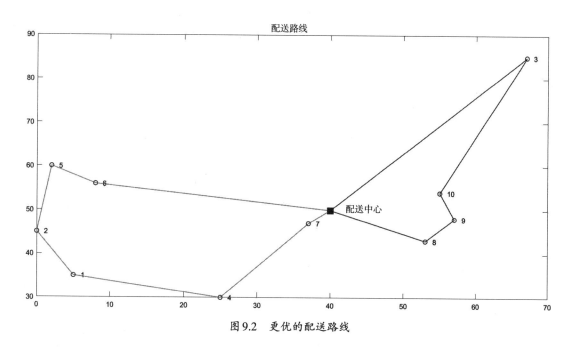

图9.2　更优的配送路线

　　将初始配送方案和优化后的配送方案进行对比,可明显地发现优化后的配送方案的车辆行驶总距离更小。因此,对VRPSPDTW的优化实际上是不断调整各个顾客究竟是由哪辆车服务,以及调整每条配送路线上为顾客服务的顺序。

9.2　算法简介

　　因为BSO算法来源于头脑风暴法,所以在介绍BSO算法前,先介绍头脑风暴法。头脑风暴法实际上是将若干个人聚集在一起开会,在开会过程中,任何一个人只要有想法就可以提出,并且其他人不能打断或批评其所提出的想法,最后将会议上提出的所有想法进行分类整理,从而得到很多解决问题的新想法。

　　BSO算法与GA很相似,相似之处是BSO算法也是一种群体智能优化算法,即BSO中的种群和GA中的种群并没有区别,区别是BSO算法更新解的方式与GA更新解的方式不同。

　　BSO目前已广泛应用于连续优化问题,本节以BSO求解连续优化问题为例,简要介绍BSO更新解的方式。实际上,BSO也是在种群中原有解的基础上对解进行更新。假设现有种群中一个解为X_{select},X_{select}^d表示X_{select}的第d维元素,则对X_{select}^d更新后的解X_{new}^d的更新公式如下:

$$X_{\text{new}}^d = X_{\text{select}}^d + \xi n(\mu, \sigma)$$

$$\xi = \text{logsig}\big(\big[\,0.5\,\text{max\_iternation} - \text{current\_iteration}\,\big]/k\big)\text{rand}(\ )$$

式中，n是均值为μ、方差为σ的高斯随机函数；$\log sig(\ )$为对数S形传递函数，即$\log sig(x) = \dfrac{1}{1 + e^{-x}}$；

$\max\_iternation$为最大迭代次数；$current\_iteration$为当前迭代次数；k用于改变$\log sig(\ )$函数的斜率；$rand(\ )$为在$(0,1)$的随机数。

综上所述，BSO算法求解问题的流程如图9.3所示。

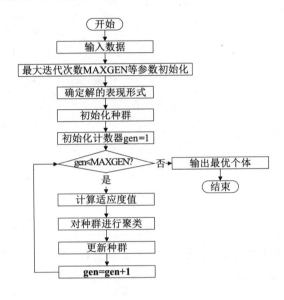

图9.3　BSO算法求解问题流程

9.3　求解策略

BSO求解VRPSDPTW问题主要包含以下几个关键步骤：

(1)编码与解码。

(2)目标函数。

(3)种群初始化。

(4)聚类操作。

(5)替换操作。

(6)更新操作。

(7)局部搜索操作。

(8)合并操作。

9.3.1　编码与解码

对个体进行编码是 BSO 求解 VRPSDPTW 问题的第一步,简洁的编码有助于提高求解速度。本章采用的编码方式与 GA 求解 VRPSDP 这一章(第7章)使用的编码方式完全相同,即将配送中心与顾客同时在个体中进行体现。

假设现在有5个编号分别为1、2、3、4、5的顾客,配送中心最多允许3辆货车来服务这些顾客,即最多制定出3条配送路线。那么如何在解中体现出将这5个顾客分配到各条配送路线上呢?在求解 TSP 中,采用整数编码方式,即如果有5个城市,那么 BSO 中的个体就是1~5这5个数字的随机排序。

但是在 VRPSDPTW 问题中,如果个体中只有这5个数字,那么难以区分各个顾客具体分配到哪条配送路线上。为了能够在个体中清晰地体现各个顾客具体被分配到哪条配送路线上,将配送中心用数字的形式插入解中。如果配送中心最多允许3辆货车来服务这5个顾客,那么就将配送中心用6和7这两个数字插入这5个顾客的排列中。

在将个体解码为配送方案时,分以下5种情况。

(1)如果个体表示为1263475,那么配送中心6和7将12345分割成3条配送路线。这3条配送路线如下,其中0表示配送中心。

第1条配送路线:0 → 1 → 2 → 0

第2条配送路线:0 → 3 → 4 → 0

第3条配送路线:0 → 5 → 0

(2)如果个体表示为1267345,那么配送中心6和7将12345分割成2条配送路线。这2条配送路线如下,其中0表示配送中心。

第1条配送路线:0 → 1 → 2 → 0

第2条配送路线:0 → 3 → 4 → 5 → 0

(3)如果个体表示为6712345,那么配送中心6和7将12345分割成1条配送路线。这条配送路线如下,其中0表示配送中心。

配送路线:0 → 1 → 2 → 3 → 4 → 5 → 0

(4)如果个体表示为1234567,那么配送中心6和7将12345分割成1条配送路线。这条配送路线如下,其中0表示配送中心。

配送路线:0 → 1 → 2 → 3 → 4 → 5 → 0

(5)如果个体表示为6123457,那么配送中心6和7将12345分割成1条配送路线。这条配送路线如下,其中0表示配送中心。

配送路线:0 → 1 → 2 → 3 → 4 → 5 → 0

综上所述,若顾客数目为 N,配送中心最多允许 K 辆车进行配送,那么 BSO 求解 VRPSDPTW 问题中的个体就表示为 $1 \sim (N + K - 1)$ 的随机排列,并且上述5种情况包括将个体解码为配送方案时会遇到的5种情况。

9.3.2 目标函数

当然,采用上述编码方式不能保证解码的各条配送路径都满足装载量约束和时间窗约束,所以为了能够简单解决违反约束这一问题,本章采用给违反约束的配送路线施加惩罚的办法来使解码出的各条配送路线都满足装载量约束和时间窗约束。因此,配送方案总成本的计算公式如下:

$$f(s) = c(s) + \alpha \times q(s) + \beta \times w(s)$$

$$q(s) = \sum_{k=1}^{K} \left\{ \max\left\{ (L_{0k} - C), 0 \right\} + \sum_{j \in N} \max\left[\left[L_j - C - M\left(1 - \sum_{i \in V \setminus \{n+1\}} x_{ijk} \right) \right], 0 \right] \right\}$$

$$w(s) = \sum_{i=1}^{n} \max\left\{ (l_i - b_i), 0 \right\}$$

式中,s 为个体转换成的配送方案;$f(s)$ 为当前配送方案的总成本;$c(s)$ 为车辆总行驶距离;$q(s)$ 为各条路径违反的装载量约束之和;$w(s)$ 为所有顾客违反的时间窗约束之和;α 为违反装载量约束的惩罚因子;β 为违反时间窗约束的惩罚因子;K 为配送车辆集合;$V = \{0, 1, 2, \cdots, n, n+1\}$ 为所有节点的集合;$N = V \setminus \{0, n+1\}$ 为顾客集合;L_{0k} 为车辆 k 离开配送中心的装载量;L_j 为货车对顾客 i 服务结束后的车辆装载量;x_{ijk} 为货车 k 是否从节点 i 出发前往节点 j;C 为货车最大装载量;M 为足够大的正数;n 为顾客数目;l_i 为货车到达顾客 i 的时间;b_i 为顾客 i 的右时间窗。

假设现在有5个编号分别为1、2、3、4、5的顾客,配送中心最多允许3辆货车来服务这些顾客,每辆货车的最大装载量cap都为50kg,速度都为60km/h = 1km/min。配送中心和5个顾客的需求量、回收量、左右时间窗及服务时间如表9.7所示。

表9.7 配送中心和5个顾客的需求量、回收量、左右时间窗及服务时间

序号	横坐标/km	纵坐标/km	需求量/kg	回收量/kg	左时间窗	右时间窗	服务时间/min
0	40	50	0	0	8:00	12:00	0
1	5	35	10	20	10:22	10:52	10
2	0	45	20	40	8:00	11:09	10
3	67	85	20	20	8:00	11:05	10
4	25	30	30	10	8:00	11:25	10
5	2	60	10	40	8:00	11:10	10

假设当前个体表示为1267345,那么此时解码出2条配送路线,如下所示。

第1条配送路线:$0 \rightarrow 1 \rightarrow 2 \rightarrow 0$

第2条配送路线:$0 \rightarrow 3 \rightarrow 4 \rightarrow 5 \rightarrow 0$

首先计算第1辆货车离开第1条配送路线上各个点时的装载量load1,计算步骤如下。

(1)货车离开配送中心0时的装载量等于顾客1与顾客2的需求量之和,即 $load1(1) = 10 + 20 = 30(\text{kg})$。

(2)货车离开顾客1时的装载量等于load1(1)减去顾客1的需求量,再加上顾客1的回收量,即 load1(2) = 30 − 10 + 20 = 40(kg)。

(3)货车离开顾客2时的装载量等于load1(2)减去顾客2的需求量,再加上顾客2的回收量,即 load1(3) = 40 − 20 + 40 = 60(kg)。

第1辆货车在第1条配送路线上离开各个点时违反的装载量约束之和Vload1的计算公式如下。

$$\text{Vload1} = \max\left\{0, [\text{load1}(1) - \text{cap}]\right\} + \max\left\{0, [\text{load1}(2) - \text{cap}]\right\} + \max\left\{0, [\text{load1}(3) - \text{cap}]\right\} = 0 +$$
$$0 + 10 = 10(\text{kg})$$

其次计算第2辆货车离开第2条配送路线上各个点时的装载量load2,计算步骤如下。

(1)货车离开配送中心0时的装载量等于顾客3、顾客4与顾客5的需求量之和,即load2(1) = 20 + 30 + 10 = 60(kg)。

(2)货车离开顾客3时的装载量等于load2(1)减去顾客3的需求量,再加上顾客3的回收量,即 load2(2) = 60 − 20 + 20 = 60(kg)。

(3)货车离开顾客4时的装载量等于load2(2)减去顾客4的需求量,再加上顾客4的回收量,即 load2(3) = 60 − 30 + 10 = 40(kg)。

(4)货车离开顾客5时的装载量等于load2(3)减去顾客5的需求量,再加上顾客5的回收量,即 load2(4) = 40 − 10 + 40 = 70(kg)。

第2辆货车在第2条配送路线上离开各个点时违反的装载量约束之和Vload2的计算公式如下。

$$\text{Vload2} = \max\left\{0, [\text{load2}(1) - \text{cap}]\right\} + \max\left\{0, [\text{load2}(2) - \text{cap}]\right\} + \max\left\{0, [\text{load2}(3) - \text{cap}]\right\} +$$
$$\max\left\{0, [\text{load2}(4) - \text{cap}]\right\} = 10 + 10 + 0 + 20 = 40(\text{kg})$$

因此,个体1267345违反装载量约束之和$q(s)$的计算公式如下。

$$q(s) = \text{Vload1} + \text{Vload2} = 10 + 40 = 50(\text{kg})$$

在计算违反装载量约束之和$q(s)$后,还需计算违反时间窗约束之和$w(s)$。

首先计算第1辆货车到达第1条配送路线上各个顾客的时间a_i,以及返回配送中心的时间back1,计算步骤如下。

(1)货车1从配送中心出发到达顾客1的时间的计算公式为从配送中心的出发时间加上货车在配送中心到顾客1的行驶时间,即a_1=8:00≈+$\sqrt{(40-5)^2 + (50-35)^2}\big/1$ ≈ 8:00 + 0:39 = 8:39。

(2)货车1从顾客1出发到达顾客2的时间的计算公式为从顾客1的出发时间加上货车在顾客1到顾客2的行驶时间。这里需要注意的是,从顾客1的出发时间等于货车1对顾客1开始服务的时间加上顾客1的服务时间,又因为货车1在顾客1的左时间窗之前到达顾客1,所以货车1需要等待至顾客1的左时间窗才可以开始对顾客1进行服务。综上所述,a_2=10:22 + 0:10 + $\sqrt{(5-0)^2 + (35-45)^2}\big/1$ ≈ 10:22 + 0:10 + 0:12 = 10:44。

(3)货车1从顾客2出发返回至配送时间的计算公式为从顾客2的出发时间加上货车在顾客2到

配送中心的行驶时间,即 $back1 = 10:44 + 0:10 + \sqrt{(40-0)^2 + (50-45)^2} / 1 \approx 10:44 + 0:10 + 0:41 = 11:35$。

第1辆货车违反的时间窗约束之和Vtime1的计算公式如下,其中l_i为顾客和配送中心的右时间窗。

$$time1 = \max\left[0, (a_1 - l_1)\right] + \max\left[0, (a_2 - l_2)\right] + \max\left[0, (back1 - l_0)\right] = 0 + 0 + 0 = 0(\text{min})$$

其次计算第2辆货车到达第2条配送路线上各个顾客的时间a_i,以及返回配送中心的时间back2,计算步骤如下。

(1)货车2从配送中心出发到达顾客3的时间的计算公式为从配送中心的出发时间加上货车在配送中心到顾客3的行驶时间,即$a_3 = 8:00 + \sqrt{(40-67)^2 + (50-85)^2} / 1 \approx 8:00 + 0:45 = 8:45$。

(2)货车2从顾客3出发到达顾客4的时间的计算公式为从顾客3的出发时间加上货车在顾客3到顾客4的行驶时间,即$a_4 = 8:45 + 10 + \sqrt{(67-25)^2 + (85-30)^2} / 1 \approx 8:45 + 0:10 + 1:10 = 10:05$。

(3)货车2从顾客4出发到达顾客5的时间的计算公式为从顾客4的出发时间加上货车在顾客4到顾客5的行驶时间,即$a_5 = 10:05 + 10 + \sqrt{(25-2)^2 + (30-60)^2} / 1 \approx 10:05 + 0:10 + 0:38 = 10:53$。

(4)货车2从顾客5出发返回至配送时间的计算公式为从顾客5的出发时间加上货车在顾客5到配送中心的行驶时间,即$back2 = 10:53 + 10 + \sqrt{(2-40)^2 + (60-50)^2} / 1 \approx 10:53 + 0:10 + 0:40 = 11:43$。

第2辆货车违反的时间窗约束之和Vtime2的计算公式如下,其中l_i为顾客和配送中心的右时间窗。

$$Vtime2 = \max\left[0, (a_3 - l_3)\right] + \max\left[0, (a_4 - l_4)\right] + \max\left[0, (a_5 - l_5)\right] + \max\left[0, (back2 - l_0)\right]$$
$$= 0 + 0 + 0 + 0 = 0(\text{min})$$

在计算出违反装载量约束之和$q(s)$和违反时间窗约束之和$w(s)$之后,可根据目标函数公式进一步计算出当前个体的目标函数值。目标函数值越小,表示当前个体的质量越好。

9.3.3　种群初始化

本章采用随机初始化的方式构造初始种群。假设种群数目为NIND,顾客数目为N,配送中心最多允许K辆车进行服务,那么初始种群中的任意一个个体都是$1 \sim (N + K - 1)$的随机排列。

9.3.4　聚类操作

BSO求解VRPSDPTW问题的关键一步就是将种群中的所有个体进行聚类,本章聚类的对象是种群的目标函数值,对目标函数值进行聚类如图9.4所示。

目标函数值

图9.4 对目标函数值进行聚类

本章采用kmeans聚类方法对个体的目标函数值进行聚类。假设种群数目为NIND,聚类数目为k,具体操作步骤如下。

STEP1:从NIND个个体中随机选择出k个个体作为初始的聚类中心。

STEP2:依次计算NIND个个体的目标函数值与k个聚类中心的目标函数值的差值的绝对值,确定各个聚类中个体的组成,即就每个个体而言,将其与差值的绝对值最小的聚类中心归到一个聚类中。

STEP3:求出每个聚类中所有个体目标函数值的平均值,并将该聚类中目标函数值与平均值最接近的个体作为该聚类的新聚类中心。

STEP4:判断是否达到终止条件(一般情况下终止条件是预先设置的最大迭代次数),如果是,则终止循环,输出聚类结果;如果不是,转至STEP2。

9.3.5 替换操作

在上一步中,将NIND个个体划分为k类,从而在NIND个个体中得到k个聚类中心。为了在后续搜索过程中增加种群多样性,所以先使用替换操作,以一定的概率用随机生成的个体替换被随机选中的聚类中心。

9.3.6 更新操作

对于连续优化问题而言,对个体位置的更新采用9.2节所讲的数学公式来更新个体位置。但对于VRPSDPTW问题而言,很显然上述更新位置的数学公式无法直接套用。因此,需要结合VRPSDPTW问题的特点,同时引入GA的交叉操作,从而完成个体位置的更新。

BSO的核心步骤是对种群的更新,因为在连续使用聚类操作和替换操作后得到的结果是划分为k类的个体,所以BSO在更新种群时必然和划分的k个聚类有联系。

在介绍更新操作之前,先对以下参数、常量和变量进行定义。

rand:0~1的随机数。

p_one:选择1个聚类的概率,0~1之间的数。

p_two:选择2个聚类的概率,p_two = 1 − p_one。

p_one_center:选择1个聚类中聚类中心的概率,0~1的数。

p_two_center:选择2个聚类中聚类中心的概率,0~1的数。

Xselect1:选出的个体1。

Xselect2:选出的个体2。

假设种群数目为NIND,聚类数目为$k(k \geq 2)$,则更新操作种群中第i个个体的伪代码如下。

如果rand<p_one

(1)随机选择1个聚类:

如果rand<p_one_center

      a. Xselect1 =这个聚类中的聚类中心

否则

      b. Xselect1 =从这个聚类中随机选出一个个体

      对个体Xselect1进行交换操作后得到新个体Xnew。

否则

(2)随机选择2个聚类:

如果$rand$<p_two_center

      a. Xselect1 =聚类1中的聚类中心,Xselect2 =聚类2中的聚类中心

否则

      b. Xselect1 =聚类1中随机选出的个体1,Xselect2 =聚类2中随机选出的个体2

对个体Xselect1和Xselect2进行交叉操作后得到新个体Xnew1和Xnew2,选择目标函数值更小的新个体作为此次更新得到的新个体Xnew。

如果新个体Xnew的目标函数值小于第i个个体的目标函数值,则更新个体i = Xnew;否则,不更新个体i。

上述伪代码中涉及了交换操作和交叉操作,交换操作的对象是一个个体,交叉操作的对象是两个个体。

交换操作就是从当前个体中随机选择两个位置,并将这两个位置上的元素进行交换。例如,有如下个体。

1 2 3 4 5 6 7 8

这时随机选择两个交换位置a和b,如$a = 3$,$b = 6$,那么交叉后的个体为

1 2 6 4 5 3 7 8

交叉操作也是先随机选择两个交叉位置,然后分别将两个个体交叉位置之间的交叉片段移动到另外一个个体头部,最后将每个个体第二个重复的元素删除。

假设有如下两个个体。

个体1:1 2 3 4 5 6 7 8

个体2:8 7 6 5 4 3 2 1

这时随机选择两个交叉位置a和b,如$a = 3$,$b = 6$,那么交叉的片段为

个体1:1 2 | 3 4 5 6 | 7 8

个体2:8 7 | 6 5 4 3 | 2 1

然后将个体2的交叉片段移动到个体1的前面,将个体1的交叉片段移动到个体2的前面,则这两个个体变为

个体1:6 5 4 3 1 2 3 4 5 6 7 8

个体2:3 4 5 6 8 7 6 5 4 3 2 1

之后从前到后把第2个重复的元素删除,在这里先把两个父代个体中重复的元素标记出来。

个体1:6 5 4 3 1 2 3 4 5 6 7 8

个体2:3 4 5 6 8 7 6 5 4 3 2 1

最后把第2个重复的元素删除,形成两个子新个体。

新个体1:6 5 4 3 1 2 7 8

新个体2:3 4 5 6 8 7 2 1

9.3.7　局部搜索操作

假设更新操作后得到的种群为Population,那么Population中目标函数值在前50%的个体为局部搜索操作的对象,即对这50%的个体使用局部搜索操作以获得更优的个体,从而整体上使种群向更优的方向更新。

局部搜索操作使用了LNS算法中的"破坏"和"修复"思想。简单来说,就是使用破坏算子从当前解中移除若干个顾客,然后使用修复算子将被移除的顾客重新插回到破坏的解中。

1. 破坏算子

破坏算子按照如下公式移除若干个相关的顾客:

$$R(i,j) = 1/(c'_{ij} + V_{ij})$$

式中,c'_{ij}为将c_{ij}标准化后的值,在$[0,1]$之间;c_{ij}为i与j之间的欧式距离。

$$c'_{ij} = \frac{c_{ij}}{\max c_{ij}}$$

式中,V_{ij}为i与j是否在同一条路径上,即是否由同一辆车服务。如果在同一条路径上则为0,否则为1。

从上述公式可以看出,$R(i,j)$越大,顾客i与顾客j之间的相关性越大。在上述相关性计算公式的基础上,假设顾客数为N,要移除的顾客数目为L,随机元素为D,则破坏算子的步骤如下。

STEP1:从这N个顾客中随机选择1个顾客,如随机选择的顾客为i,此时被移除的顾客集合$R = [i]$,未被移除的顾客集合$U = [剩余N - 1个顾客]$。

STEP2:判断R中顾客数目是否小于等于要移除的顾客数目L,如果是,则转至STEP3;如果不是,转至STEP5。

STEP3:首先,从R中随机选择一个顾客r,根据相关性计算公式计算U中所有顾客与顾客r的相关性;其次按照相关性从大到小的顺序对U中的顾客进行排序,排序结果为S;然后根据公式

$\lceil \text{rand}^D \times |U| \rceil$（其中 $\text{rand} \in (0,1)$，$|U|$ 是集合 U 中顾客数目，$\lceil \ \rceil$ 表示向上取整）计算下一个被选择移除的顾客 next。

STEP4：将顾客 next 添加到 R 中，将顾客 next 从 U 中删除，转至 STEP2。

STEP5：将 R 中所有的顾客从当前解中全部移除；输出被移除的顾客集合 R，以及被破坏的解 S_{destroy}。

2. 修复算子

介绍完破坏算子后，在得到被移除的顾客集合 R 和破坏解 S_{destroy} 的基础上，进一步介绍修复算子。

在介绍修复算子的步骤前，先阐述"插入成本"这一概念。如果当前"破坏"后的解为 S_{destroy}，那么在不违反装载量约束和时间窗约束的前提下，将 R 中的一个顾客插入到 S_{destroy} 中的某个插入位置以后，此时修复后解的行驶总距离减去 S_{destroy} 的行驶总距离即为将该顾客插入该位置的"插入成本"。

在介绍"插入成本"的概念后，进一步阐述"遗憾值"这一概念。在不违反约束的前提下，如果 R 中的顾客 i 能插回到 S_{destroy} 中的可行插回位置的总数目为 lr，那么这 lr 个插入位置对应 lr 个"插入成本"。接下来将这 lr 个"插入成本"从小到大进行排序，若排序后的"插入成本"为 up_delta，则将顾客 i 插回到 S_{destroy} 的"遗憾值"即为排序后排在第 2 位的"插入成本"减去排在第 1 位的"插入成本"，即 up_delta(2) − up_delta(1)。

在阐述"遗憾值"的概念后，接下来详细描述修复算子的具体步骤。假设被移除的顾客集合为 R，破坏解为 S_{destroy}，则修复算子的步骤如下。

STEP1：初始化修复后的解 S_{repair}，即 $S_{\text{repair}} = S_{\text{destroy}}$。

STEP2：如果 R 非空，转至 STEP3，否则转至 STEP6。

STEP3：计算当前 R 中的顾客数目 nr，计算将 R 中各个顾客插回到 S_{repair} 的"遗憾值"regret，即 regret 是 nr 行 1 列的矩阵。

STEP4：首先找出 regret 中最大"遗憾值"对应的序号 max_index，其次确定出即将被插回的顾客 rc = R(max_index)，最后将 rc 插回到 S_{repair} 中"插入成本"最小的位置。

STEP5：更新 R(max_index) = [ ]，转至 STEP2。

STEP6：修复结束，输出修复后的解 S_{repair}。

9.3.8　合并操作

假设更新操作后得到的种群为 Population，种群数目为 NIND，在此基础上对目标函数值在前 60% 的个体进行局部搜索操作，得到的局部种群为 offspring。

合并操作的目的是将 Population 与 offspring 进行合并以形成新的 Population，但种群的数目是一定的，所以需要在 Population 和 offspring 中删除部分个体，以保证种群数目依然为 NIND。

因为 offspring 中的每个个体至少不差于局部搜索操作之前的个体，所以将 offspring 中的个体全部保留。既然将 offspring 中的个体全部保留，那么就需要从 Population 选择出目标函数值在前 40% 的个体。因此，新种群 Population 的组成分为两部分：①offspring 中全部个体；②原 Population 中目标函数值在前40%的个体。

9.3.9　头脑风暴优化算法求解带时间窗和同时送取货的车辆路径问题流程

BSO求解VRPSDPTW流程如图9.5所示。

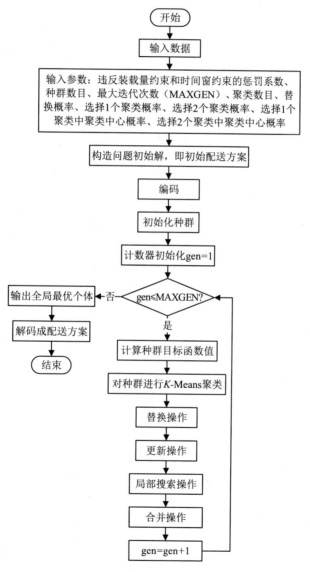

图9.5　BSO求解VRPSDPTW流程

9.4 MATLAB 程序实现

9.4.1 解码函数

种群中的个体没有明确体现出各条配送路线的具体信息,即种群中的个体并不能完全等同于配送方案。只有将种群中的个体解码为具体的配送方案后,才能清晰地展示各条配送路线的详细情况,以及便于计算当前配送方案的总成本。

解码函数 decode 的代码如下,该函数的输入为当前个体 Individual、车辆最大允许使用数目 v_num、顾客数目 cusnum、货车最大装载量 cap、顾客需求量 demands、顾客回收量 pdemands、顾客左时间窗 a、顾客右时间窗 b、配送中心右时间窗 L、对顾客的服务时间 s、距离矩阵 dist、车辆行驶速度 v,输出为配送方案 VC、车辆使用数目 NV、车辆行驶总距离 TD、违反约束路径数目 violate_num、违反约束顾客数目 violate_cus。

```
%% 将当前个体解码为配送方案
%输入 Individual:       当前个体
%输入 v_num:           车辆最大允许使用数目
%输入 cusnum:          顾客数目
%输入 cap:             货车最大装载量
%输入 demands:         顾客需求量
%输入 pdemands:        顾客回收量
%输入 a:               顾客左时间窗
%输入 b:               顾客右时间窗
%输入 L:               配送中心右时间窗
%输入 s:               对顾客的服务时间
%输入 dist:            距离矩阵
%输入 v:               车辆行驶速度
%输出 VC:              配送方案,即每辆车经过的顾客
%输出 NV:              车辆使用数目
%输出 TD:              车辆行驶总距离
%输出 violate_num:     违反约束路径数目
%输出 violate_cus:     违反约束顾客数目
function [VC,NV,TD,violate_num,violate_cus]=decode(Individual,v_num,cusnum,cap,
  demands,pdemands,a,b,s,L,dist,v)
violate_num=0;                                 %违反约束路径数目
violate_cus=0;                                 %违反约束顾客数目
VC=cell(v_num,1);                              %每辆车经过的顾客
count=1;                                       %车辆计数器,表示当前车辆使用数目
location0=find(Individual > cusnum);           %找出个体中配送中心的位置
for i=1:length(location0)
    if i==1                                    %第1个配送中心的位置
        route=Individual(1:location0(i));      %提取两个配送中心之间的路径
```

```
        route(route==Individual(location0(i)))=[];           %删除路径中配送中心序号
    else
        route=Individual(location0(i-1):location0(i));        %提取两个配送中心之间的路径
        route(route==Individual(location0(i-1)))=[];          %删除路径中配送中心序号
        route(route==Individual(location0(i)))=[];            %删除路径中配送中心序号
    end
    VC{count}=route;                                          %更新配送方案
    count=count+1;                                            %车辆使用数目
end
route=Individual(location0(end):end);                         %最后一条路径
route(route==Individual(location0(end)))=[];                  %删除路径中配送中心序号
VC{count}=route;                                              %更新配送方案
[VC,NV]=deal_vehicles_customer(VC);                           %将VC中空的数组移除
for j=1:NV
    route=VC{j};
    %判断一条配送路线上的各个点是否都满足装载量约束和时间窗约束,1表示满足,0表示不满足
    flag=JudgeRoute(route,demands,pdemands,cap,a,b,s,L,dist,v);
if flag==0
%如果这条路径不满足约束,则违反约束顾客数目加该条路径顾客数目
        violate_cus=violate_cus+length(route);
        violate_num=violate_num+1;              %如果这条路径不满足约束,则违反约束路径数目加1
    end
end
TD=travel_distance(VC,dist);                                  %该方案车辆行驶总距离
end
```

9.4.2 删除配送方案中空路线函数

因为最终配送方案使用的车辆数目一定不大于最多允许使用的车辆数目,同时为了保证制定出的配送方案合理,所以在将当前个体转换为配送方案时会假设使用所有货车,然后将转换过程中空的配送路线删除。

将空的配送路线从配送方案中删除的过程中就使用了删除配送方案中空路线函数 deal_vehicles_customer,该函数的代码如下,输入为配送方案VC,输出为删除空配送路线后的配送方案FVC、车辆使用数目NV。

```
%% 根据VC整理出FVC,将VC中空的配送路线删除
%输入VC:          配送方案,即每辆车经过的顾客
%输出FVC:         删除空配送路线后的配送方案
%输出NV:          车辆使用数目
function [FVC,NV]=deal_vehicles_customer(VC)
VC(cellfun(@isempty,VC))=[];     %删除cell数组中的空元胞
FVC=VC;                          %将VC赋值给FVC
NV=size(FVC,1);                  %新方案中车辆使用数目
end
```

9.4.3 判断函数

在将当前个体转换为配送方案后,需要判断此配送方案是否满足装载量约束和时间窗约束,即判断货车离开所在配送路线上各个点时的装载量是否不大于货车最大装载量。此外,还需判断货车离开到达所在配送路线上各个点的时间是否不大于各个点的右时间窗。只有判断出配送方案是否满足装载量约束和时间窗约束后,才能对配送方案有较为清晰的认识。

判断函数JudgeRoute的代码如下,该函数的输入为一条配送路线route、顾客需求量demands、顾客回收量pdemands、车辆最大装载量cap、顾客左时间窗a、顾客右时间窗b、配送中心右时间窗L、对顾客的服务时间s、距离矩阵dist、车辆行驶速度v,输出为标记一条配送路线是否同时满足装载量约束flagR(flagR或者为1,或者为0)。

```matlab
%% 判断一条配送路线上的各个点是否都满足装载量约束和时间窗约束,1表示满足,0表示不满足
%输入route:          一条配送路线
%输入demands:        顾客需求量
%输入pdemands:       顾客回收量
%输入cap:            车辆最大装载量
%输入a:              顾客左时间窗
%输入b:              顾客右时间窗
%输入L:              配送中心右时间窗
%输入s:              对顾客的服务时间
%输入dist:           距离矩阵
%输入v:              车辆行驶速度
%输出flagR:          标记一条配送路线是否满足装载量约束,1表示满足,0表示不满足
function flagR=JudgeRoute(route,demands,pdemands,cap,a,b,s,L,dist,v)
flagR=1;                            %初始满足装载量约束
lr=numel(route);                    %该条路径上顾客数目
%计算该条路径上离开配送中心和各个顾客时的装载量
[Ld,Lc]=leave_load(route,demands,pdemands);
overload_flag=find(Lc>cap,1,'first');       %查询是否存在车辆在离开某个顾客时违反装载量约束
%如果每个点都满足装载量约束,则还需继续判断是否满足时间窗约束
%否则,不满足装载量约束,直接将flagR设为0
if (Ld<=cap)&&(isempty(overload_flag))
    %% 计算该路径上在各个点开始服务的时间,还计算返回配送中心时间
    [bs,back]=begin_s(route,a,s,dist,v);
    %如果满足配送中心右时间窗约束,需用判断各个顾客的时间窗是否满足时间窗约束
    if back<=L
        for i=1:lr
            %一旦发现某个顾客的时间窗不满足时间窗约束,则直接判为违反约束,将flag设为0
            if bs(i)>b(route(i))
                flagR=0;
            end
        end
    else
        %如果不满足配送中心右时间窗约束,则直接判为违反约束,将flag设为0
```

```
        flagR=0;
    end
else
    flagR=0;
end
end
```

9.4.4　装载量计算函数

在使用判断函数时,需要计算出货车离开所在配送路线上各点时的装载量。因此,需要使用装载量计算函数leave_load。

装载量计算函数 leave_load 的代码如下,该函数的输入为一条配送路线 route、顾客需求量 demands、顾客回收量 pdemands,输出为货车离开配送中心时的装载量 Ld、货车离开各个顾客时的装载量 Lc。

```
%% 计算某一条路径上离开配送中心和各个顾客时的装载量
%输入 route:            一条配送路线
%输入 demands:          顾客需求量
%输入 pdemands:         顾客回收量
%输出 Ld:               货车离开配送中心时的装载量
%输出 Lc:               货车离开各个顾客时的装载量
function [Ld,Lc]=leave_load(route,demands,pdemands)
n=length(route);                          %配送路线经过顾客的总数量
Ld=0;                                     %初始车辆在配送中心时的装货量为0
Lc=zeros(1,n);                            %表示车辆离开顾客时的装载量
if n~=0
    for i=1:n
        if route(i)~=0
            Ld=Ld+demands(route(i));
        end
    end
    Lc(1)=Ld+(pdemands(route(1))-demands(route(1)));
    if n>=2
        for j=2:n
            Lc(j)=Lc(j-1)+(pdemands(route(j))-demands(route(j)));
        end
    end
end
end
```

9.4.5　违反装载量约束之和计算函数

装载量计算函数可以计算出货车离开所在配送路线上各点时的装载量,因此可以计算出该条配送路线的违反装载量约束之和。在计算出当前配送方案所有配送路线的违反装载量约束之和后,即

可计算出该配送方案的违反装载量约束之和。

违反装载量约束之和计算函数 violateLoad 的代码如下，该函数的输入为配送方案 VC、顾客需求量 demands、顾客回收量 pdemands、车辆最大装载量 cap，输出为各条配送路线违反装载量约束之和 q。

```
%% 计算当前配送方案违反装载量约束之和
%输入 VC:              配送方案,即每辆车经过的顾客
%输入 demands:         顾客需求量
%输入 pdemands:        顾客回收量
%输入 cap:             车辆最大装载量
%输出 q:               各条配送路线违反装载量约束之和
function q=violateLoad(VC,demands,pdemands,cap)
NV=size(VC,1);          %所用车辆数目
q=0;
for i=1:NV
    route=VC{i};
    n=numel(route);
    [Ld,Lc]=leave_load(route,demands,pdemands);
    if Ld > cap
        q=q+Ld-cap;
    end
    for j=1:n
        if Lc(j) > cap
            q=q+Lc(j)-cap;
        end
    end
end
end
```

9.4.6　开始服务时间计算函数

在使用判断函数时，也需要计算出配送方案中所有货车对所在配送路线上各个顾客开始服务的时间和返回配送中心的时间。因此，需要使用开始服务时间计算函数 begin_s 和 begin_s_v。

函数 begin_s 用于计算一条配送路线上顾客开始被服务的时间及货车返回配送中心的时间，函数 begin_s_v 用于计算配送方案中所有顾客开始被服务的时间及所有货车返回配送中心的时间。

begin_s 的代码如下，该函数的输入为一条配送路线 route、顾客左时间窗 a、对顾客的服务时间 s、距离矩阵 dist、车辆行驶速度 v，输出为货车对顾客开始服务的时间 bs、货车返回配送中心的时间 back。

```
%% 计算一条路线上车辆对顾客的开始服务时间,还计算车辆返回配送中心的时间
%输入 route:           一条配送路线
%输入 a:               顾客左时间窗
%输入 s:               对顾客的服务时间
%输入 dist:            距离矩阵
%输入 v:               车辆行驶速度
%输出 bs:              货车对顾客开始服务的时间
```

```
%输出back:            货车返回配送中心的时间
function [bs,back]=begin_s(route,a,s,dist,v)
n=length(route);                      %配送路线上经过顾客的总数量
bs=zeros(1,n);                        %车辆对顾客的开始服务时间
bs(1)=max(a(route(1)),(dist(1,route(1)+1))/v);
for i=1:n
    if i~=1
        bs(i)=max(a(route(i)),bs(i-1)+s(route(i-1))+(dist(route(i-1)+1,route(i)+1)/v);
    end
end
back=bs(end)+s(route(end))+(dist(route(end)+1,1))/v;
end
```

begin_s_v 的代码如下,该函数的输入为配送方案 VC、顾客左时间窗 a、对顾客的服务时间 s、距离矩阵 dist、车辆行驶速度 v,输出为每辆货车对所在配送路线上在各个顾客开始服务的时间及返回配送中心时间 bsv。

```
%% 计算每辆车配送路线上在各个点开始服务的时间,还计算返回配送中心时间
%输入VC:            配送方案
%输入a:             顾客左时间窗
%输入s:             对顾客的服务时间
%输入dist:          距离矩阵
%输入v:             车辆行驶速度
%输出bsv:           每辆货车对所在配送路线上在各个顾客开始服务的时间及返回配送中心时间
function bsv=begin_s_v(VC,a,s,dist,v)
n=size(VC,1);
bsv=cell(n,1);
for i=1:n
    route=VC{i};
    [bs,back]= begin_s(route,a,s,dist,v);
    bsv{i}=[bs,back];
end
end
```

9.4.7 违反时间窗约束之和计算函数

开始服务时间计算函数 begin_s_v 可以计算出所有货车对所在配送路线上各个顾客开始服务的时间和返回配送中心的时间,因此可以计算出所有配送路线的违反时间窗约束之和。

违反时间窗约束之和计算函数 violateTW 的代码如下,该函数的输入为配送方案 VC、顾客左时间窗 a、顾客右时间窗 b、对顾客的服务时间 s、配送中心右时间窗 L、距离矩阵 dist、车辆行驶速度 v,输出为各条配送路线违反时间窗约束之和 w。

```
%% 计算当前配送方案违反的时间窗约束
%输入VC:            配送方案,每辆车经过的顾客
%输入a、b:          顾客左右时间窗
```

```
%输入s:                          对顾客的服务时间
%输入L:                          配送中心右时间窗
%输入dist:                       距离矩阵
%输入v:                          车辆行驶速度
%输出w:                          各条配送路线违反时间窗约束之和
function w=violateTW(VC,a,b,s,L,dist,v)
NV=size(VC,1);                   %所用车辆数量
w=0;
bsv=begin_s_v(VC,a,s,dist,v);    %计算每辆车配送路线上在各个点开始服务的时间,还计算返回
                                 配送中心时间

for i=1:NV
    route=VC{i};
    bs=bsv{i};
    l_bs=length(bsv{i});
    for j=1:l_bs-1
        if bs(j)>b(route(j))
            w=w+bs(j)-b(route(j));
        end
    end
    if bs(end)>L
        w=w+bs(end)-L;
    end
end
end
```

9.4.8　计算一条配送路线的距离函数

配送方案行驶总距离等于各条配送路线距离之和,则一条配送路线距离计算函数 part_length 的代码如下,该函数的输入为一条配送路线 route、距离矩阵 dist,输出为该条路线总距离 p_l。

```
%% 计算一条路线总距离
%输入route:            一条配送路线
%输入dist:             距离矩阵
%输出p_l:              该条路线总距离
function p_l=part_length(route,dist)
n=length(route);
p_l=0;
if n~=0
    for i=1:n
        if i==1
            p_l=p_l+dist(1,route(i)+1);
        else
            p_l=p_l+dist(route(i-1)+1,route(i)+1);
        end
    end
    p_l=p_l+dist(route(end)+1,1);
end
```

```
end
```

9.4.9 计算一个配送方案的行驶总距离

在计算出一个配送方案各条配送路线距离之后,自然可以求出该配送方案的行驶总距离。

配送方案的行驶总距离计算函数 travel_distance 的代码如下,该函数的输入为配送方案 VC、距离矩阵 dist,输出为车辆行驶总距离 sumTD、每辆车行驶的距离 everyTD。

```
%%  计算每辆车行驶的距离,以及所有车行驶的总距离
%输入VC:              配送方案,每辆车经过的顾客
%输入dist:             距离矩阵
%输出sumTD:            车辆行驶总距离
%输出everyTD:          每辆车行驶的距离
function [sumTD,everyTD]=travel_distance(VC,dist)
n=size(VC,1);          %车辆数
everyTD=zeros(n,1);
for i=1:n
    part_seq=VC{i};      %每辆车经过的顾客
    %如果车辆不经过顾客,则该车辆行驶的距离为0
    if ~isempty(part_seq)
        everyTD(i)=part_length( part_seq,dist );
    end
end
sumTD=sum(everyTD);              %所有车行驶的总距离
end
```

9.4.10 成本函数

在将当前个体解码为配送方案时,存在配送方案违反装载量约束或时间窗约束的可能性,但是这种违反约束的情况在解码时难以避免。因此,需要给违反装载量约束或时间窗约束的配送路线施加较大的惩罚,以使解码的配送方案满足约束,即在评价一个配送方案时需要将成本函数分为两部分进行计算:①车辆行驶总距离;②惩罚成本。

成本函数 costFuction 的代码如下,该函数的输入为配送方案 VC、顾客左时间窗 a、顾客右时间窗 b、对顾客的服务时间 s、配送中心右时间窗 L、距离矩阵 dist、顾客需求量 demands、顾客回收量 pdemands、车辆最大装载量 cap、违反的装载量约束的惩罚函数系数 alpha、违反的时间窗约束的惩罚函数系数 belta、车辆行驶速度 v,输出为当前配送方案的总成本 cost。

```
%%  计算当前配送方案的成本函数
%输入VC:              配送方案,每辆车经过的顾客
%输入a、b:             顾客左右时间窗
%输入s:               对顾客的服务时间
%输入L:               配送中心时间窗
```

```
%输入dist:              距离矩阵
%输入demands:           顾客需求量
%输入pdemands:          顾客回收量
%输入cap:               车辆最大装载量
%输入alpha:             违反的装载量约束的惩罚函数系数
%输入belta:             违反的时间窗约束的惩罚函数系数
%输入v:                 车辆行驶速度
%输出cost:              当前配送方案的总成本(f=TD+alpha*q+belta*w)
function cost=costFuction(VC,a,b,s,L,dist,demands,pdemands,cap,alpha,belta,v)
TD=travel_distance(VC,dist);
q=violateLoad(VC,demands,pdemands,cap);
w=violateTW(VC,a,b,s,L,dist,v);
cost=TD+alpha*q+belta*w;
end
```

9.4.11　目标函数

　　成本函数只是计算一个配送方案的成本,而种群中的所有个体都需要进行评价。因此,目标函数应该先使用解码函数decode将个体解码为配送方案,然后使用成本函数costFuction计算配送方案的成本,每个个体解码出的配送方案的成本即是该个体的目标函数值。

　　目标函数ObjFunction的代码如下,该函数的输入为种群Population、车辆最大允许使用数目v_num、顾客数目cusnum、车辆最大装载量cap、顾客需求量demands、顾客回收量pdemands、顾客左时间窗a、顾客右时间窗b、对顾客的服务时间s、配送中心右时间窗L、距离矩阵dist、车辆行驶速度v、违反的装载量约束的惩罚函数系数alpha、违反的时间窗约束的惩罚函数系数belta,输出为每个个体的目标函数值Obj。

```
%% 计算种群目标函数值,即每个个体解码出的配送方案的总成本
%输入Population:        种群
%输入v_num:             车辆最大允许使用数目
%输入cusnum:            顾客数目
%输入cap:               车辆最大装载量
%输入demands:           顾客需求量
%输入pdemands:          顾客回收量
%输入a、b:              顾客左右时间窗
%输入s:                 对顾客的服务时间
%输入L:                 配送中心右时间窗
%输入dist:              距离矩阵
%输入v:                 车辆行驶速度
%输入alpha:             违反的装载量约束的惩罚函数系数
%输入belta:             违反的时间窗约束的惩罚函数系数
%输出Obj:               每个个体的目标函数值
function Obj=ObjFunction(Population,v_num,cusnum,cap,demands,pdemands,a,b,s,L,dist,v,
  alpha,belta)
NIND=size(Population,1);                                        %种群大小
```

```
Obj=zeros(NIND,1);                                          %目标函数初始化为0
for i=1:NIND
Individual=Population(i,:);                                  %当前个体
%将个体转换为配送方案
VC=decode(Individual,v_num,cusnum,cap,demands,pdemands,a,b,s,L,dist,v);
%计算当前个体的总成本
    Obj(i,1)=costFuction(VC,a,b,s,L,dist,demands,pdemands,cap,alpha,belta,v);
end
end
```

9.4.12　种群初始化函数

假设种群数目为 NIND,顾客数目为 N,配送中心最多允许 K 辆车进行服务,那么个体的长度为 $N + K - 1$。种群初始化函数就是随机生成 NIND 个 $1 \sim (N + K - 1)$ 的随机排列。

种群初始化函数的代码如下,该函数的输入为种群大小 NIND、个体长度 N,输出为随机生成的初始种群 Population。

```
%% 种群初始化
%输入NIND:           种群大小
%输入N:              个体长度
%输出Population:      随机生成的初始种群
function Population=InitPop(NIND,N)
Population=zeros(NIND,N);               %种群初始化为NIND行N列的零矩阵
for i=1:NIND
    Population(i,:)=randperm(N);        %每个个体为1~N的随机排列
end
end
```

9.4.13　替换操作函数

替换操作以一定的概率用随机生成的个体替换被随机选中的聚类中心。替换操作函数 replace_center 的代码如下,该函数的输入为用随机解替换一个聚类中心的概率 p_replace、聚类数目 cluster_num、个体长度 N、初始储存的每个聚类 order_cluster、车辆最大允许使用数目 v_num、顾客数目 cusnum、车辆最大装载量 cap、顾客需求量 demands、顾客回收量 pdemands、顾客左时间窗 a、顾客右时间窗 b、对顾客的服务时间 s、配送中心右时间窗 L、距离矩阵 dist、车辆行驶速度 v、违反的装载量约束的惩罚函数系数 alpha、违反的时间窗约束的惩罚函数系数 belta,输出为将每个聚类中的个体按照目标函数值排序后的元胞数组 order_cluster。

```
%% 随机替换聚类中心
%输入p_replace:      用随机解替换一个聚类中心的概率
%输入cluster_num:   聚类数目
%输入N:              个体长度
```

```
%输入order_cluster:初始储存的每个聚类
%输入v_num:          车辆最大允许使用数目
%输入cusnum:         顾客数目
%输入cap:            车辆最大装载量
%输入demands:        顾客需求量
%输入pdemands:       顾客回收量
%输入a、b:           顾客左、右时间窗
%输入s:              对顾客的服务时间
%输入L:              配送中心右时间窗
%输入dist:           距离矩阵
%输入v:              车辆行驶速度
%输入alpha:          违反的装载量约束的惩罚函数系数
%输入belta:          违反的时间窗约束的惩罚函数系数
%输出order_cluster:将每个聚类中的个体按照目标函数值排序后的元胞数组
function order_cluster=replace_center(p_replace,cluster_num,N,order_cluster,...
    v_num,cusnum,cap,demands,pdemands,a,b,s,L,dist,v,alpha,belta)
%% 以一定的概率随机从m个聚类中心中选择出一个聚类中心,并用一个新产生的随机解更新这个被选中的
    聚类中心
R1=rand(1,1);
if R1<=p_replace
    %随机选择一个聚类中心
    repalce_cluster_num=randi([1,cluster_num],1,1);
    %随机产生一个解
    replace_solution=randperm(N);
    %并用这个新产生的随机解更新这个被选中的聚类中心
    order_cluster{repalce_cluster_num,1}(1,:)=replace_solution;
    %计算新解的目标函数值
    replace_solution_fitness=ObjFunction(replace_solution,v_num,cusnum,cap,demands,
     pdemands,a,b,s,L,dist,v,alpha,belta);
    %将新解的目标函数值储存到order_cluster中
    order_cluster{repalce_cluster_num,2}(1,:)=replace_solution_fitness;
end
end
```

9.4.14 更新操作函数

更新操作就是对种群中的每个个体进行更新,更新个体的方式有两种:①选出某个聚类中的个体,然后对该个体进行交换操作;②选出某两个聚类中的个体,然后对这两个个体进行交叉操作。

更新操作函数update_Population的代码如下,该函数的输入为种群Population、聚类数目cluster_num、每个聚类中个体的数目cluster_row、每个个体对应的所在聚类的编号Idx、将每个聚类中的个体按照目标函数值排序后的元胞数组order_cluster、选择1个聚类的概率p_one、选择1个聚类中聚类中心的概率p_one_center、选择2个聚类中聚类中心的概率p_two_center、车辆最大允许使用数目v_num、顾客数目cusnum、车辆最大装载量cap、顾客需求量demands、顾客回收量pdemands、顾客左时间窗a、顾客右时间窗b、对顾客的服务时间s、配送中心右时间窗L、距离矩阵dist、车辆行驶速度v、违

反的装载量约束的惩罚函数系数 alpha、违反的时间窗约束的惩罚函数系数 belta,输出为更新后的种群 Population。

```
%%  更新全部个体
%输入 Population:   种群
%输入 cluster_num:  聚类数目
%输入 cluster_row:  每个聚类中个体的数目
%输入 Idx:          每个个体对应的所在聚类的编号
%输入 order_cluster:将每个聚类中的个体按照目标函数值排序后的元胞数组
%输入 p_one:        选择1个聚类的概率
%输入 p_one_center:选择1个聚类中聚类中心的概率
%输入 p_two_center:选择2个聚类中聚类中心的概率
%输入 v_num:        车辆最大允许使用数目
%输入 cusnum:       顾客数目
%输入 cap:          车辆最大装载量
%输入 demands:      顾客需求量
%输入 pdemands:     顾客回收量
%输入 a、b:         顾客左右时间窗
%输入 s:            对顾客的服务时间
%输入 L:            配送中心右时间窗
%输入 dist:         距离矩阵
%输入 v:            车辆行驶速度
%输入 alpha:        违反的装载量约束的惩罚函数系数
%输入 belta:        违反的时间窗约束的惩罚函数系数
%输出 Population:   更新后的种群
function Population=update_Population(Population,cluster_num,cluster_row,Idx,
order_cluster,p_one,p_one_center,p_two_center...
    ,v_num,cusnum,cap,demands,pdemands,a,b,s,L,dist,v,alpha,belta)
NIND=size(Population,1);              %个体数目
%% 更新这 NIND 个个体
for i=1:NIND
    %如果随机数小于选择1个聚类的概率,则随机选择1个聚类
    if rand()<p_one
        select_one_cluster=randi([1,cluster_num],1,1); %选择选择一个聚类
        %如果随机数小于选择1个聚类中聚类中心的概率,或当前聚类中只有一个个体
        if rand()<p_one_center||cluster_row(select_one_cluster)==1
%选择当前个体的聚类中心(只有一个个体时,就选择该个体)
            select_ind=order_cluster{select_one_cluster,1}(1,:);
        else
%随机选择当前聚类中除聚类中心外的其他个体序号
            r_1= randi([2,cluster_row(select_one_cluster)],1,1);
%随机选择当前聚类中除聚类中心外的其他个体
            select_ind=order_cluster{select_one_cluster,1}(r_1,:);
        end
        indi_temp=Swap(select_ind);                   %将该个体进行交换操作
    else %如果随机数不小于选择1个聚类的概率,则随机选择2个聚类
        cluster_two=[0,0];                            %随机产生两个聚类的序号
        while cluster_two(1,1)==cluster_two(1,2)
```

```
                cluster_two=randi([1,cluster_num],1,2);              %这两个聚类序号不能相同
        end
        %如果随机数小于选择2个聚类中聚类中心的概率,或当前两个聚类中都只有一个个体
        if (rand()<p_two_center)||(cluster_row(cluster_two(1,1))==1
···&&cluster_row(cluster_two(1,2))==1)
            %选择这2个聚类中聚类中心
            select_ind1=order_cluster{cluster_two(1,1),1}(1,:);   %第一个被选择的聚类中心
            select_ind2=order_cluster{cluster_two(1,2),1}(1,:);   %第二个被选择的聚类中心
        else
            %如果第1个选择的聚类中只有一个个体
            if cluster_row(cluster_two(1,1))==1
%选择第2个聚类中除聚类中心外的其他个体
                r_2=randi([2,cluster_row(cluster_two(1,2))],1,1);
%第一个聚类中被选择的个体
                select_ind1=order_cluster{cluster_two(1,1),1}(1,:);
%第二个聚类中被选择的个体
                select_ind2=order_cluster{cluster_two(1,2),1}(r_2,:);
            elseif cluster_row(cluster_two(1,2))==1   %如果第2个选择的聚类中只有一个个体
%选择第1个聚类中除聚类中心外的其他个体
                r_3=randi([2,cluster_row(cluster_two(1,1))],1, 1);
%第一个聚类中被选择的个体
                select_ind1=order_cluster{cluster_two(1,1),1}(r_3,:);
                %第二个聚类中被选择的个体
                select_ind2=order_cluster{cluster_two(1,2),1}(1,:);
            elseif cluster_row(cluster_two(1,1))>1&&cluster_row(cluster_two(1,2))>1
                %%选择这2个聚类中除聚类中心外的其他个体
                r_4=randi([2,cluster_row(cluster_two(1,1))],1,1);
                r_5=randi([2,cluster_row(cluster_two(1,2))],1,1);
%第一个聚类中被选择的个体
                select_ind1=order_cluster{cluster_two(1,1),1}(r_4,:);
%第二个聚类中被选择的个体
                select_ind2=order_cluster{cluster_two(1,2),1}(r_5,:);
            end
        end
        [child1,child2]=OX(select_ind1,select_ind2);        %交叉
        Obj1=ObjFunction(child1,v_num,cusnum,cap,demands,pdemands,a,b,s,L,dist,v,
         alpha,belta);
        Obj2=ObjFunction(child2,v_num,cusnum,cap,demands,pdemands,a,b,s,L,dist,v,
         alpha,belta);
        %如果子代个体1目标函数值更小,则将indi_temp赋值为child1,否则赋值为child2
        if Obj1<Obj2
            indi_temp=child1;
        else
            indi_temp=child2;
        end
    end
    fit_indi_temp=ObjFunction(indi_temp,v_num,cusnum,cap,demands,pdemands,a,b,s,L,
dist,v,alpha,belta);
    %如果fit_indi_temp比原来位置上的个体目标函数值更小,则更新该位置上的个体
```

```
        if fit_indi_temp<order_cluster{Idx(i),2}(1,:)
            Population(i,:) =indi_temp(1,:);
        end
    end
end
```

9.4.15 交换操作函数

在更新操作函数中,当选择使用一个聚类中的个体更新个体时,需要使用交换操作函数。交换操作即交换当前个体两个位置上的元素,交换操作函数 Swap 的代码如下,该函数的输入为个体 1 Individual1,输出为经过交换操作后的个体 2 Individual2。

```
%% 交换操作
%例如有6个元素,当前个体为123456,随机选择两个位置
%然后将这两个位置上的元素进行交换
%例如,交换2和5两个位置上的元素,则交换后的解为153426
%输入 Individual1:     个体1
%输出 Individual2:     经过交换操作后的个体2
function Individual2=Swap(Individual1)
n=length(Individual1);          %个体长度
seq=randperm(n);
I=seq(1:2);
i1=I(1);
i2=I(2);
Individual2=Individual1;
Individual2([i1 i2])=Individual1([i2 i1]);
end
```

9.4.16 交叉操作函数

在更新操作函数中,当选择使用两个聚类中的个体更新个体时,需要使用交叉操作函数。交换操作函数 OX 的代码如下,该函数的输入为个体 1 Individual1、个体 2 Individual2,输出为交叉后的个体 1 Individual1、交叉后的个体 2 Individual2。

```
%% 交叉操作
%输入 Individual1:    个体1
%输入 Individual2:    个体2
%输出 Individual1:    交叉后的个体1
%输出 Individual2:    交叉后的个体2
function [Individual1,Individual2]=OX(Individual1,Individual2)
L=length(Individual1);
while 1
    r1=randsrc(1,1,[1:L]);
```

```
        r2=randsrc(1,1,[1:L]);
        if r1~=r2
            s=min([r1,r2]);
            e=max([r1,r2]);
            a0=[Individual2(s:e),Individual1];
            b0=[Individual1(s:e),Individual2];
            for i=1:length(a0)
                aindex=find(a0==a0(i));
                bindex=find(b0==b0(i));
                if length(aindex)>1
                    a0(aindex(2))=[];
                end
                if length(bindex)>1
                    b0(bindex(2))=[];
                end
                if i==length(Individual1)
                    break
                end
            end
            Individual1=a0;
            Individual2=b0;
            break
        end
end
```

9.4.17 选择操作函数

在使用更新操作后,需要先选择出目标函数值在前60%的个体,选择出的这些个体用于后续的局部搜索操作。

选择操作函数 select 的代码如下,该函数的输入为种群 Population、车辆最大允许使用数目 v_num、顾客数目 cusnum、车辆最大装载量 cap、顾客需求量 demands、顾客回收量 pdemands、顾客左时间窗 a、顾客右时间窗 b、对顾客的服务时间 s、配送中心右时间窗 L、距离矩阵 dist、车辆行驶速度 v、违反的装载量约束的惩罚函数系数 alpha、违反的时间窗约束的惩罚函数系数 belta,输出为目标函数值在前60%的个体 offspring。

```
%%  从种群中选出目标函数值在前60%的个体
%输入Population:     种群
%输入v_num:          车辆最大允许使用数目
%输入cusnum:         顾客数目
%输入cap:            车辆最大装载量
%输入demands:        顾客需求量
%输入pdemands:       顾客回收量
%输入a、b:           顾客左右时间窗
%输入s:              对顾客的服务时间
%输入L:              配送中心右时间窗
```

```
%输入dist:              距离矩阵
%输入v:                 车辆行驶速度
%输入alpha:             违反的装载量约束的惩罚函数系数
%输入belta:             违反的时间窗约束的惩罚函数系数
%输出offspring:         目标函数值在前60%的个体
function offspring=select(Population,v_num,cusnum,cap,demands,pdemands,a,b,s,L,dist,v,
  alpha,belta)
NIND=size(Population,1);                    %种群数目
Obj=ObjFunction(Population,v_num,cusnum,cap,demands,pdemands,a,b,s,L,dist,v,alpha,
  belta);     %计算种群目标函数值
[~,index]=sort(Obj);                        %将种群按照目标函数值从小到大的顺序进行排序
off_num=ceil(NIND*0.6);                      %选择出的后代个体数目
offspring=Population(index(1:off_num),:);    %选择出的后代个体
end
```

9.4.18　局部搜索操作函数

选择操作函数选择出了目标函数在前60%的个体,而后对这些个体进行局部搜索操作,以使这些个体向目标函数值更优的方向更新。

局部搜索操作采用了"破坏"和"修复"的思想,局部搜索操作函数LocalSearch的代码如下,该函数的输入为被选择的若干个个体offspring、顾客数目cusnum、顾客左时间窗a、顾客右时间窗b、对顾客的服务时间s、配送中心右时间窗L、距离矩阵dist、顾客需求量demands、顾客回收量pdemands、车辆最大装载量cap、车辆行驶速度v,输出为局部搜索后的若干个个体offspring。

```
%% 局部搜索函数
%输入offspring:         被选择的若干个个体
%输入cusnum:            顾客数目
%输入a:                 顾客左时间窗
%输入b:                 顾客右时间窗
%输入L:                 配送中心右时间窗
%输入s:                 对顾客的服务时间
%输入dist:              距离矩阵
%输入demands:           顾客需求量
%输入pdemands:          顾客回收量
%输入cap:               车辆最大装载量
%输入v:                 车辆行驶速度
%输出offspring:         局部搜索后的若干个个体
function offspring=LocalSearch(offspring,v_num,cusnum,a,b,s,L,dist,demands,pdemands,
  cap,alpha,belta,v)
D=15;                                        %Remove过程中的随机元素
toRemove=min(ceil(cusnum/2),15);             %将要移除顾客的数量
[row,N]=size(offspring);
for i=1:row
%将个体转换为配送方案
```

```
    VC=decode(offspring(i,:),v_num,cusnum,cap,demands,pdemands,a,b,s,L,dist,v);
    [removed,rfvc]=Remove(cusnum,toRemove,D,dist,VC);                    %破坏
ReIfvc=Regret2Ins(removed,rfvc,demands,pdemands,cap,a,b,L,s,dist,v);     %修复
%计算修复前的个体目标函数值
CF=costFuction(VC,a,b,s,L,dist,demands,pdemands,cap,alpha,belta,v);
%计算修复后的个体目标函数值
    RCF=costFuction(ReIfvc,a,b,s,L,dist,demands,pdemands,cap,alpha,belta,v);
    if RCF < CF
        Individual=change(ReIfvc,N,cusnum);
        offspring(i,:)=Individual;
    end
end
```

其中破坏操作就是按照顾客之间的相似性,从当前配送方案中移除若干个顾客。破坏函数 Remove 的代码如下,该函数的输入为顾客数目 cusnum、将要移除顾客的数目 toRemove、随机元素 D、距离矩阵 dist、配送方案 VC,输出为被移除的顾客集合 removed、移除 removed 中的顾客后的配送方案 rfvc。

```
%% Remove操作,先从原有顾客集合中随机选出一个顾客
%然后根据相关性再依次移除需要数目的顾客
%输入cusnum:            顾客数目
%输入toRemove:          将要移除顾客的数目
%输入D:                 随机元素
%输入dist:              距离矩阵
%输入VC:                配送方案,即每辆车经过的顾客
%removed:               被移除的顾客集合
%rfvc:                  移除removed中的顾客后的配送方案
function [removed,rfvc]=Remove(cusnum,toRemove,D,dist,VC)
%% Remove
inplan=1:cusnum;                    %所有顾客的集合
visit=ceil(rand*cusnum);            %随机从所有顾客中随机选出一个顾客
inplan(inplan==visit)=[];           %将被移除的顾客从原有顾客集合中移除
removed=[visit];                    %被移除的顾客集合
while length(removed) < toRemove
    nr=length(removed);             %当前被移除的顾客数目
    vr=ceil(rand*nr);               %从被移除的顾客集合中随机选择一个顾客
    nip=length(inplan);             %原来顾客集合中顾客的数目
    R=zeros(1,nip);                 %存储removed(vr)与inplan中每个元素的相关性的数组
for i=1:nip
%计算removed(vr)与inplan中每个元素的相关性
        R(i)=Relatedness(removed(vr),inplan(i),dist,VC);
    end
    [SRV,SRI]=sort(R,'descend');
    lst=inplan(SRI);                %将inplan中的数组按removed(vr)与其的相关性从高到低排序
    vc=lst(ceil(rand^D*nip));       %从lst数组中选择一个客户
    removed=[removed vc];           %向被移除的顾客集合中添加被移除的顾客
    inplan(inplan==vc)=[];          %将被移除的顾客从原有顾客集合中移除
end
```

```
rfvc=remove_customer(removed,VC);    %将removed中的所有顾客从VC中移除后的解
end
```

在 Remove 函数中使用 Relatedness 函数计算两个顾客之间的相关性, Relatedness 函数的代码如下, 该函数的输入为顾客 i、顾客 j、距离矩阵 dist、配送方案 VC, 输出为顾客 i 和顾客 j 的相关性 Rij。

```
%% 求顾客i与顾客j之间的相关性
%输入i、j:      顾客
%输入dist:     距离矩阵
%输入VC:       配送方案
%如果在一条路径上为0,不在一条路径上为1
%输出Rij:      顾客i和顾客j的相关性
function Rij=Relatedness(i,j,dist,VC)
n=size(dist,1)-1;           %顾客数量,-1是因为减去配送中心
NV=size(VC,1);              %配送车辆数
%计算cij'
d=dist(i+1,j+1);
[md,mindex]=max((dist(i+1,2:end)));
c=d/md;
%判断i和j是否在一条路径上
V=1;                        %设初始顾客i与顾客j不在同一条路径上
for k=1:NV
    route=VC{k};            %该条路径上经过的顾客
    findi=find(route==i,1,'first');       %判断该条路径上是否经过顾客i
    findj=find(route==j,1,'first');       %判断该条路径上是否经过顾客j
    %如果findi和findj同时非空,则证明该条路径上同时经过顾客i和顾客j,则V=0
    if ~isempty(findi)&&~isempty(findj)
        V=0;
    end
end
%计算顾客i与顾客j的相关性
Rij=1/(c+V);
end
```

在 Remove 函数的倒数第 2 行, remove_customer 函数的作用是将指定的顾客集合从当前解移除。remove_customer 函数的代码如下, 该函数的输入为被移除的顾客集合 removed、配送方案 VC, 输出为移除 removed 中的顾客后的配送方案 rfvc。

```
%% 将指定的顾客集合从当前解移除
%输入removed:       被移除的顾客集合
%输入VC:            配送方案
%输出rfvc:          将removed中的所有顾客从VC中移除后的解
function rfvc=remove_customer(removed,VC)
rfvc=VC;                        %移除removed中的顾客后的VC
nre=numel(removed);             %最终被移除顾客的总数量
NV=size(VC,1);                  %所用车辆数
for i=1:NV
    route=VC{i};
```

```
    for j=1:nre
        findri=find(route==removed(j),1,'first');
        if ~isempty(findri)
            route(route==removed(j))=[];
        end
    end
    rfvc{i}=route;
end
[rfvc,~]=deal_vehicles_customer(rfvc);
end
```

修复操作就是先将被移除的顾客按照"遗憾值"从大到小的顺序重新插回到破坏的配送方案中。修复操作函数Regret2Ins的代码如下,该函数的输入为被移除顾客的集合removed、破坏后的配送方案rfvc、顾客需求量demands、顾客回收量pdemands、车辆最大装载量cap、顾客左时间窗a、顾客右时间窗b、配送中心右时间窗L、对顾客的服务时间s、距离矩阵dist、车辆行驶速度v,输出为修复后的配送方案repFvc。

```
%% Regret2Ins 函数依次将removed中的顾客插回配送方案中
%先计算removed中各个顾客插回当前解中产生的最小距离增量
%然后从上述各个最小距离增量的顾客中
%找出一个(距离增量第2小-距离增量第1小)最大的顾客插回,反复执行,直到全部插回
%输入removed:      被移除顾客的集合
%输入rfvc:              破坏后的配送方案
%输入demands:      顾客需求量
%输入pdemands:     顾客回收量
%输入cap:          车辆最大装载量
%输入a:            顾客左时间窗
%输入b:            顾客右时间窗
%输入L:            配送中心右时间窗
%输入s:            对顾客的服务时间
%输入dist:         距离矩阵
%输入v:            车辆行驶速度
%repFvc:           修复后的配送方案
function repFvc=Regret2Ins(removed,rfvc,demands,pdemands,cap,a,b,L,s,dist,v)
rfvcp=rfvc;                  %复制部分解
%反复插回removed中的顾客,直到全部顾客插回
while ~isempty(removed)
    nr=length(removed);      %移除集合中的顾客数目
    ri=zeros(nr,1);          %存储removed各顾客最"佳"插回路径
    rid=zeros(nr,1);         %存储removed各顾客插回最"佳"插回路径后的"遗憾值"增量
    NV=size(rfvcp,1);        %当前解所用车辆数目
    %逐个计算removed中的顾客插回当前解中各路径的目标函数值增
    for i=1:nr
        visit=removed(i);    %当前要插回的顾客
        dec=[];              %对应于rc的成本节约值
        ins=[];              %记录可以插回路径的序号
        for j=1:NV
```

```
            route=rfvcp{j};                    %当前路径
            %% 判断能否将一个顾客插入一条路径中
%%如果能,则将该顾客插入最佳位置(目标函数增加最小的位置)
            [~,flag,deltaC]=insRoute(visit,route,demands,pdemands,cap,a,b,L,s,dist,v);
            %flag=1表示能插入,flag=0表示不能插入
            if flag==1
                dec=[dec;deltaC];
                ins=[ins;j];
            end
        end
        %如果存在符合约束的插回路径,则找出记录"遗憾值"及对应的路径
        if ~isempty(ins)
            [sd,sdi]=sort(dec);                    %将dec升序排列
            insc=ins(sdi);                         %将ins的序号与dec排序后的序号对应
            ri(i)=insc(1);                         %更新当前顾客最"佳"插回路径
            if size(ins)>1
                de12=sd(2)-sd(1);                  %计算第2小成本增量与第1小成本增量差值
                rid(i)=de12;                       %更新当前顾客插回最"佳"插回路径后的"遗憾值"
            else
                de12=sd(1);                        %计算第2小成本增量与第1小成本增量差值
                rid(i)=de12;                       %更新当前顾客插回最"佳"插回路径后的"遗憾值"
            end
        else        %如果不存在符合约束的路径,则新建路径
            temp=[visit];
            ri(i)=NV+1;
            rid(i)=part_length(temp,dist);
        end
    end
    [~,firIns]=max(rid);                    %找出"遗憾值"最大的顾客序号
    readyV=removed(firIns);                 %removed中准备插回的顾客
    rIns=ri(firIns);                        %插回路径序号
    %如果插回路径为新建路径
    if rIns==NV+1
        temp=readyV;
        %新建路径,并将removed(firIns)插到该路径中
        rfvcp{rIns,1}=temp;
        %将removed(firIns)顾客从removed中移除
        removed(firIns)=[];
    else
        %将firIns插回到rIns
        rfvcp{rIns,1}=insRoute(removed(firIns),rfvcp{rIns,1},demands,pdemands,cap,a,b,
         L,s,dist,v);
        %将removed(firIns)顾客从removed中移除
        removed(firIns)=[];
    end
end
repFvc=rfvcp;
end
```

在使用修复操作函数 Regret2Ins 时，需要使用 insRoute 函数判断能否将一个顾客插入某一条路径中，如果能插入，则将该顾客插入这条路径的最佳位置，即行驶距离增加最小的位置。insRoute 函数的代码如下，该函数的输入为待插入顾客 visit、一条配送路线 route、顾客需求量 demands、顾客回收量 pdemands、车辆最大装载量 cap、顾客左时间窗 a、顾客右时间窗 b、配送中心右时间窗 L、对顾客的服务时间 s、距离矩阵 dist、车辆行驶速度 v，输出为插入后的新路径 newRoute（插入成功，则为新路径；如果插入失败，则为原路径）、标记能否将当前顾客插入当前路径中 flag、距离增量 deltaC。

```matlab
%% 判断能否将一个顾客插入一条路径中,
%如果能,则将该顾客插入最佳位置(行驶距离增加最小的位置)
%输入 visit          待插入顾客
%输入 route:         一条配送路线
%输入 demands:       顾客需求量
%输入 pdemands:      顾客回收量
%输入 cap:           车辆最大装载量
%输入 a:             顾客左时间窗
%输入 b:             顾客右时间窗
%输入 L:             配送中心右时间窗
%输入 s:             对顾客的服务时间
%输入 dist:          距离矩阵
%输入 v:             车辆行驶速度
%输出 newRoute:      插入后的新路径(如果插入成功,则为新路径;如果插入失败,则为原路径)
%输出 flag:          标记能否将当前顾客插入当前路径中。flag=1表示能插入,flag=0表示不能插入
%输出 deltaC:        距离增量
function [newRoute,flag,deltaC]=insRoute(visit,route,demands,pdemands,cap,a,b,L,s,
dist,v)
lr=numel(route);                          %当前路径上的顾客数目
%先将顾客插回到增量最小的位置
rc0=[];                                   %记录插入顾客后符合约束的路径
delta0=[];                                %记录插入顾客后的增量
for i=1:lr+1
    if i==lr+1
        rc=[route visit];
    elseif i==1
        rc=[visit route];
    else
        rc=[route(1:i-1) visit route(i:end)];
    end
%% 判断一条配送路线上的各个点是否都满足装载量约束和时间窗约束
%1表示满足,0表示不满足
    flagR=JudgeRoute(rc,demands,pdemands,cap,a,b,s,L,dist,v);
    if flagR==1
        rc0=[rc0;rc];                     %将合理路径存储到rc0,其中rc0与delta0对应
        dif=part_length(rc,dist)-part_length(route,dist);   %计算成本增量
        delta0=[delta0;dif];                                %将成本增量存储到delta0
    end
end
```

```
%如果不存在合理路径
if isempty(rc0)
    flag=0;
    newRoute=route;
    deltaC=inf;
else %如果存在合理路径
    [deltaC,ind]=min(delta0);
    newRoute=rc0(ind,:);
    flag=1;
end
end
```

9.4.19　合并操作函数

　　合并操作函数就是将更新操作后得到的种群与局部搜索操作后得到的子代种群进行合并。合并操作函数merge的代码如下,该函数的输入为更新操作后得到的种群Population、局部搜索操作后得到的种群offspring、更新操作后得到的种群的目标函数值Obj,输出为合并两个种群后得到的新种群Population。

```
%% 将更新操作后得到的种群与局部搜索操作后得到的子代种群进行合并
%输入Population:       更新操作后得到的种群
%输入offspring:       局部搜索操作后得到的种群
%输入Obj:             更新操作后得到的种群的目标函数值
%输出Population:       合并两个种群后得到的新种群
function Population=merge(Population,offspring,Obj)
NIND=size(Population,1);
NSel=size(offspring,1);
[~,index]=sort(Obj);
Population=[Population(index(1:NIND-NSel),:);offspring];
end
```

9.4.20　带时间窗和同时送取货的车辆路径问题配送路线图函数

　　为了能将配送方案可视化,可使用VRPSDPTW配送路线图函数来实现这一目标。

　　VRPSDPTW配送路线图函数draw_Best的代码如下,该函数的输入为配送方案VC、各个点的x坐标和y坐标vertexs,输出为配送路线。

```
%% 画出最优配送方案路线图
%输入VC:               配送方案
%输入vertexs:         各个节点的x、y坐标
function draw_Best(VC,vertexs)
customer=vertexs(2:end,:);                %顾客的x、y坐标
NV=size(VC,1);                            %车辆使用数目
```

```
figure
hold on;box on
title('最优配送方案路线图')
hold on;
C=hsv(NV);
for i=1:size(vertexs,1)
    text(vertexs(i,1)+0.5,vertexs(i,2),num2str(i-1));
end
for i=1:NV
    part_seq=VC{i};              %每辆车经过的顾客
    len=length(part_seq);        %每辆车经过的顾客数量
    for j=0:len
        %当j=0时,车辆从配送中心出发到达该路径上的第一个顾客
        if j==0
            fprintf('%s','配送路线',num2str(i),':');
            fprintf('%d->',0);
            c1=customer(part_seq(1),:);
            plot([vertexs(1,1),c1(1)],[vertexs(1,2),c1(2)],'-','color',C(i,:),   ⌄
            'linewidth',1);
        %当j=len时,车辆从该路径上的最后一个顾客出发到达配送中心
        elseif j==len
            fprintf('%d->',part_seq(j));
            fprintf('%d',0);
            fprintf('\n');
            c_len=customer(part_seq(len),:);
            plot([c_len(1),vertexs(1,1)],[c_len(2),vertexs(1,2)],'-','color',C(i,:),
            'linewidth',1);
        %否则,车辆从路径上的前一个顾客到达该路径上紧邻的下一个顾客
        else
            fprintf('%d->',part_seq(j));
            c_pre=customer(part_seq(j),:);
            c_lastone=customer(part_seq(j+1),:);
            plot([c_pre(1),c_lastone(1)],[c_pre(2),c_lastone(2)],'-','color',C(i,:),
            'linewidth',1);
        end
    end
end
plot(customer(:,1),customer(:,2),'ro','linewidth',1);hold on;
plot(vertexs(1,1),vertexs(1,2),'s','linewidth',2,'MarkerEdgeColor','b',…
'MarkerFaceColor','b','MarkerSize',10);
end
```

9.4.21　主函数

主函数的第一部分是从 txt 文件中导入数据,并且提取原始数据中的顾客横纵坐标、需求量、回收量、左右时间窗和服务时间,而后根据横纵坐标计算出距离矩阵;第二部分是初始化各个参数;第三部

分是主循环,即在每一次迭代过程中,使用聚类操作、替换操作、更新操作、局部搜索操作、合并操作对种群进行更新,进行若干次迭代,直至达到终止条件结束循环;第四部分为将求解过程和所得的最优配送路线可视化。

主函数代码如下:

```matlab
tic
clear
clc
%% 导入数据
data=importdata('input.txt');
cap=200;                                    %车辆最大装载量
v=60/60;                                     %车辆行驶速度=30km/h=30/60km/min
%% 提取数据信息
E=data(1,6);                                 %配送中心左时间窗
L=data(1,7);                                 %配送中心右时间窗
vertexs=data(:,2:3);                         %所有点的x和y坐标
customer=vertexs(2:end,:);                   %顾客坐标
cusnum=size(customer,1);                     %顾客数
v_num=10;                                    %车辆最大允许使用数目
demands=data(2:end,4);                       %需求量
pdemands=data(2:end,5);                      %回收量
a=data(2:end,6);                             %顾客左时间窗
b=data(2:end,7);                             %顾客右时间窗
s=data(2:end,8);                             %对顾客的服务时间
h=pdist(vertexs);
dist=squareform(h);                          %距离矩阵
N=cusnum+v_num-1;                            %解长度=顾客数目+车辆最多使用数目-1
%% 参数初始化
alpha=10;                                    %违反的容量约束的惩罚函数系数
belta=100;                                   %违反的时间窗约束的惩罚函数系数
MAXGEN=150;                                  %最大迭代次数
NIND=50;                                     %种群数目
cluster_num=5;                               %聚类数目
p_replace=0.1;                               %用随机解替换一个聚类中心的概率
p_one=0.5;                                   %选择1个聚类的概率
p_two=1-p_one;                               %选择2个聚类的概率,p_two=1-p_one
p_one_center=0.3;                            %选择1个聚类中聚类中心的概率
p_two_center=0.2;                            %选择2个聚类中聚类中心的概率
%% 种群初始化
Population=InitPop(NIND,N);
%% 主循环
gen=1;                                       %计数器初始化
bestInd=Population(1,:);                     %初始化全局最优个体
bestObj=ObjFunction(bestInd,v_num,cusnum,cap,demands,pdemands,a,b,s,L,dist,v,alpha,
belta);    %初始全局最优个体的目标函数值
BestPop=zeros(MAXGEN,N);                     %记录每次迭代过程中全局最优个体
BestObj=zeros(MAXGEN,1);                     %记录每次迭代过程中全局最优个体的目标函数值
```

```
BestTD=zeros(MAXGEN,1);                     %记录每次迭代过程中全局最优个体的总距离
while gen<=MAXGEN
    %% 计算目标函数值
    Obj=ObjFunction(Population,v_num,cusnum,…cap,demands,pdemands,a,b,s,L,dist,v,
     alpha,belta);
    %% K-means聚类
    Idx=kmeans(Obj,cluster_num,'Distance','cityblock','Replicates',2);
    cluster=cell(cluster_num,2);            %将解储存在每一个聚类中
    order_cluster=cell(cluster_num,2);  %将储存在每一个聚类中的个体按照目标函数值排序
    for i=1:cluster_num
        cluster{i,1}=Population(Idx==i,:);    %将个体按照所处的聚类编号储存到对应的聚类中
        cluster_row(i)=size(cluster{i,1},1);%计算当前聚类中的个体数目
        for j=1:cluster_row(i)
            Individual=cluster{i,1}(j,:);     %当前聚类中的第j个个体
            %计算当前聚类中第j个个体的目标函数值
            cluster{i,2}(j,1)=ObjFunction(Individual,v_num,cusnum,…
             cap,demands,pdemands,a,b,s,L,dist,v,alpha,belta);
        end
%将当前聚类中的所有个体按照目标函数值从小到大的顺序进行排序
        [order_cluster{i,2},order_index]=sort(cluster{i,2});
%将当前聚类中的所有个体按照排序结果重新排列
        order_cluster{i,1}=cluster{i,1}(order_index,:);
        order_index=0;                          %重置排序序号
end
%将聚类的元胞数组转换为矩阵,最后一列为个体的目标函数值
    cluster_fit=cell2mat(order_cluster);
%% 以一定的概率随机从m个聚类中心中选择出一个聚类中心
%并用一个新产生的随机解更新这个被选中的聚类中心
    order_cluster=replace_center(p_replace,cluster_num,N,order_cluster,...
     v_num,cusnum,cap,demands,pdemands,a,b,s,L,dist,v,alpha,belta);
    %% 更新这n个个体
Population=update_Population(Population,cluster_num,cluster_row,Idx,order_cluster,
 p_one,p_one_center,p_two_center,v_num,cusnum,…
 cap,demands,pdemands,a,b,s,L,dist,v,alpha,belta);
    %% 计算原始Population的目标函数值
    Obj=ObjFunction(Population,v_num,cusnum,…cap,demands,pdemands,a,b,s,L,dist,v,
     alpha,belta);
    %% 从更新后的Population中选择目标函数值在前50%的个体
    offspring=select(Population,v_num,cusnum,…
cap,demands,pdemands,a,b,s,L,dist,v,alpha,belta);
    %% 对选择出的个体进行局部搜索操作
offspring=LocalSearch(offspring,v_num,cusnum,…a,b,s,L,dist,demands,pdemands,cap,
 alpha,belta,v);
    %% 将局部搜索后的offspring与原来的Population进行合并
    Population=merge(Population,offspring,Obj);
    %% 计算合并后的Population的目标函数值
mObj=ObjFunction(Population,v_num,cusnum,…
cap,demands,pdemands,a,b,s,L,dist,v,alpha,belta);
    %% 找出合并后的Population中的最优个体
```

```
[min_len,min_index]=min(mObj);                          %当前种群中最优个体及对应的序号
%如果当前迭代最优个体目标函数值小于全局最优目标函数值,则更新全局最优个体
if min_len < bestObj
    bestObj=min_len;
    bestInd=Population(min_index,:);
end
%% 输出各代最优解
disp(['第',num2str(gen),'代最优解:'])
[bestVC,bestNV,bestTD,best_vionum,best_viocus]=decode(bestInd,…
  v_num,cusnum,cap,demands,pdemands,a,b,s,L,dist,v);
 disp(['目标函数值:',num2str(bestObj),',车辆使用数目:',num2str(bestNV),…
    ',车辆行驶总距离:',num2str(bestTD),',违反约束路径数目:',num2str(best_vionum),…
    ',违反约束顾客数目:',num2str(best_viocus)]);
fprintf('\n')
%% 距离全局最优个体
BestObj(gen,1)=bestObj;                                 %记录全局最优个体的目标函数值
BestPop(gen,:)=bestInd;                                 %记录全局最优个体
BestTD(gen,1)=bestTD;                                   %记录全局最优个体的总距离
%% 计数器加1
gen=gen+1;
end
%% 绘制最优配送路线
draw_Best(bestVC,vertexs);
%% 输出每次迭代的全局最优个体的总距离变化趋势
figure;
plot(BestTD,'LineWidth',1);
title('优化过程')
xlabel('迭代次数');
ylabel('配送方案行驶总距离');
toc
```

9.5 实例验证

9.5.1 输入数据

输入数据为一个配送中心、15个顾客的x坐标、y坐标、需求量、回收量、左右时间窗和服务时间,如表9.8所示。此外,假设配送中心最多允许10辆车为这些顾客服务,每辆车的最大装载量都为150kg,每辆车的行驶速度都为30km/h。

表9.8　输入数据

序号	横坐标/km	纵坐标/km	需求量/kg	回收量/kg	左时间窗	右时间窗	服务时间/min
0	40	50	0	0	7:00	21:00	0
1	45	68	40	45	17:00	17:30	20
2	45	70	10	20	16:30	17:00	20
3	42	66	40	50	8:00	9:30	20
4	42	68	10	10	16:00	16:30	20
5	42	65	20	30	7:20	8:00	20
6	40	69	10	20	15:00	15:40	20
7	40	66	40	60	9:40	10:20	20
8	38	68	30	40	10:40	11:30	20
9	38	70	10	20	14:40	15:20	20
10	35	66	5	20	12:00	12:30	20
11	35	69	17	5	13:30	14:20	20
12	25	85	3	20	15:10	16:10	20
13	22	75	16	20	8:30	9:30	20
14	22	85	23	10	14:10	15:10	20
15	20	80	31	10	12:40	13:40	20

9.5.2　数据预处理

在使用上述数据前需要将上述数据进行预处理,主要是将上述各个点的左、右时间窗进行变换,方便在MATLAB中进行运算。其处理方式如下,因为配送中心0的左时间窗最小,所以以配送中心0的左时间窗为基准,将上述各个点的左、右时间窗全部减去配送中心0的左时间窗,结果如表9.9所示。

表9.9　实例验证输入数据预处理(1)

序号	横坐标/km	纵坐标/km	需求量/kg	回收量/kg	左时间窗	右时间窗	服务时间/min
0	40	50	0	0	0:00	14:00	0
1	45	68	40	45	10:00	10:30	20
2	45	70	10	20	9:30	10:00	20
3	42	66	40	50	1:00	2:30	20
4	42	68	10	10	9:00	9:30	20
5	42	65	20	30	0:20	1:00	20
6	40	69	10	20	8:00	8:40	20
7	40	66	40	60	2:40	3:20	20
8	38	68	30	40	3:40	4:30	20

续表

序号	横坐标/km	纵坐标/km	需求量/kg	回收量/kg	左时间窗	右时间窗	服务时间/min
9	38	70	10	20	7:40	8:20	20
10	35	66	5	20	5:00	5:30	20
11	35	69	17	5	6:30	7:20	20
12	25	85	3	20	8:10	9:10	20
13	22	75	16	20	1:30	2:30	20
14	22	85	23	10	7:10	8:10	20
15	20	80	31	10	5:40	6:40	20

然后将上述所有点转换后的左、右时间窗再乘以60,转换成分钟,最终预处理的结果如表9.10所示。在Excel中可以使用如下公式将时间转换为分钟的数值:

$$\text{HOUR}(J3) \times 60 + \text{MINUTE}(J3) + \text{SECOND}(J3)/60$$

表9.10　实例验证输入数据预处理(2)

序号	横坐标/km	纵坐标/km	需求量/kg	回收量/kg	左时间窗	右时间窗	服务时间/min
0	40	50	0	0	0	840	0
1	45	68	40	45	600	630	20
2	45	70	10	20	570	600	20
3	42	66	40	50	60	150	20
4	42	68	10	10	540	570	20
5	42	65	20	30	20	60	20
6	40	69	10	20	480	520	20
7	40	66	40	60	160	200	20
8	38	68	30	40	220	270	20
9	38	70	10	20	460	500	20
10	35	66	5	20	300	330	20
11	35	69	17	5	390	440	20
12	25	85	3	20	490	550	20
13	22	75	16	20	90	150	20
14	22	85	23	10	430	490	20
15	20	80	31	10	340	400	20

9.5.3　头脑风暴优化算法参数设置

在运行BSO之前,需要对BSO的参数进行设置,各个参数如表9.11所示。

表9.11　BSO参数设置

参数名称	取值
违反装载量约束的惩罚函数系数	10
违反时间窗约束的惩罚函数系数	100
最大迭代次数	150
种群数目	50
聚类数目	5
用随机解替换一个聚类中心的概率	0.1
选择1个聚类的概率	0.5
选择2个聚类的概率	0.5
选择1个聚类中聚类中心的概率	0.3
选择2个聚类中聚类中心的概率	0.2

9.5.4　实验结果展示

BSO求解VRPSDPTW优化过程如图9.6所示,BSO求解VRPSDPTW最优配送方案路线如图9.7所示。

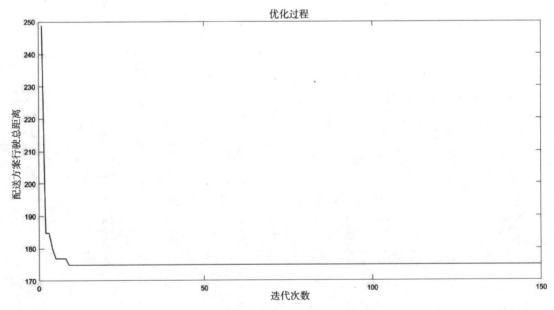

图9.6　BSO求解VRPSDPTW优化过程

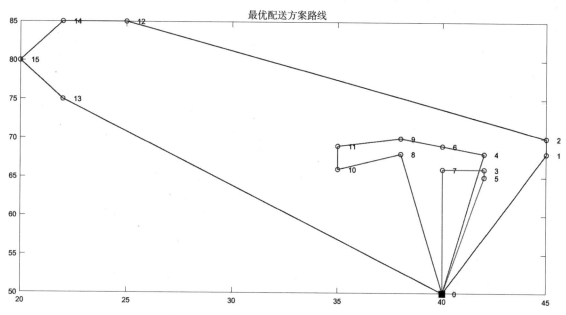

图9.7　BSO求得VRPSDPTW最优配送方案路线

BSO求得的VRPSDPTW最优配送方案路线如下。

配送路线1:$0 \rightarrow 5 \rightarrow 3 \rightarrow 7 \rightarrow 0$

配送路线2:$0 \rightarrow 8 \rightarrow 10 \rightarrow 11 \rightarrow 9 \rightarrow 6 \rightarrow 4 \rightarrow 0$

配送路线3:$0 \rightarrow 13 \rightarrow 15 \rightarrow 14 \rightarrow 12 \rightarrow 2 \rightarrow 1 \rightarrow 0$

该配送方案的行驶总距离为174.85km。

第10章

鲸鱼优化算法求解开放式车辆路径问题

第 5 章已经详细讲解过 CVRP，本章求解的开放式车辆路径问题 (Open Vehicle Routing Problem，OVRP)实际上是 CVRP 的扩展问题。CVRP 中规定任意一辆为顾客配送货物的货车必须从配送中心出发，在配送结束后，必须返回配送中心。而 OVRP 中允许配送货车在配送结束后不必返回配送中心，即货车在为最后一个顾客配送完货物后的行驶距离不在配送方案总行驶距离的考虑范围内。

鲸鱼优化算法(Whale Optimization Algorithm，WOA)是模仿自然界中鲸鱼捕食行为的新型群体智能优化算法，近几年被广泛应用于连续优化问题和组合优化问题。因此，本章将使用 WOA 求解 OVRP。

本章主要涉及的知识点

♦ OVRP 概述

♦ 算法简介

♦ 使用 WOA 求解 OVRP 的算法求解策略

♦ MATLAB 程序实现

♦ 实例验证

10.1 问题描述

假设顾客数目为 n，配送中心中货车数目为 K，则 OVRP 可简单地描述为：配送中心至多派出 K 辆货车为顾客配送货物，必须满足每个顾客都收到货物，且一个顾客只能由一辆车配送货物。在上述条件基础上，每辆货车从配送中心出发，分别前往配送路线上的顾客，在为各自所在配送路线上的最后一个顾客配送完货物后自行决定行驶路线（本部分行驶距离不在配送方案总行驶距离的考虑范围以内）。本章 OVRP 的目标是确定一组具有最小总行驶距离的货车配送路线。

综上所述，OVRP 可描述如下：假设顾客数目为 n，节点集合为 $V = \{0, 1, 2, \cdots, n\}$，其中 0 表示配送中心；$q_i(i \in V\backslash\{0\})$ 表示顾客 i 的需求量，Q 为每辆货车的最大装载量；配送中心中货车数目为 K；d_{ij} 表示节点 i 和节点 j 之间的距离；x_{ij}^k 表示货车 k 是否在访问完节点 i 之后紧接着访问节点 j，如果是，则 $x_{ij}^k = 1$，否则 $x_{ij}^k = 0$。OVRP 的数学模型如下：

$$\min \sum_{k=1}^{K} \sum_{i=0}^{n} \sum_{j=0}^{n} \left(d_{ij} \times x_{ij}^k \right) \tag{10.1}$$

$$\sum_{k=1}^{K} \sum_{i=0}^{n} x_{ij}^k = 1, \forall j = 1, 2, \cdots, n \tag{10.2}$$

$$\sum_{k=1}^{K} \sum_{j=1}^{n} x_{ij}^k = 1, \forall i = 1, 2, \cdots, n \tag{10.3}$$

$$\sum_{i=0}^{n} x_{iu}^k - \sum_{j=1}^{n} x_{uj}^k = 0, \forall k = 1, 2, \cdots, K ; \ \forall u = 1, 2, \cdots, n \tag{10.4}$$

$$\sum_{i \in S} \sum_{j \in S} x_{ij}^k \leqslant |S| - 1, \forall S \subseteq V\backslash\{0\}, \forall k \tag{10.5}$$

$$\sum_{j=1}^{n} q_j \left(\sum_{i=0}^{n} x_{ij}^k \right) \leqslant Q, \forall k = 1, 2, \cdots, K \tag{10.6}$$

$$\sum_{j=1}^{n} x_{0j}^k \leqslant 1, \forall k = 1, 2, \cdots, K \tag{10.7}$$

$$\sum_{i=1}^{n} x_{i0}^k = 0, \forall k = 1, 2, \cdots, K \tag{10.8}$$

$$x_{ij}^k \in \{0, 1\}, \forall k = 1, 2, \cdots, K ; \ \forall i = 0, 1, \cdots, n ; \ \forall j = 1, \cdots, n \tag{10.9}$$

式（10.1）表示最小化配送货车行驶总距离；约束（10.2）和（10.3）保证每个顾客都能收到货物；约束（10.4）保证每辆配送货车行驶的连续性；约束（10.5）淘汰任何不包含配送中心的配送路线；约束（10.6）表示每一辆配送货车出发前在配送中心的货物装载量不能大于货车的最大装载量；约束（10.7）表示配送中心至多使用 K 辆货车满足所有顾客的需求；约束（10.8）表示没有货车返回配送中心；约束（10.9）表示 x_{ij}^k 是 $0-1$ 变量。

算法简介

WOA是模仿自然界中鲸鱼捕食行为的新型群体智能优化算法,而鲸鱼的捕食行为主要分为3类:①包围猎物;②发泡网攻击;③搜索捕食。因此,在使用WOA求解问题之前,需要对上述3类捕食行为进行建模,即用数学公式表达上述3类捕食行为。

鲸鱼捕食行为的目的是捕获猎物,一群鲸鱼在共同寻找猎物时,一定会存在某条鲸鱼先发现猎物的情况,这时其他鲸鱼一定会向这条发现猎物的鲸鱼游来争抢猎物。可以将上述捕食过程应用到WOA求解问题的过程中,即一个解就可以用一个鲸鱼个体表示,若干个解就可以用若干个鲸鱼个体表示。在使用WOA搜索问题解的过程就可以看作若干个鲸鱼个体不断更新个体位置,直至搜索到满意的解为止。在对鲸鱼的捕食行为及WOA求解问题的过程有一个直观的了解后,接下来分别对上述3类捕食行为用数学公式进行表示。

1. 包围猎物

假设在 d 维空间中,当前最佳鲸鱼个体 X^* 的位置为 $(X_1^*, X_2^*, \cdots, X_d^*)$,鲸鱼个体 X^j 的位置为 $(X_1^j, X_2^j, \cdots, X_d^j)$,则鲸鱼个体 X_j 在最佳鲸鱼个体 X^* 的影响下的下一个位置 $X^{j+1}(X_1^{j+1}, X_2^{j+1}, \cdots, X_d^{j+1})$ 的计算公式如下:

$$X_k^{j+1} = X_k^* - A_1 D_k$$
$$D_k = \left| C_1 X_k^* - X_k^j \right|$$
$$C_1 = 2r_2$$
$$A_1 = 2ar_1 - a$$

式中,X_k^{j+1} 为空间坐标 X^{j+1} 的第 k 个分量;D_k 计算公式中的 $|\ |$ 表示求绝对值的含义;a 为随着迭代次数的增加,从2至0线性递减;r_1 和 r_2 都是0~1的随机数。

2. 气泡攻击

气泡攻击是座头鲸特有的吐气泡捕食行为,为了模拟这种捕食行为,现分别设计两种数学模型表达上述捕食行为。假设在 d 维空间中,当前最佳鲸鱼个体 X^* 的位置为 $(X_1^*, X_2^*, \cdots, X_d^*)$,鲸鱼个体 X^j 的位置为 $(X_1^j, X_2^j, \cdots, X_d^j)$。

(1)收缩包围。这种捕食行为与上述包围猎物行为的数学模型几乎完全相同,区别之处在于 A_1 的取值范围。因为收缩包围的含义为将当前位置的鲸鱼个体向当前最佳位置的鲸鱼个体靠近,所以将 A_1 的取值范围由原来的 $[-a, a]$ 调整为 $[-1, 1]$,其他公式保持不变。

(2)螺旋式位置更新。当前鲸鱼个体以螺旋式的方式向当前最佳鲸鱼个体靠近。

$$X_k^{j+1} = X_k^* + D_k e^{bl} \cos(2\pi l)$$
$$D_k = \left| X_k^* - X_k^j \right|$$

式中,b 为对数螺旋形状常数;l 为 -1~1的随机数。

座头鲸在围捕猎物时,不仅收缩包围圈,而且以螺旋形式向猎物游走,因此各以50%的概率选择收缩包围圈,或是选择以螺旋形式向猎物游走,数学模型如下:

$$X_k^{j+1} = \begin{cases} X_k^* - A_1 \cdot D_k & p < 0.5 \\ X_k^* + D_k e^{bl} \cos(2\pi l) & p \geqslant 0.5 \end{cases}$$

3.搜索捕食

在收缩包围的捕食行为的数学模型中 A_1 的取值范围限制为 $[-1,1]$,但是当 A_1 的取值不在 $[-1,1]$ 时,当前鲸鱼个体可能不会向当前最佳鲸鱼个体靠近,而是从当前鲸鱼群体中随机选择一条鲸鱼个体靠近,这就是搜索捕食的思想。搜索捕食虽然可能会使当前鲸鱼个体偏离目标猎物,但是会增强鲸鱼群体的全局搜索能力。假设在 d 维空间中,当前鲸鱼群体中随机一个鲸鱼个体 X^{rand} 的位置为 $(X_1^{rand}, X_2^{rand}, \cdots, X_d^{rand})$,鲸鱼个体 X^j 的位置为 $(X_1^j, X_2^j, \cdots, X_d^j)$,则搜索捕食行为的数学模型如下:

$$X_k^{j+1} = X_k^{rand} - A_1 D_k$$

$$D_k = \left| C_1 X_k^{rand} - X_k^j \right|$$

$$C_1 = 2r_2$$

$$A_1 = 2ar_1 - a$$

综上所述,WAO求解问题的流程如图 10.1 所示。

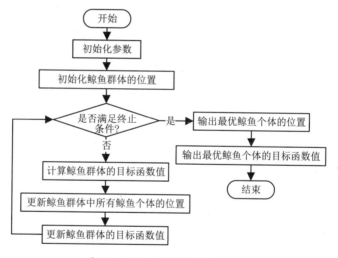

图 10.1 WAO 求解问题流程

10.3 求解策略

因为本章求解的 OVRP 是离散优化问题,所以无法将 10.2 节讲解的 WOA 直接应用于 OVRP。因

此,需要对10.2节讲述的WOA进行适当修改。WOA求解OVRP主要包含以下几个关键步骤:

(1)编码与解码。

(2)目标函数。

(3)种群初始化。

(4)鲸鱼位置更新。

(5)局部搜索操作。

10.3.1　编码与解码

假设顾客数目为5,编号为1~5,配送中心(编号为0)中的货车数目为3,则WOA求解OVRP采用的编码如图10.2所示。

从图10.2可以看出,鲸鱼个体共包含7个数字,其中1~5这5个数字表示顾客,6和7表示配送中心。数字6和7将鲸鱼个体划分为3部分,每一部分代表一条配送路线。

第1条配送路线:$0 \rightarrow 1 \rightarrow 3$

第2条配送路线:$0 \rightarrow 2 \rightarrow 4$

第3条配送路线:$0 \rightarrow 5$

在对鲸鱼个体编码后,还需要将鲸鱼个体解码为配送方案,在解码时会遇到以下5种情况:

(1)如果鲸鱼个体的编码如图10.3所示,那么配送中心6和7将12345分割成3条配送路线。

| 1 | 3 | 6 | 2 | 4 | 7 | 5 |

图10.2　WOA求解OVRP采用的编码

| 1 | 3 | 7 | 2 | 6 | 4 | 5 |

图10.3　鲸鱼个体的第1种编码形式

这3条配送路线如下。

第1条配送路线:$0 \rightarrow 1 \rightarrow 3$

第2条配送路线:$0 \rightarrow 2$

第3条配送路线:$0 \rightarrow 4 \rightarrow 5$

(2)如果鲸鱼个体的编码如图10.4所示,那么配送中心6和7将12345分割成2条配送路线。

这2条配送路线如下。

第1条配送路线:$0 \rightarrow 1 \rightarrow 3 \rightarrow 2 \rightarrow 4$

第2条配送路线:$0 \rightarrow 5$

(3)如果鲸鱼个体的编码如图10.5所示,那么配送中心6和7将12345分割成1条配送路线。

图 10.4　鲸鱼个体的第 2 种编码形式

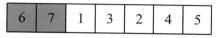

图 10.5　鲸鱼个体的第 3 种编码形式

这条配送路线如下。

配送路线：$0 \to 1 \to 3 \to 2 \to 4 \to 5$

（4）如果鲸鱼个体的编码如图 10.6 所示，那么配送中心 6 和 7 将 12345 分割成 1 条配送路线。

这条配送路线如下。

配送路线：$0 \to 1 \to 3 \to 2 \to 4 \to 5$

（5）如果鲸鱼个体的编码如图 10.7 所示，那么配送中心 6 和 7 将 12345 分割成 1 条配送路线。

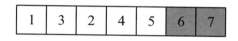

图 10.6　鲸鱼个体的第 4 种编码形式

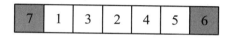

图 10.7　鲸鱼个体的第 5 种编码形式

这条配送路线如下。

配送路线：$0 \to 1 \to 3 \to 2 \to 4 \to 5$

综上所述，若顾客数目为 N，配送中心最多允许 K 辆车进行配送，那么 WOA 求解 OVRP 中的鲸鱼个体就表示为 $1 \sim (N + K - 1)$ 的随机排列，并且上述 5 种情况包括将鲸鱼个体解码为配送方案时会遇到的 5 种情况。

10.3.2　目标函数

从上述编码方式可以看出，鲸鱼个体解码出的配送方案不能保证每条配送路线都满足装载量约束，所以为了能够简单解决违反约束这一问题，本章采用给违反约束的配送路线施加惩罚的办法来使算法在搜索过程中解码出的配送方案快速满足装载量约束。其具体计算公式如下：

$$f(s) = c(s) + \beta \times q(s)$$

$$q(s) = \sum_{k=1}^{K} \max \left\{ \left(\sum_{j=1}^{n} q_j \left(\sum_{i=0}^{n} x_{ij}^k \right) - Q \right), 0 \right\}$$

式中，s 为当前鲸鱼个体解码出的配送方案；$f(s)$ 为当前解码出的配送方案的总成本；$c(s)$ 为车辆总行驶距离；$q(s)$ 为各条配送路线上货车离开配送中心时违反的容量约束之和；β 为违反装载量约束的权重；K 为配送中心中的货车数目；n 为顾客数目，节点集合为 $V = \{0, 1, 2, \cdots, n\}$，其中 0 为配送中心；$q_i (i \in V \backslash \{0\})$ 为顾客 i 的需求量；Q 为每辆货车的最大装载量；x_{ij}^k 为货车 k 是否在访问完节点 i 之后紧接着访问节点 j。

假设顾客数目为 5，编号为 1~5，配送中心（编号为 0）中的货车数目为 3，每辆货车的最大装载量 cap 都为 50kg，则各个顾客的需求量如表 10.1 所示。

表10.1 5个顾客的需求量

序号	需求量/kg
1	10
2	20
3	20
4	30
5	10

假设当前解表示为1324675,那么此时配送方案包含2条配送路线,如下所示。

第1条配送路线:$0 \rightarrow 1 \rightarrow 3 \rightarrow 2 \rightarrow 4$

第2条配送路线:$0 \rightarrow 5$

首先计算第1辆货车离开配送中心时的装载量load1,load1等于顾客1、顾客3、顾客2和顾客4的需求量之和,即load1 = 10 + 20 + 20 + 30 = 80(kg)。因此,第1辆货车离开配送中心时违反的装载量约束Vload1的计算公式为Vload1 = $\max\left[0,(\text{load1}-\text{cap})\right]$ = $\max\left[0,(80-50)\right]$ = 30(kg)。

其次计算第2辆货车离开配送中心时的装载量load2,load2等于顾客5的需求量,即load2 = 10kg。因此,第2辆货车离开配送中心时违反的装载量约束Vload2的计算公式为Vload2 = $\max\left[0,(\text{load2}-\text{cap})\right]$ = $\max\left[0,(10-50)\right]$ = 0(kg)。

因此,当前鲸鱼个体1324675违反装载量约束之和$q(s)$的计算公式如下:

$$q(s) = \text{Vload1} + \text{Vload2} = 30 + 0 = 30(\text{kg})$$

10.3.3 种群初始化

本章采用随机初始化的方式构造初始种群。假设种群数目为NIND,顾客数目为N,配送中心最多允许K辆车进行服务,那么初始种群中的任意一个鲸鱼个体都是$1\sim(N+K-1)$的随机排列。图10.8是当NIND = 5、N = 5、K = 3时鲸鱼种群的一种可能情况。

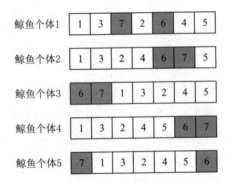

图10.8 当NIND = 5、N = 5、K = 3时鲸鱼种群的一种可能情况

10.3.4　鲸鱼个体位置更新

对连续优化问题而言,鲸鱼个体采用10.2节所讲的数学公式来更新鲸鱼位置。但对于OVRP而言,很显然上述更新位置的数学公式无法直接套用。因此,需要结合OVRP的特点,以及考虑鲸鱼个体位置更新时的特点,同时引入GA的交叉操作,从而完成鲸鱼位置的更新。

假设当前最佳鲸鱼个体为X^*,当前鲸鱼个体为X^j,则当前鲸鱼个体为X^j的更新公式如下:

$$X^{j+1} = \begin{cases} \text{Cross}_1\left(X^j, X^*\right) & \text{rand} < 0.5 \\ \text{Cross}_2\left(X^j, X^*\right) & \text{rand} \geqslant 0.5 \end{cases}$$

式中,Cross_1为对两个鲸鱼个体进行交叉操作的第一种交叉方式;Cross_2为对两个鲸鱼个体进行交叉操作的第二种交叉方式;rand为0~1的随机数。

假设顾客数目为5,编号为1~5,配送中心(编号为0)中的货车数目为3。在此基础上,有如下两个鲸鱼个体X_1和X_2:

$$X_1 = 1,2,7,5,4,6,3$$
$$X_2 = 7,5,1,6,3,2,4$$

第一种交叉方式的交叉步骤如下。

STEP1:首先在鲸鱼个体X_1中随机选择一个位置p_1上的元素e_1,其次找到鲸鱼个体X_2中p_1位置上的元素e_2,再回到鲸鱼个体X_1找到元素e_2所在的位置p_2,然后找到鲸鱼个体X_2中p_2位置上的元素e_3。重复先前工作,直至形成一个环,环中的所有元素的位置即为最后选中的位置。

STEP2:用鲸鱼个体X_1中选中的元素生成下一个位置上的鲸鱼个体X_1',并保证位置对应,然后将鲸鱼个体X_2中剩余的元素放入X_1'中。

STEP3:用鲸鱼个体X_2中选中的元素生成下一个位置上的鲸鱼个体X_2',并保证位置对应,然后将鲸鱼个体X_1中剩余的元素放入X_2'中。

第一种交叉方式如图10.9所示。

第二种交叉方式的交叉步骤如下。

STEP1:首先在鲸鱼个体X_1中随机选择一组元素E_1,其次在鲸鱼个体X_2中找到E_1中所有元素的位置。

STEP2:保持鲸鱼个体X_1和鲸鱼个体X_2未选中的元素保持不变,按照选中元素的出现顺序,交换X_1和X_2中元素的位置,同时生成新的鲸鱼个体X_1'和鲸鱼个体X_2'。

第二种交叉方式如图10.10

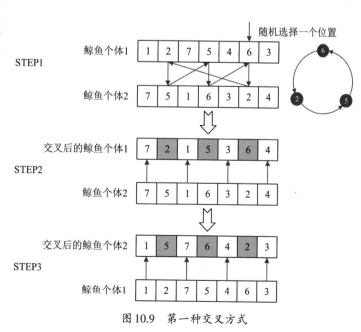

图10.9　第一种交叉方式

所示。

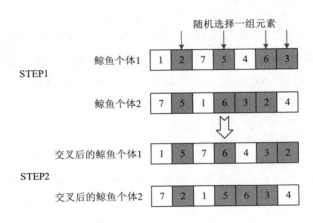

图 10.10　第二种交叉方式

上述两种交叉方式都会得到两个鲸鱼个体，但是最终目的是更新当前鲸鱼个体的位置，即位置更新的结果是一个鲸鱼个体。因此，在实际的位置更新过程中，从两个鲸鱼个体中取目标函数值更小的那个鲸鱼个体作为更新位置后的鲸鱼个体。

10.3.5　局部搜索操作

局部搜索的目的是提高解的质量，本章采用逆转操作和插入操作两种局部搜索方法以提高解的质量。

逆转操作是逆转鲸鱼个体上两个位置之间所有元素的排序。假设OVRP中顾客数目为N，配送中心中的货车数目为K，那么一个鲸鱼个体可表示为

$$R = \left[R(1), R(2), \cdots R(i), R(i+1), \cdots, R(j-1), R(j), \cdots R(N+K-2), R(N+K-1) \right]$$

若选择的逆转位置为i和$j (i \neq j, 1 \leq i, j \leq N)$，那么逆转第$i$个和第$j$个位置之间所有元素的排序后的解可表示为

$$R = \left[R(1), R(2), \cdots R(j), R(j-1), \cdots, R(i+1), R(i), \cdots R(N+K-2), R(N+K-1) \right]$$

以5个顾客且最多允许使用3辆货车为例，假设当前鲸鱼个体为1632475，则将鲸鱼个体解码后的配送方案如下。

第1条配送路线：$0 \rightarrow 1$

第2条配送路线：$0 \rightarrow 3 \rightarrow 2 \rightarrow 4 \rightarrow 0$

第3条配送路线：$0 \rightarrow 5 \rightarrow 0$

若逆转的位置为$i = 3$和$j = 6$，那么逆转第i个位置和第j个位置之间所有元素排序后的鲸鱼个体为1674235。此时当前鲸鱼个体解码后的配送方案如下。

第1条配送路线：$0 \rightarrow 1$

第2条配送路线：$0 \rightarrow 4 \rightarrow 2 \rightarrow 3 \rightarrow 5$

逆转操作前后鲸鱼个体的变化如图10.11所示。

插入操作将在第一个位置上选择的元素插入第二个位置上选择的元素后面。假设OVRP中顾客数目为N,配送中心中的货车数目为K,那么一个鲸鱼个体依然表示为

$$R = \left[R(1), \cdots R(i-1), R(i), R(i+1), \cdots R(j-1), R(j), R(j+1), \cdots R(N+K-1) \right]$$

若选择的插入位置为i和$j(i \neq j, 1 \leqslant i, j \leqslant N)$,那么将第$i$个位置上的元素插入第$j$个位置上的元素后的解可表示为

$$R = \left[R(1), \cdots R(i-1), R(i+1), \cdots R(j-1), R(j), R(i), R(j+1), \cdots R(N+K-1) \right]$$

将上述逆转操作后的鲸鱼个体1674235作为插入操作的对象,若插入的位置为$i=1$和$j=3$,那么将第i个位置上的元素插入第j个位置上的元素后的解可表示为6714235。此时当前鲸鱼个体解码后的配送方案如下。

配送路线:$0 \rightarrow 1 \rightarrow 4 \rightarrow 2 \rightarrow 3 \rightarrow 5$

插入操作前后鲸鱼个体的变化如图10.12所示。

图 10.11　逆转操作前后鲸鱼个体的变化　　　图 10.12　插入操作前后鲸鱼个体的变化

10.3.6　鲸鱼优化操作求解开放式车辆路径问题流程

WOA求解OVRP流程如图10.13所示。

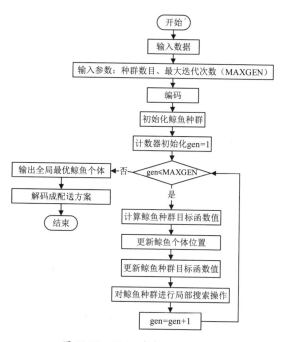

图 10.13　WOA求解OVRP流程

MATLAB 程序实现

10.4.1　种群初始化函数

假设种群数目为 NIND,顾客数目为 N,配送中心最多允许 K 辆车进行服务,那么初始种群中的任意一个鲸鱼个体都是 $1\sim(N+K-1)$ 的随机排列。种群初始化函数按照上述方法生成 NIND 个鲸鱼个体。

种群初始化函数 init_pop 的代码如下,该函数的输入为种群数目 NIND、鲸鱼个体长度 N,输出为初始鲸鱼种群 population。

```
%% 初始化鲸鱼种群
%输入NIND:          种群数目
%输入N:             鲸鱼个体长度
%输出population:     初始鲸鱼种群
function population=init_pop(NIND,N)
population=zeros(NIND,N);              %种群初始化为NIND行N列的零矩阵
for i=1:NIND
    population(i,:)=randperm(N);       %每个个体为1~N的随机排列
end
end
```

10.4.2　目标函数值计算函数

假设鲸鱼种群为 population,在对鲸鱼种群的位置进行更新时,首先需要计算出每个鲸鱼个体的目标函数值。目标函数值计算函数 obj_function 的代码如下,该函数的输入为鲸鱼种群 population、顾客数目 cusnum、货车最大装载量 cap、顾客需求量 demands、距离矩阵 dist、违反装载量约束的惩罚函数系数 belta,输出为鲸鱼种群的目标函数值 obj。

```
%% 计算种群的目标函数值
%输入population:     鲸鱼种群
%输入cusnum:         顾客数目
%输入cap:            货车最大装载量
%输入demands:        顾客需求量
%输入dist:           距离矩阵
%输入belta:          违反装载量约束的惩罚函数系数
%输出obj:            鲸鱼种群的目标函数值
function obj=obj_function(population,cusnum,cap,demands,dist,belta)
NIND=size(population,1);               %种群数目
obj=zeros(NIND,1);                     %储存每个个体函数值
for i=1:NIND
```

```
        VC=decode(population(i,:),cusnum,cap,demands,dist);        %将鲸鱼个体解码为配送方案
        costF=costFuction(VC,dist,demands,cap,belta);             %计算当前配送方案的目标函数值
        obj(i)=costF;                            %将当前配送方案的目标函数值赋值给第i个鲸鱼个体目标函数值
    end
end
```

在目标函数值计算函数obj_function中先使用decode函数将鲸鱼个体解码为配送方案,decode函数的代码如下,该函数的输入为鲸鱼个体individual、顾客数目cusnum、货车最大装载量cap、顾客需求量demands、距离矩阵dist,输出为鲸鱼个体解码出的配送方案VC、车辆使用数目NV、车辆行驶总距离TD、违反约束路径数目violate_num、违反约束顾客数目violate_cus。

```
%% 将鲸鱼个体解码为配送方案
%输入individual:          鲸鱼个体
%输入cusnum:             顾客数目
%输入cap:                货车最大装载量
%输入demands:            顾客需求量
%输入dist:               距离矩阵
%输出VC:                 鲸鱼个体解码出的配送方案
%输出NV:                 车辆使用数目
%输出TD:                 车辆行驶总距离
%输出violate_num:        违反约束路径数目
%输出violate_cus:        违反约束顾客数目
function [VC,NV,TD,violate_num,violate_cus]=decode(individual,cusnum,cap,demands,dist)
violate_num=0;                                  %违反约束路径数目
violate_cus=0;                                  %违反约束顾客数目
VC=cell(cusnum,1);                              %每辆车经过的顾客
count=1;                                        %车辆计数器,表示当前车辆使用数目
location0=find(individual > cusnum);            %找出个体中配送中心的位置
for i=1:length(location0)
    if i==1                                     %第1个配送中心的位置
        route=individual(1:location0(i));       %提取两个配送中心之间的路径
        route(route==individual(location0(i)))=[];  %删除路径中配送中心序号
    else
        route=individual(location0(i-1):location0(i));  %提取两个配送中心之间的路径
        route(route==individual(location0(i-1)))=[];    %删除路径中配送中心序号
        route(route==individual(location0(i)))=[];      %删除路径中配送中心序号
    end
    VC{count}=route;                            %更新配送方案
    count=count+1;                              %车辆使用数目
end
route=individual(location0(end):end);           %最后一条路径
route(route==individual(location0(end)))=[];    %删除路径中配送中心序号
VC{count}=route;                                %更新配送方案
[VC,NV]=deal_VC(VC);                            %将VC中空的数组移除
for j=1:NV
route=VC{j};
%判断一条路线是否满足载重量约束,1表示满足,0表示不满足
```

```
        flag=JudgeRoute(route,demands,cap);
if flag==0
%如果这条路径不满足约束,则违反约束顾客数目加该条路径顾客数目
        violate_cus=violate_cus+length(route);
        violate_num=violate_num+1;        %如果这条路径不满足约束,则违反约束路径数目加1
    end
end
TD=travel_distance(VC,dist);              %该配送方案车辆行驶总距离
end
```

在使用decode函数时,使用deal_VC函数将解码出的配送方案中空的配送路线删除。deal_VC函数的代码如下,该函数的输入为配送方案VC,输出为删除空路线后的配送方案FVC、车辆使用数目NV。

```
%% 根据VC整理出FVC,将VC中空的配送路线删除
%输入VC:              配送方案
%输出FVC:             删除空路线后的配送方案
%输出NV:              车辆使用数目
function [FVC,NV]=deal_VC(VC)
VC(cellfun(@isempty,VC))=[];    %删除cell数组中的空元胞
FVC=VC;                         %将VC赋值给FVC
NV=size(FVC,1);                 %新方案中车辆使用数目
end
```

在使用decode函数时,使用JudgeRoute函数判断一条配送路线是否满足装载量约束。JudgeRoute函数的代码如下,该函数的输入为一条配送路线route、顾客需求量demands、货车最大装载量cap,输出为标记一条路线是否满足装载量约束flagR,(flagR = 1表示满足,flagR = 0表示不满足)。

```
%% 判断一条配送路线是否满足装载量约束,1表示满足,0表示不满足
%输入route:           一条配送路线
%输入demands:         顾客需求量
%输入cap:             货车最大装载量
%输出flagR:           标记一条路线是否满足装载量约束,1表示满足,0表示不满足
function flagR=JudgeRoute(route,demands,cap)
flagR=1;                        %初始满足装载量约束
Ld=leave_load(route,demands);   %计算该条路径上离开配送中心时的装载量
%如果不满足装载量约束,则将flagR赋值为0
if Ld > cap
    flagR=0;
end
end
```

在使用JudgeRoute函数时,使用leave_load函数计算一条配送路线上货车离开配送中心时的装载量。JudgeRoute函数的代码如下,该函数的输入为一条配送路线route、顾客需求量demands,输出为货车离开配送中心时的装载量Ld。

```
%% 计算一条配送路线上货车离开配送中心时的装载量
%输入route:           一条配送路线
%输入demands:         顾客需求量
```

```matlab
%输出Ld:                     货车离开配送中心时的装载量
function Ld=leave_load(route,demands)
n=numel(route);             %配送路线经过顾客的总数量
Ld=0;                       %初始车辆在配送中心时的装载量为0
if n~=0
    for i=1:n
        if route(i)~=0
            Ld=Ld+demands(route(i));
        end
    end
end
end
```

在使用decode函数时,最后使用travel_distance函数计算所有配送路线的总行驶距离,以及每条配送路线的行驶距离。travel_distance函数的代码如下,该函数的输入为配送方案VC、距离矩阵dist,输出为所有配送路线的总行驶距离sumTD、每条配送路线的行驶距离everyTD。

```matlab
%% 计算所有配送路线的总行驶距离,以及每条配送路线的行驶距离
%输入VC:                     配送方案
%输入dist:                   距离矩阵
%输出sumTD:                  所有配送路线的总行驶距离
%输出everyTD:                每条配送路线的行驶距离
function [sumTD,everyTD]=travel_distance(VC,dist)
n=size(VC,1);                    %车辆数
everyTD=zeros(n,1);
for i=1:n
    part_seq=VC{i};                  %每辆车经过的顾客
    %如果车辆不经过顾客,则该车辆行驶的距离为0
    if ~isempty(part_seq)
        everyTD(i)=part_length( part_seq,dist );
    end
end
sumTD=sum(everyTD);                      %所有车行驶的总距离
end
```

在travel_distance函数中使用part_length函数计算一条配送路线的行驶距离,part_length函数的代码如下,该函数的输入为一条配送路线route、距离矩阵dist,输出为该条配送路线的行驶距离len。

```matlab
%% 计算一条配送路线的行驶距离
%输入route:              一条配送路线
%输入dist:               距离矩阵
%输出len:                该条配送路线的行驶距离
function len=part_length(route,dist)
n=numel(route);             %该条配送路线经过的顾客数目
len=0;                      %行驶距离初始为0
if n~=0
    for i=1:n
        if i==1
```

```
            len=len+dist(1,route(i)+1);
        else
            len=len+dist(route(i-1)+1,route(i)+1);
        end
    end
end
end
```

在目标函数值计算函数 obj_function 中,使用 costFuction 函数计算当前配送方案的目标函数值。costFuction 函数的代码如下,该函数的输入为当前配送方案 VC、距离矩阵 dist、顾客需求量 demands、货车最大装载量 cap、违反装载量约束的惩罚函数系数 belta,输出为当前配送方案的目标函数值 cost。

```
%% 计算当前配送方案的目标函数值
%输入VC:          当前配送方案
%输入dist:         距离矩阵
%输入demands:      顾客需求量
%输入cap:          车辆最大装载量
%输入belta:        违反装载量约束的惩罚函数系数
%输出cost:         当前配送方案的目标函数值
function cost=costFuction(VC,dist,demands,cap,belta)
TD=travel_distance(VC,dist);      %计算当前配送方案的总行驶距离
q=violateLoad(VC,demands,cap);    %计算各条配送路线上货车离开配送中心时违反的容量约束之和
cost=TD+belta*q;                  %计算当前配送方案的目标函数值
end
```

在函数 costFuction 中,使用 violateLoad 函数计算当前配送方案违反的装载量约束之和。violateLoad 函数的代码如下,该函数的输入为当前配送方案 VC、顾客需求量 demands、货车最大装载量 cap,输出为各条配送路线违反装载量之和 q。

```
%% 计算当前配送方案违反的装载量约束之和
%输入VC:          当前配送方案
%输入demands:      顾客需求量
%输入cap:          车辆最大装载量
%输出q            各条配送路线违反装载量之和
function q=violateLoad(VC,demands,cap)
NV=size(VC,1);             %车辆使用数目
q=0;
for i=1:NV
    route=VC{i};
    Ld=leave_load(route,demands);
    if Ld > cap
        q=q+Ld-cap;
    end
end
end
```

10.4.3 交叉函数

在对鲸鱼种群位置更新时,以50%的概率使当前鲸鱼个体与全局最优鲸鱼个体采用第一种交叉方式进行交叉,以50%的概率使当前鲸鱼个体与全局最优鲸鱼个体采用第二种交叉方式进行交叉。

第一种交叉方式函数cross1的代码如下,该函数的输入为当前鲸鱼个体curInd、全局最优鲸鱼个体bestInd、顾客数目cusnum、货车最大装载量cap、顾客需求量demands、距离矩阵dist、违反装载量约束的惩罚函数系数belta,输出为更新位置后的当前鲸鱼个体cur_ind。

```
%% 第一种交叉方式
%输入curInd:              当前鲸鱼个体
%输入bestInd:             全局最优鲸鱼个体
%输入cusnum:              顾客数目
%输入cap:                 货车最大装载量
%输入demands:             顾客需求量
%输入dist:                距离矩阵
%输入belta:               违反装载量约束的惩罚函数系数
%输出cur_ind:             更新位置后的当前鲸鱼个体
function cur_ind=cross1(cur_ind,best_ind,cusnum,cap,demands,dist,belta)
N=numel(cur_ind);               %鲸鱼个体长度
sel_pos=[];                     %选择出的元素集合
init_pos=randi([1,N],1,1);      %从当前鲸鱼个体中随机选择一个位置
sel_pos=[sel_pos,init_pos];     %将init_pos添加到sel_pos中
init_ele1=cur_ind(init_pos);    %当前鲸鱼个体init_pos位置上的元素
init_ele2=best_ind(init_pos);   %全局最优鲸鱼个体init_pos位置上的元素
next_ele2=init_ele2;            %初始将全局最优鲸鱼个体中下一个被选中的元素赋值为init_ele2
if init_ele1~=init_ele2
    while init_ele1~=next_ele2
        cur_pos= find(cur_ind==next_ele2,1,'first'); %当前选中的位置
        next_ele2=best_ind(cur_pos);                 %全局最优鲸鱼个体cur_pos位置上的元素
        sel_pos=[sel_pos,cur_pos];                   %将cur_pos添加到sel_pos中
    end
end
%% 更新鲸鱼个体中的各个元素
ind1=best_ind;                           %初始化交叉后的当前鲸鱼个体
ind2=cur_ind;                            %初始化交叉后的全局最优鲸鱼个体
ind1(sel_pos)=cur_ind(sel_pos);
ind2(sel_pos)=best_ind(sel_pos);
%% 计算交叉后的两个鲸鱼个体的目标函数值
obj1=obj_function(ind1,cusnum,cap,demands,dist,belta);
obj2=obj_function(ind2,cusnum,cap,demands,dist,belta);
%% 选择目标函数值更小的鲸鱼个体作为当前鲸鱼个体
if obj1 < obj2
    cur_ind=ind1;
else
```

```
        cur_ind=ind2;
    end
end
```

第二种交叉方式函数 cross1 的代码如下，该函数的输入为当前鲸鱼个体 curInd、全局最优鲸鱼个体 bestInd、顾客数目 cusnum、货车最大装载量 cap、顾客需求量 demands、距离矩阵 dist、违反装载量约束的惩罚函数系数 belta，输出为更新位置后的当前鲸鱼个体 cur_ind。

```
%% 第二种交叉方式
%输入 curInd:              当前鲸鱼个体
%输入 bestInd:            全局最优鲸鱼个体
%输入 cusnum:             顾客数目
%输入 cap:                货车最大装载量
%输入 demands:            顾客需求量
%输入 dist:               距离矩阵
%输入 belta:              违反装载量约束的惩罚函数系数
%输出 cur_ind:            更新位置后的当前鲸鱼个体
function cur_ind=cross2(cur_ind,best_ind,cusnum,cap,demands,dist,belta)
N=numel(cur_ind);           %鲸鱼个体长度
sel_num=randi([1,N],1,1);   %从当前鲸鱼个体中随机选择元素的数目
ran_seq=randperm(N);        %1~N 的随机排列

sel_pos1=ran_seq(1:sel_num);  %当前鲸鱼个体中被选择出的位置集合
sel_pos1=sort(sel_pos1);      %将 sel_pos1 升序排列
sel_ele1=cur_ind(sel_pos1);   %当前鲸鱼个体中被选择出的元素集合

sel_pos2=zeros(1,sel_num);    %初始化全局最优鲸鱼个体中被选择出的位置集合
for i=1:sel_num
    for j=1:N
        if sel_ele1(i)==best_ind(j)
            sel_pos2(i)=j;
        end
    end
end
sel_pos2=sort(sel_pos2);            %将 sel_pos2 升序排列
sel_ele2=best_ind(sel_pos2);       %全局最优鲸鱼个体中被选择出的元素集合

%% 更新鲸鱼个体中的各个元素
ind1=cur_ind;                      %初始化交叉后的当前鲸鱼个体
ind2=best_ind;                     %初始化交叉后的全局最优鲸鱼个体
ind1(sel_pos1)=sel_ele2;
ind2(sel_pos2)=sel_ele1;
%% 计算交叉后的两个鲸鱼个体的目标函数值
obj1=obj_function(ind1,cusnum,cap,demands,dist,belta);
obj2=obj_function(ind2,cusnum,cap,demands,dist,belta);
%% 选择目标函数值更小的鲸鱼个体作为当前鲸鱼个体
if obj1<obj2
```

```
        cur_ind=ind1;
    else
        cur_ind=ind2;
    end
    end
```

10.4.4 局部搜索函数

在对鲸鱼种群位置更新后,还需对鲸鱼种群进行局部搜索操作,从而使鲸鱼种群向目标函数值更优的方向更新。

局部搜索函数 local_search 的代码如下,该函数的输入为鲸鱼种群 population、顾客数目 cusnum、货车最大装载量 cap、顾客需求量 demands、距离矩阵 dist、违反装载量约束的惩罚函数系数 belta,输出为局部搜索操作后得到的鲸鱼种群 population。

```
%%  对鲸鱼种群进行局部搜索操作
%输入population:         鲸鱼种群
%输入cusnum:            顾客数目
%输入cap:               货车最大装载量
%输入demands:           顾客需求量
%输入dist:              距离矩阵
%输入belta:             违反装载量约束的惩罚函数系数
%输出population:         局部搜索操作后得到的鲸鱼种群
function population=local_search(population,cusnum,cap,demands,dist,belta)
NIND=size(population,1);                %种群数目
N=size(population,2);                   %鲸鱼个体长度
newPopulation=zeros(NIND,N);            %初始化局部搜索操作后的鲸鱼种群
%%  对原始鲸鱼种群的每个鲸鱼个体进行逆转操作
for i=1:NIND
    newPopulation(i,:)=reversion(population(i,:));
end
%%  计算目标函数值
%计算原始鲸鱼种群的目标函数值
obj1=obj_function(population,cusnum,cap,demands,dist,belta);
%计算逆转操作后鲸鱼种群的目标函数值
obj2=obj_function(newPopulation,cusnum,cap,demands,dist,belta);
%%  只有目标函数值变小,才会接受逆转操作后的鲸鱼个体
index1=obj2 < obj1;
population(index1,:)=newPopulation(index1,:);
%%  对逆转操作后Population的每个鲸鱼个体进行插入操作
for i=1:NIND
    newPopulation(i,:)=insertion(population(i,:));
end
%%  计算目标函数值
%计算原始鲸鱼种群的目标函数值
```

```
obj1=obj_function(population,cusnum,cap,demands,dist,belta);
%计算插入操作后鲸鱼种群的目标函数值
obj2=obj_function(newPopulation,cusnum,cap,demands,dist,belta);
%% 只有目标函数值变小,才会接受插入操作后的鲸鱼个体
index2=obj2<obj1;
population(index2,:)=newPopulation(index2,:);
end
```

在局部搜索函数LocalSearch中,首先使用reversion函数逆转每个鲸鱼个体任意两个位置之间的排序序列。reversion函数的代码如下,该函数的输入为当前鲸鱼个体individual,输出为经过逆转操作后得到的新的鲸鱼个体new_individual。

```
%% 逆转操作
%有6个顾客,当前鲸鱼个体为123456,随机选择两个位置,然后将这两个位置之间的元素进行逆序排列
%例如,逆转2和5之间的所有元素,则逆转后的鲸鱼个体为154326
%输入individual:              当前鲸鱼个体
%输出new_individual:          经过逆转操作后得到的新的鲸鱼个体
function new_individual=reversion(individual)
n=length(individual);
seq=randperm(n);
I=seq(1:2);
i1=min(I);
i2=max(I);
new_individual=individual;
new_individual(i1:i2)=individual(i2:-1:i1);
end
```

在局部搜索函数LocalSearch中,其次使用insertion函数将鲸鱼个体中第一个位置上选择的元素插入第二个位置上选择的元素后面。insertion函数的代码如下,该函数的输入为当前鲸鱼个体individual,输出为经过插入操作后得到的新的鲸鱼个体new_individual。

```
%% 插入操作
%假设当前鲸鱼个体为123456,首先随机选择两个位置,然后将第一个位置上的元素插入第二个元素后面
%例如,第一个选择5这个位置,第二个选择2这个位置,则插入后的鲸鱼个体为125346
%输入individual:              当前鲸鱼个体
%输出new_individual:          经过插入操作后得到的新的鲸鱼个体
function new_individual=insertion(individual)
n=length(individual);
seq=randperm(n);
I=seq(1:2);
i1=I(1);
i2=I(2);
if i1<i2
    new_individual=individual([1:i1-1 i1+1:i2 i1 i2+1:end]);
```

```
else
    new_individual=individual([1:i2 i1 i2+1:i1-1 i1+1:end]);
end
end
```

10.4.5 开放式车辆路径问题配送路线图函数

在求出OVRP的最优路线后,为了能使所得结果直观地显示,可将最优配送路线进行可视化。

OVRP配送路线可视化函数draw_Best的具体代码如下,该函数的输入为配送方案VC、各个点的横纵坐标vertexs。

```
%% 绘制最优配送方案路线
%输入VC:                    配送方案
%输入vertexs:               各个点的横纵坐标
function draw_Best(VC,vertexs)
customer=vertexs(2:end,:);              %各个顾客的横纵坐标
NV=size(VC,1);                          %车辆使用数目
figure
hold on;box on
title('最优配送方案路线图')
hold on;
C=hsv(NV);
for i=1:size(vertexs,1)
    text(vertexs(i,1)+0.5,vertexs(i,2),num2str(i-1));
end
for i=1:NV
    part_seq=VC{i};                     %每辆车经过的顾客
    len=length(part_seq);               %每辆车经过的顾客数量
    for j=0:len
        %当j=0时,车辆从配送中心出发到达该路径上的第一个顾客
        if j==0
            fprintf('%s','配送路线',num2str(i),':');
            fprintf('%d->',0);
            c1=customer(part_seq(1),:);
            plot([vertexs(1,1),c1(1)],[vertexs(1,2),c1(2)],'-','color',C(i,:),
                'linewidth',1);
            %当j=len时,车辆从该路径上的最后一个顾客出发到达配送中心
        elseif j==len
            fprintf('%d',part_seq(j));
            fprintf('\n');
        %否则,车辆从路径上的前一个顾客到达该路径上紧邻的下一个顾客
        else
            fprintf('%d->',part_seq(j));
            c_pre=customer(part_seq(j),:);
            c_lastone=customer(part_seq(j+1),:);
```

```
            plot([c_pre(1),c_lastone(1)],[c_pre(2),c_lastone(2)],'-','color',C(i,:),
'linewidth',1);
        end
    end
end
plot(customer(:,1),customer(:,2),'ro','linewidth',1);hold on;
plot(vertexs(1,1),vertexs(1,2),'s','linewidth',2,'MarkerEdgeColor','b',…
'MarkerFaceColor','b','MarkerSize',10);
end
```

10.4.6 主函数

主函数的第一部分是从 txt 文件中导入数据,并且根据原始数据计算出距离矩阵;第二部分是初始化各个参数;第三部分是主循环,通过更新鲸鱼种群位置,以及对鲸鱼种群进行局部搜索操作,直至达到终止条件结束搜索;第四部分为将求解过程和所得的最优配送路线可视化。

主函数代码如下:

```
tic
clear
clc
%% 用importdata函数读取文件
data=importdata('input.txt');
cap=160;
%% 提取数据信息
vertexs=data(:,2:3);                        %所有点的x和y坐标
customer=vertexs(2:end,:);                  %顾客坐标
cusnum=size(customer,1);                    %顾客数
v_num=3;                                    %初始车辆使用数目
demands=data(2:end,4);                      %需求量
h=pdist(vertexs);
dist=squareform(h);                         %距离矩阵
%% 鲸鱼优化算法参数
NIND=100;                                   %种群数目
MAXGEN=300;                                 %最大迭代次数
N=cusnum+v_num-1;                           %鲸鱼个体长度=顾客数目+车辆最多使用数目-1
belta=10;                                   %违反装载量约束的惩罚函数系数
%% 种群初始化
population=init_pop(NIND,N);
%% 输出随机解的路线和总距离
obj=obj_function(population,cusnum,cap,demands,dist,belta);
[min_obj,min_index]=min(obj);
disp('初始种群中的最优个体:')
[currVC,NV,TD,violate_num,violate_cus]=decode(population(min_index,:),…
  cusnum,cap,demands,dist);          %对初始解解码
disp(['车辆使用数目:',num2str(NV),',车辆行驶总距离:',num2str(TD),',违反约束路径数目:',
```

```
num2str(violate_num),',违反约束顾客数目:',num2str(violate_cus)]);
disp('~~~~~~~~~~~~~~~~~~~~~~~~~~~~~~~~~~~~~~~~~~~~~~~~~~~~~~~~')
%% 主循环
gen=1;                                 %计数器初始化
bestInd=population(min_index,:);       %初始化全局最优个体
bestObj=min_obj;                       %初始全局最优个体目标函数值
BestPop=zeros(MAXGEN,N);               %记录每次迭代过程中全局最优个体
BestObj=zeros(MAXGEN,1);               %记录每次迭代过程中全局最优个体的目标函数值
BestTD=zeros(MAXGEN,1);                %记录每次迭代过程中全局最优个体的总距离
while gen<=MAXGEN
    %% 更新鲸鱼种群位置
    for i=1:NIND
        p=rand;                        %0~1的随机数
        if p<0.5
            population(i,:)=cross1(population(i,:),bestInd,cusnum,cap,demands,dist,
              belta);
        elseif p>=0.5
            population(i,:)=cross2(population(i,:),bestInd,cusnum,cap,demands,dist,
              belta);
        end
    end
    %% 局部搜索操作
    population=local_search(population,cusnum,cap,demands,dist,belta);
    %% 计算当前鲸鱼种群目标函数值
    obj=obj_function(population,cusnum,cap,demands,dist,belta);
    [min_obj,min_index]=min(obj);
    minInd=population(min_index,:);
    %% 更新全局最优鲸鱼个体
    if min_obj<bestObj
        bestInd=minInd;
        bestObj=min_obj;
    end
    BestPop(gen,:)=bestInd;
    BestObj(gen,1)=bestObj;
    %% 显示当前全局最优鲸鱼个体解码出的配送方案信息
    disp(['第',num2str(gen),'代全局最优解:'])
    [bestVC,bestNV,bestTD,best_vionum,best_viocus]=decode(bestInd,…
      cusnum,cap,demands,dist);
disp(['车辆使用数目:',num2str(bestNV),',车辆行驶总距离:',num2str(bestTD),…
',违反约束路径数目:',num2str(best_vionum),',违反约束顾客数目:',num2str(best_viocus)]);
    fprintf('\n')
    BestTD(gen,1)=bestTD;
    %% 更新计算器
    gen=gen+1;
end
%% 输出外层循环每次迭代的全局最优解的总成本变化趋势
figure;
plot(BestObj,'LineWidth',1);
```

```
title('全局最优鲸鱼个体目标函数值变化趋势图')
xlabel('迭代次数');
ylabel('目标函数值');
%% 输出全局最优解路线,1表示满足,0表示不满足
draw_Best(bestVC,vertexs);
toc
```

10.5 实例验证

10.5.1 输入数据

输入数据为25个顾客的x坐标、y坐标及需求量,配送中心(用0表示)的x坐标、y坐标,配送中心车辆数目为3,每辆货车的最大装载量为160kg,输入数据如表10.2所示。

表10.2 配送中心和25个顾客的x坐标和y坐标

序号	x坐标/m	y坐标/m	需求量/kg
0	30	40	0
1	37	52	7
2	49	49	30
3	52	64	16
4	20	26	9
5	40	30	21
6	21	47	15
7	17	63	19
8	31	62	23
9	52	33	11
10	51	21	5
11	42	41	19
12	31	32	29
13	5	25	23
14	12	42	21
15	36	16	10
16	52	41	15
17	27	23	3
18	17	33	41

序号	x坐标/m	y坐标/m	需求量/kg
19	13	13	9
20	57	58	28
21	62	42	8
22	42	57	8
23	16	57	16
24	8	52	10
25	7	38	28

10.5.2 鲸鱼优化算法参数设置

在运行WOA之前,需要对WOA的参数进行设置,WOA参数设置如表10.3所示。

表10.3 GWO参数设置

参数名称	参数取值
鲸鱼种群数目	100
最大迭代次数	300
违反装载量约束的惩罚函数系数	10

10.5.3 实验结果展示

WOA求解OVRP优化过程如图10.14所示,WOA求得OVRP最优配送方案路线如图10.15和表10.4所示。

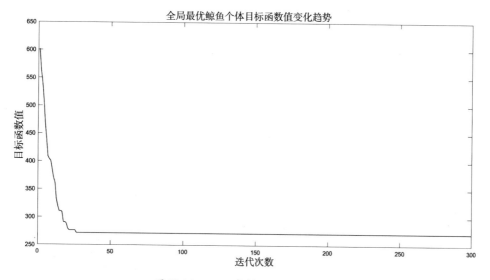

图10.14 WOA求解OVRP优化过程

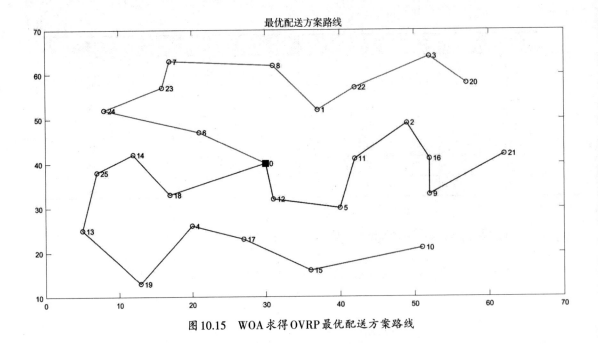

图 10.15　WOA 求得 OVRP 最优配送方案路线

表 10.4　WOA 求得的 OVRP 最优配送方案路线

各条配送路线
第 1 条配送路线：0,18,14,25,13,19,4,17,15,10
第 2 条配送路线：0,6,24,23,7,8,1,22,3,20
第 3 条配送路线：0,12,5,11,2,16,9,21

在求出的配送方案中,第 1 条配送方案的行驶距离为 108.63m,第 2 条配送方案的行驶距离为 93.63m,第 3 条配送方案的行驶距离为 69.09m,总行走距离为 271.35m。

参考文献

［1］周本达，陈明华，任哲.一种求解0-1背包问题的新遗传算法［J］.计算机工程与应用，2009，45（30）：45-47.

［2］Hansen P ，Mladenovi N .Variable neighborhood search：Principles and applications ［J］. European Journal of Operational Research，2001，130（3）：449-467

［3］Mirjalili S，Mirjalili S M，Lewis A. Grey wolf optimizer［J］. Advances in engineering software，2014，69：46-61.

［4］王勇臻，陈燕，于莹莹.求解多旅行商问题的改进分组遗传算法［J］.电子与信息学报，2017，39（1）：198-205.

［5］Carter AE，Ragsdale CT. A new approach to solving the multiple traveling salesperson problem using genetic algorithms［J］. European journal of operational research，2006，175（1）：246-257.

［6］Bektas T. The multiple traveling salesman problem：an overview of formulations and solution procedures［J］. omega，2006，34（3）：209-219.

［7］李琳，刘士新，唐加福.改进的蚁群算法求解带时间窗的车辆路径问题［J］.控制与决策，2010，25（9）：102-106.

［8］Mu D，Wang C，Zhao F，et al. Solving vehicle routing problem with simultaneous pickup and delivery using parallel simulated annealing algorithm［J］. International Journal of Shipping and Transport Logistics，2016，8（1）：81-106.

［9］Gábor Nagy，Salhi S .Heuristic algorithms for single and multiple depot vehicle routing problems with pickups and deliveries［J］. European Journal of Operational Research，2005，162（1）：126-141.

［10］郎茂祥.基于遗传算法的物流配送路径优化问题研究［J］.中国公路学报，2002，15（3）：76-79.

［11］Cordeau J F ，Laporte G ，Mercier A .A unified tabu search heuristic for vehicle routing problems with time windows［J］. Journal of the Operational Research Society，2001，52（8）：928-936.

［12］Hsu C M，Chen K Y，Chen M C. Batching orders in warehouses by minimizing travel distance with genetic algorithms［J］. Computers in industry，2005，56（2）：169-178.

［13］易艳娟.配送中心订单分批问题及其求解算法综述［J］.中国城市经济，2011（23）：291-292.

［14］MirHassani S A，Abolghasemi N. A particle swarm optimization algorithm for open vehicle routing problem［J］. Expert Systems with Applications，2011，38（9）：11547-11551.

［15］Mirjalili S，Lewis A. The whale optimization algorithm［J］. Advances in engineering software，2016，95：51-67.

［16］褚鼎立，陈红，王旭光. 基于自适应权重和模拟退火的鲸鱼优化算法［J］. 电子学报，2019，47（5）：992-999.

［17］Jiang T，Zhang C，Sun QM. Green job shop scheduling problem with discrete whale optimization algorithm［J］. IEEE Access，2019，7：43153-43166.